イト磁石」というタイプが使われますが、小型・高機能が求められる場所には「ネオジム磁石」と呼ばれる最強磁石が使われています。自動車に限らず、日本製品には高性能な磁石が惜しげもなく使われていて、それこそが、「日本製品は小型で、静かだ」といわれるゆえんです。海外の研究者が日本に来ると、「日本ではエアコンにまでネオジム磁石が使われているのか！」と驚かれることも珍しくありません。

ネオジム磁石を超えて……

今後、需要が急拡大していくのは、ハイブリッド車などの駆動モーターに使われる高性能磁石です。現在、その用途にはネオジム磁石が使われていますが、通常のネオジム磁石は２００℃以上の高温下で駆動すると磁石の力を失ってしまいます。ネオジム磁石は熱に弱いのです。そのため、ジスプロシウムという特別な元素を配合しているのですが、この元素はきわめて希少な資源です。私はいま、「**ジスプロシウムなどの資源的に限られた元素を使わず、もっとありふれた元素を使って現行のハイブリッド・電気自動車用の磁石をつくろう**」という研究をしています。

この研究には多額の国費が投入されています。それが「**元素戦略**」と呼ばれる国家プロジェクトで、**限られた特定の元素を使わないと達成できない機能を、ありふれた元素で代**

替していこうという、きわめて野心的な狙いを持ったものです。

たしかに、製品に優れた特性を持たせようとすると、どうしても希少元素を必要とする場合が多々あります。たとえば触媒には高価な白金《はっきん》が必要ですし、強力磁石には希土類《きどるい》元素（レアアース）であるネオジム、ジスプロシウムなどが必要です。けれども、そのような希少かつ高価な元素を使わないで、触媒機能や磁石特性を出そうというのが「元素戦略」です。「**現代の錬金術**」というキャッチフレーズのもと、現在多くの研究者が国の支援を受けながら研究を進めています。

そもそもこの「元素戦略」は２００４年にＪＳＴ（科学技術振興機構）が我が国の高名な科学者、研究者を集めて提唱したもので、玉尾皓平先生、村井眞二先生、細野秀雄先生といった錚々《そうそう》たる人々の協力を受け、２００７年に文部科学省が「元素戦略プロジェクト」を、そして経済産業省は産業への応用が可能な「希少金属代替材料開発プロジェクト」の研究公募をそれぞれ始めました。

私自身、これらのプロジェクトに参画する機会を得て、ネオジム磁石の微細構造と磁気特性に関する基礎研究を最高水準の「ナノ解析手法」をツールとして推進することができるようになりました。

さらに文部科学省は２０１２年に、元素戦略の中でもとくに日本の産業に重要な「永久磁石」「電池・触媒」「電子材料」「構造材料」の4分野に的を絞り、開発目標を定めた基礎研究を推進する元素戦略〈拠点形成型〉を発足させました。

幸いにも、永久磁石を対象とする「元素戦略磁性材料研究拠点（ESICMM）」は、現在、私の所属する物質・材料研究機構（NIMS）に置かれることとなり、東北大学、産業技術総合研究所（AIST）、東京大学、大阪大学、京都大学、高エネルギー加速器研究機構（KEK）、高輝度光科学研究センター（JASRI）、名古屋工業大学を連携機関として、「理論・解析・創成」を連携させた次世代磁石開発の基礎研究と次世代の磁石研究を担う人材の育成が行なわれています。

この拠点では、ジスプロシウムを使わないネオジム磁石の開発だけではなく、まったく新しい磁石材料の探索もめざしています。とはいえ、半世紀に近い希土類磁石の網羅的な探索研究はほぼ飽和状態に達していますので、ここでネオジム磁石に次ぐブレークスルーが起こるとすれば、理論・計算研究の援用をもってしか起こり得ないという考えから、磁性化合物の理論研究も重要な課題として取り組まれています。

現在、我が国の多くの材料系・物理系・化学系の研究者がこれらのプロジェクトに参加して、次世代の磁石研究に励んでいます。このように日本では、磁石研究の優れた研究環境が急速に整い、その研究のレベルは現在、世界最高といって間違いありません。もちろん、新材料の発見というのはそう簡単ではありませんが、ブレークスルーを起こすには、異分野の研究者がさまざまな視点から同じ研究課題に取り組むことが重要で、少なくともそのような環境が我が国で整ってきているのです。

なぜ、一般向け「磁石の本」を書いたのか？

本書は磁石の基本的なしくみだけでなく、このようなドキドキする磁石研究の最先端の状況をも、ぜひ一般の方々にもお伝えしたいと考え、むずしいことには目をつぶって、エイヤッと、わかりやすく執筆したものです。

たとえば、本書では「新入社員が私の研究室を訪れて、磁石についての質問をしながら、磁石の用途や私たちの研究の様子を学んでいく……」という設定のもとで登場人物との対話によって解説しています。私のことを知っている人なら、「ふだん、専門用語を使ってチンプンカンプンな話しかできない研究者が、どうしてこんな気の利いた本を書けるのだろう？」と訝しがることでしょう。そう、本書がここまでこぎつけられた秘密は、共著者であるサイエンスライターの本丸諒さんの努力の賜物なのです。

元素戦略を推進しているＪＳＴは毎年「元素戦略」の成果広報の講演会を開催しています。２０１３年に開催された成果報告会では、本書でたびたび登場するネオジム磁石の発明者・佐川眞人《まさと》氏が基調講演を行ない、ご自身によるネオジム磁石開発の話をされ、私自身も担当テーマの成果報告を行ないました。その会場で私の話を聞いておられた本丸さんが私の席に来られ、「最先端の磁石の研究者自身が、その研究内容を一般の方にも理解できるように解説する本を出版してみませんか？　もちろん、磁石のしくみや用途から説明を始め、最後は研究者が目標に向かってどのように研究を進めているのか――それらをすべて開示するものにしたいのです」というお誘いを受けたのです。それが本書の生まれるきっかけになりました。

といっても、私は現役の研究者であり、研究とオリジナル論文を書くことで極めて多忙です。そこで、「一般向けの啓蒙書を書く時間はない」とお断りしたのですが、本丸さんが質問をし、私が口頭で答えていくことで、まず本丸さんが文章に書き下ろし、それを私が推敲する――という共同作業で書籍をつくっていく方式ではどうかという提案を受け、それならば本業を圧迫することもなく、出版までこぎつけられるのではないかと思って、引き受けたしだいです。

しかし、実際には日々の研究活動がタイトで、思うような時間を取ることはできませんでしたが、なんとか今回、完成までこぎつけることができました。スタートから2年以内に本書をまとめられたのは奇跡に近いことです。

読み返してみると、私自身では到底書けなかったようなわかりやすい記述になっており、とても勉強になりました。「解説は宝野、アレンジは本丸」という合作です。

私をはじめ、多くの研究者は国民の税金を原資として研究を行なっています。そのような研究者には、一般の方々に私たちの研究の意義を理解していただくための「**アウトリーチ**」という活動が強く求められています。とりわけ、ＪＳＴの各種プロジェクトは研究者にとって大規模な研究を推進する機会を与えてくれます。また私の属するＮＩＭＳに元素戦略磁性材料研究拠点が設置されたことからも、世の中への説明責任がより重要となってきています。

本書により、元素戦略で磁石研究をさせてもらっている研究者としてのアウトリーチ活動義務を少しでも果たせることになるのではないかと、筆を置いたいま、すこし安堵しているところです。

２０１５年６月

著者を代表して　宝野和博

1時間目 磁石開発の歴史を見ておこう！

2時間目 磁石のキホンから勉強してみよう！

3時間目 磁石のつくり方とその応用

4時間目 さまざまな磁性をうまく利用して使う

6時間目

精緻に見ることで「なぜ?」を解明し、それが研究開発の近道になる!

7時間目 実験室を覗いてみよう！

デザイン●三木俊一＋芝晶子（文京図案室）
イラスト●須山奈津希
編集協力●シラクサ
撮影●山本信介
本文DTP●ダーツ

0時間目

プロローグ

研究室に企業の新入社員が研修にやってきた！

磁石オンチが勢揃い？

――先生、きょうは「磁石と磁気の世界」について、教えていただきたいと思って、つくばに大挙して伺いました。新人研修ということでさまざまな会社から10人ほどで集まってきましたので、よろしくお願いいたします。

――（全員）よろしく、お願いいたしま～す。

はい、話は聞いています。自動車会社、家電メーカー、モーターやHDD（ハードディスクドライブ）のメーカーなど、いろいろな会社から来られた皆さんと「磁石と磁気」について勉強していこう、ということですね。磁石の話だけでなく、日常の研究方法なども教えてやってほしいといわれていますが、それでいいですか？

――はい、僕はモーターをつくっている会社にこの4月に入社しましたが、モーターに

モーターを分解すると、中に磁石が入っている

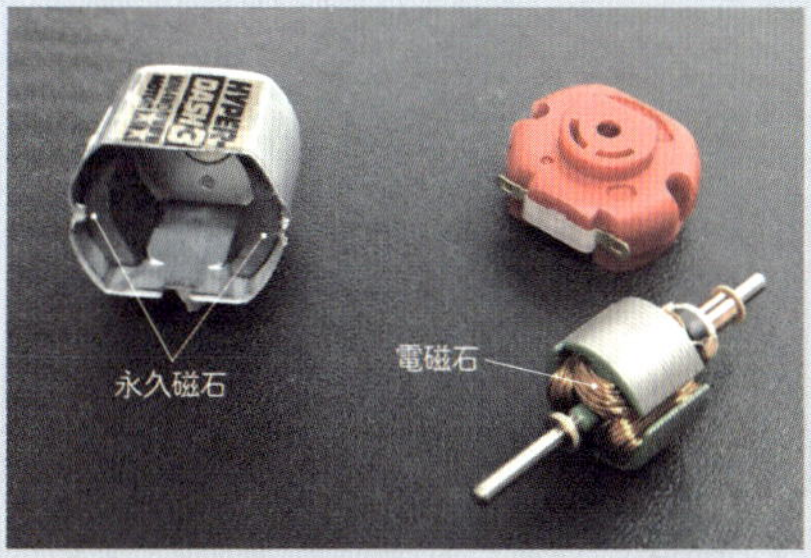

も磁石は関係があると聞いたので……。

えっ？（絶句）。モーターの会社に就職したというのに、モーターと磁石の関係を知りませんか？　モーターを開けると、ほら、こんなふうに中に磁石が入っていますよね。えっ？　見たことないですか？　なるほど、磁石についてはそのあたりの基本から入っていかないといけないのか……。わかりました。

磁石は製品の中に無数に入っていた

――私は自動車会社に就職したのですが、自動車に磁石は関係ありませんよね？

う～ん、1台の自動車には100個以上のモーターが積まれていますよ。いま、「モーターには磁石が入っている」といったように、自動車は磁石で動いているよう

自動車にはネオジム磁石とフェライト磁石が使い分けられている

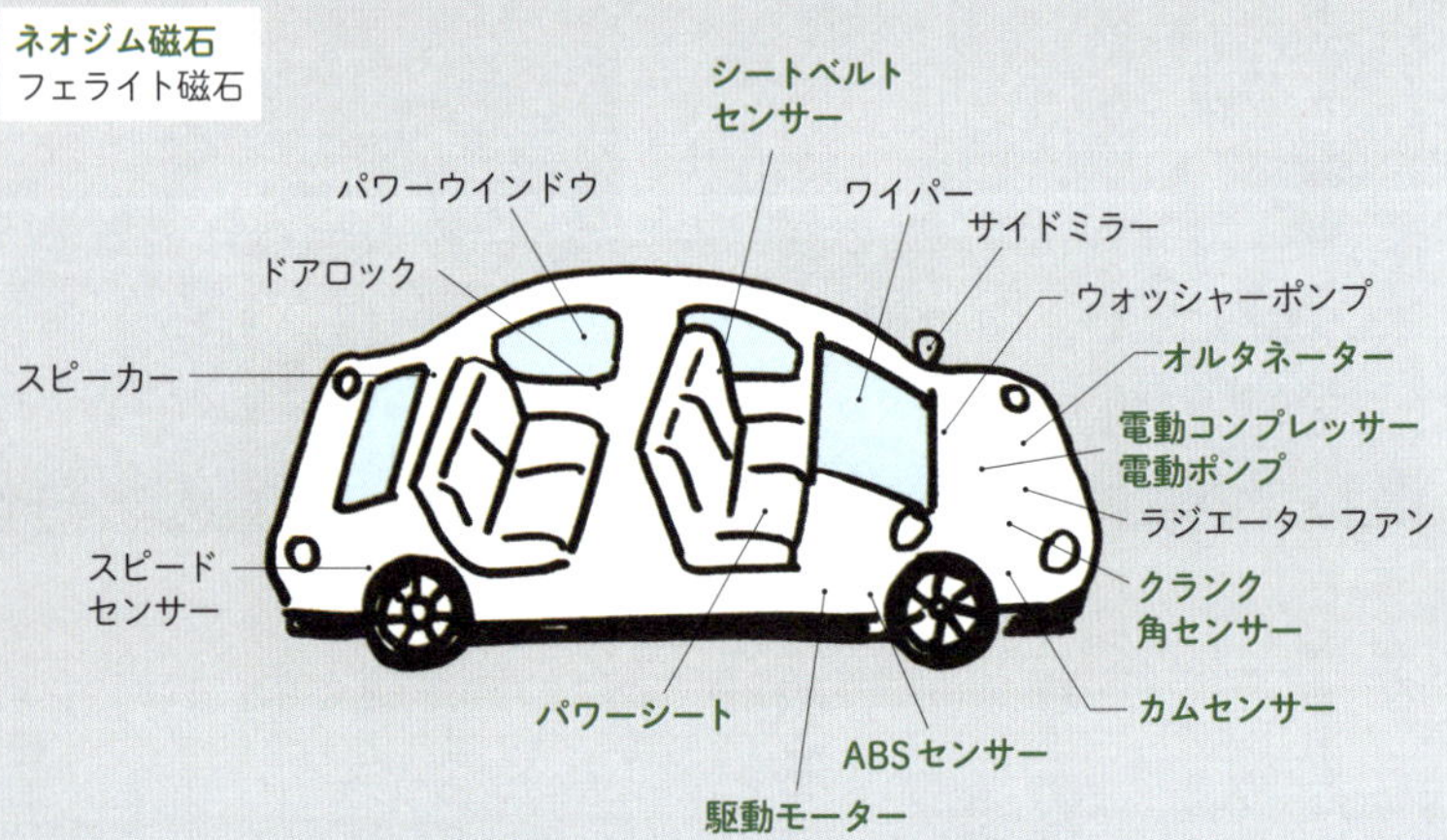

なもんだから。モーターだけでなく、センサーにも磁石は使われているし。上の図では一部だけ描きましたが。

――新しいハイブリッド車や電気自動車にも、磁石は入っているのですか?

従来のエンジン車では「モーター」を使うといってもワイパーやパワーウインドウのようなところが中心だったから、「**フェライト磁石**」や「**ボンド磁石**」という安価な磁石でよかったんですよ。磁石の種類などについてはあとで説明しますので、いまは聞き流してもらっていいですよ。

でも、エンジン車からハイブリッド車・電気自動車に移ってくると、自動車の駆動は「モーター」が中心に変わってきますよね。「駆動モーター」がないと電気自動車なんて、動かないから。また、燃費を上げるために、ブレーキを踏むと発電してバッテリーを充電する「回生ブレーキ」というシステムにも使われています。

そういった大きな力を必要とするモーターには「**ネオジム磁石**」という、史上最強の磁石が搭載されています。それも「**ジスプロシウム**」という元素を添加したタイプでないと、自動車のモーターが動く高温下では使えません。だから、元素のことも少し知ってもらう必要がありますよ。まぁ、化学の勉強が目的ではないので、鉄とネオジムの二つが中心ですけど。

これからの自動車は、高性能磁石がハイブリッド車や電気自動車、さらにはいま話題になっている燃料電池車の性能を決めていきます。つまり、自動車会社の命運を決めるといってもいいんですよ。だから、あなたもきょう、上司の人から「つくばに行ってこい!」といわれたわけですね。

製品の概念を変え、生活を変えた磁石

——僕は家電メーカーにいるんですが……。やっぱり、製品の中にモーターとして磁石が組み込まれていそうですね。

磁石の応用分野について、一つひとつ答えていると前に進めないのですが、日本の家電のすごいところは、他の国では使っていない高性能な磁石を製品に投入しているところにあると思います。たとえばアメリカではエアコンに安価なフェライト磁石を使っていますが、それですと製品も大型になるし、音も大きい。海外の人が日本のエアコンを見て最初に驚くのは、「小型・静音・省エネ」ということです。それは、ネオジム磁石が使われているからなのです。

「小型・静音」という点では洗濯機も同じです。省エネ効果にもつながる。日本人は当たり前と思っている製品の静音や小型化などには、磁石が大きく貢献しているんですよ。

――へぇ～、小型化に貢献しているのかぁ。日本の製品の強さは「小型化」だから、磁石はその土台になっているんですね。

昔は「軽薄短小」という言葉があってね、日本の強みは「小型・高性能」にあるといわれていました。たとえば、ソニーがウォークマンをつくったけれども、もし大きなラジカセのままだと、外に持ち出して音楽を聴こうなんて思いません。ソニーのウォークマンには当時の最先端のサマリウム・コバルト磁石（略して「**サマコバ磁石**」）という高性能磁石が使われていました。それであれほど小さい携帯音楽プレーヤーができたんですよ。小型で高性能な磁石が「製品の概念を変えた」わけです。

――ウォークマンに当時の最先端磁石が使われていたなんて、知りませんでした。私はHDDメーカーに入社したので、さすがに磁石は関係ないと思いますけど……。

えっ？　とんでもない。あとで話そうと思っていますけれども、HDDは磁石の塊ですよ。HDDの中にはディスクという円板があって、それが高速回転しているのは知っていますよね。ディスクにはナノレベルの超微小な磁石（磁性材料）が無数に配置されていて、その「N・S」信号をヘッドが読み取って「0・1」のデジタル信号にして書き込んでいるんですから。

HDDには磁石が多数使われている

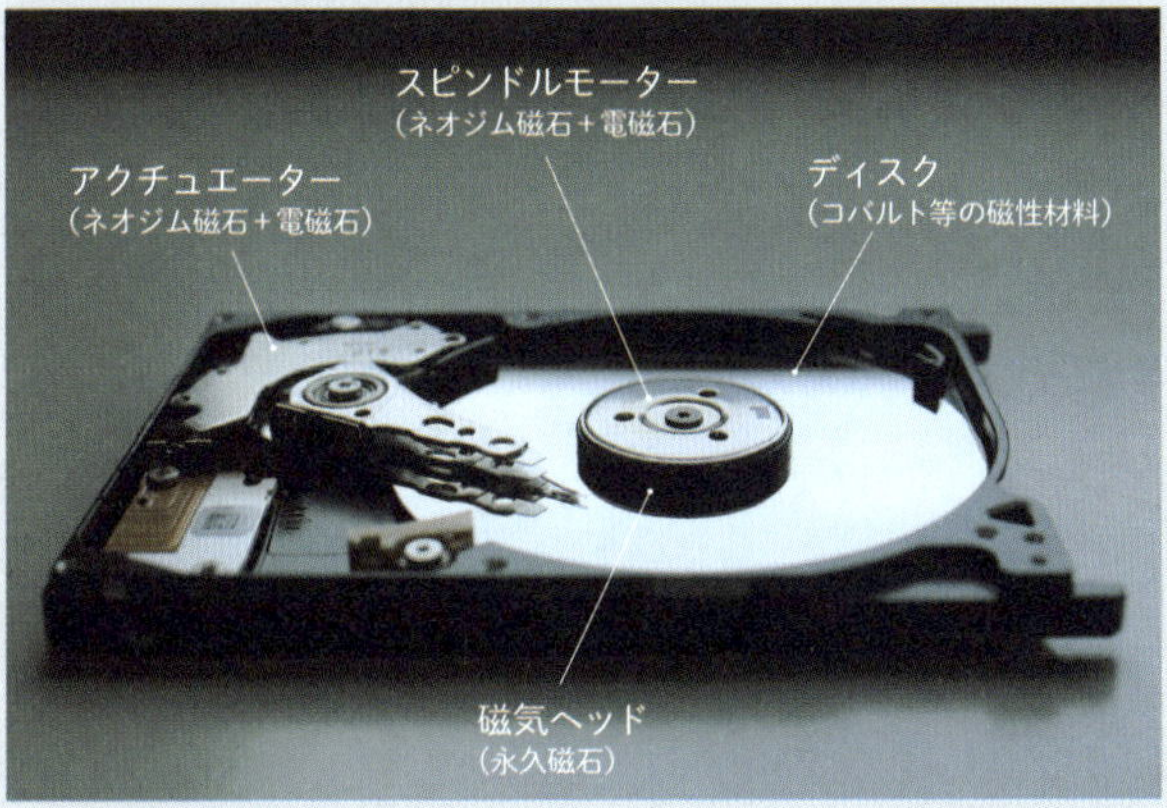

――本当ですか、それはすごい！　知らなかった。データを高速で書き込んだり、読み取るのもすごい話ですよね。

アクチュエーターって、ご存じですか？　HDDのデータの読み取り、書き込みには磁気ヘッドが使われていますが、そのヘッドの動きの位置決めを高速で処理しているのがアクチュエーターで、ここにもネオジム磁石が使われていますよ。

――先生、さっき聞きそびれたんですけど。自動車の話のときに、ボンド磁石とか、ネオジム磁石とかいう話が出ましたよね。磁石の種類だと思いますけれど。

ボンド磁石というのは、プラスチック樹脂の中に磁石の粉を混ぜた安い磁石のことです。それなりに力もあるので普及していますよ。

ネオジム磁石というのは「鉄」が大部分で、それ以外にも「ネオジム・ボロン」などの元素を混合し、さらには「ジスプロシウム・銅」なども添加することで、さまざまな特性を上げて使われています。その混合割合はきわめて重要ですね。ちなみに、ボロン（B）というのは「ホウ素」と習ってきたと思います。高価な元素です。

——いま、「ネオジゥム磁石は、鉄が大部分」とおっしゃいましたが、それなのに、なぜ「ネオジゥム磁石」というんですか？

たしかに、その通りですね。実は、磁石というのは、鉄やコバルト、ニッケルのような**強磁性体**と呼ばれる元素を中心につくらないと強い磁石にならないんです。そうすると、名前をつけるときに、ほとんどの磁石が「鉄磁石」とか「コバルト磁石」と呼ぶことになって、区別できないですよね。だから、鉄にネオジムを混ぜて特徴のある磁石ができたら「ネオジム磁石」、コバルトにサマリウムを混ぜて強力な磁石ができたら「サマリウム磁石」と呼んだほうが、ピンとくるでしょう。

ネオジムの保存

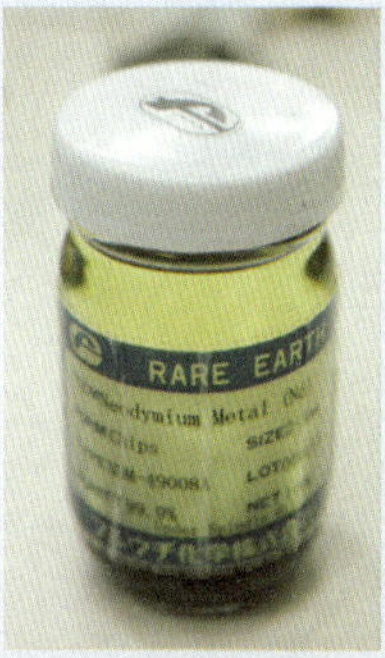

ネオジムは、反応性が高いため、空気に触れないように有機溶剤の中で保存している（水中ではない）。ラベルを見ると、英語で「neodymium」と書いてあるので「ネオジミウム」と呼びたくなる。ただ、学校の先生に注意されるので、「ネオジム」と正しく呼ぼう

——それでネオジゥム磁石というんですね。

ネオジゥム……か。僕は気になりませんが、人によっては「ネオジムと呼べ」って、怒る人もいるから、「ネオジゥム」ではなく、「ネオジム」と呼ぶようにしておくほうがいいと思いますね。周期表でも「ネオジム」と書いてありますから。原子番号でいうと、60番目で、「ランタノイド系」といって、周期表の欄外にあります。

ヘリウム、マグネシウム、アルミニウム、ラジウムというように「～ウム」という元素が多いので、ついつい「ウ」をつけてネオジゥムと呼びがちだし、英語ではneodymiumと書くから「ネオジゥム」でもよさそうだけど、ドイツ語の「Neodym」から「ネオジム」と呼ぶようになったようです。

ネオジムという言葉はこれから100回も、200回も出てくるから、最初に覚えておいてください。

1時間目

磁石開発の歴史を見ておこう！

1 磁石開発は日本人研究者の貢献が絶大

磁石の事始めは、やはり歴史から入るのがイチバン理解しやすいと思いますね。磁石に関するいろいろな課題とか、当時の時代背景、人間模様なども見えてきます。

実は、磁石の歴史において日本人の貢献は計り知れないものがあります。まず、そのことを知っておいてください。

ところが、そんな日本なのに「磁石」を教えている大学が減ってきています。磁石メーカーに入っても、磁石づくりの経験からいろいろな知識を身につけることはあっても、全体を体系立てて勉強する機会を得ることが少なくなってきています。

さて、磁石の歴史から始めるといっても、随時、関連する話をしていくことになるので、多少脱線することもあります。そのつもりで聞いていてください。

——あの〜、「自然にできた磁石」というのはないのですか？　クギが磁石になるように。

ええ、ありますよ。というより、人類が人工的に磁石をつくることができるようになったのは1917年のことなので、まだ約100年しか経っていないのです。

もともと磁石というのは紀元前3000年頃、ギリシアのマグネシアという地方で偶然、見つかったものです。マグネシアの名前から「マグネット＝磁石」と呼ばれるようになりましたが、それは自然にできあがった磁石なので「**天然磁石**」と呼んでいますね。

最初の人工磁石をつくった本多光太郎

人工的につくられた最初の磁石は、実は日本人がつくったんですよ。それが「**KS鋼**」と呼ばれているもので、東北大学の本多光太郎（1870〜1954年）が1917年に発明しました。「KS鋼」と、「鋼《はがね》」という字がついていることからもわかるように、これは鉄の材料、つまり鉄鋼材料だったんです。「鉄は磁石になれる」という証明ですね。

――すみません、話の腰を折るようですが、鉄と鋼《はがね》って、どう違うんですか？

重要なことですね。鉄を使った製品の場合、「１００％純鉄」というのは、ほとんどありません。炭素、硅素《けいそ》（シリコン）、マンガンなど、何らかの元素を添加することで、鉄に硬さ、粘り強さ（靭性《じん》）などが出せるので、鉄製品の目的に応じて何らかの元素が入っています。それを「鋼《はがね》」と呼んでいるんです。

ところで、本多＝H、光太郎＝Kなので、本多光太郎がつくった磁石なら「KH鋼」でよさそうなのに、なぜ「KS鋼」になっていると思いますか。「１９１７年、鉄鋼」というキーワードで考えてみてください。

――えっと～。（汗）

返事がないようなので勝手に進めますが、１９１７年というと、１９１４年に始まった第１次世界大戦の真っただ中で、日本国内では物資が不足していました。中でも飛行機、戦車、船、橋など、戦争を継続するには鉄鋼を日本国内で自給していく必要がありますね。そこで１９１６年に鉄鋼の研究のため、現在の東北大学（東北帝国大学理科大学）に臨時理

1-1-1 本多光太郎と、2016年に100周年を迎える金属材料研究所

1922年頃、撮影

1937年、文化勲章受章時の本多光太郎
写真提供…東北大学史料館

化学研究所第2部（鉄鋼の研究が中心）がつくられました。

現在は東北大学・金属材料研究所（1922年設立）、通称「金研」と呼ばれ、金属・磁石のメッカのようなところです。その設立に住友財閥が多額の援助を行なったため、当時の住友財閥のトップだった住友（＝S）吉左右衛門（＝K）の名前にちなんで、「KS鋼磁石」とネーミングしたわけです。資金提供者への恩義に報いたということですね。

本多光太郎は「鉄鋼の父」と呼ばれている人ですが、世界最初の人工磁石をつくったという意味では、「磁石の父」と呼んでもよい人です。現在でも金属材料の発展・研究に貢献した人には「本多記念賞」や「本多フロンティア賞」が贈られています。また、村上武次郎、増本量、茅誠司など優れた門下生も多数輩出しています。

KS鋼磁石に使われている材料の中心は「鉄」で

す。他にもコバルト、タングステン、クロム、炭素といった金属（元素）を混ぜています。「合金」ですね。

「なぜ鉄だけで磁石をつくらないのか？」「なぜ鉄が磁石の中心なのか？」ということをいつも考えながら話を聞いていると、いろいろと気がつくことも多いと思いますよ。

羅針盤は「北＝S極」を指す

――やっぱり、磁石の主体は「鉄」なんですね。

そうですね。自然にできる磁石を「天然磁石」と呼んでいて、主に「磁鉄鉱」という岩石でできています。磁鉄鉱は鉄の棒などを吸い寄せます。磁石には「N極・S極」の二つの極がありますから、その性質を利用したのが羅針盤《らしんばん》（方位磁針）です。

羅針盤の「N」と書かれた針はいつも「北」を指してくれるので、ヨーロッパでは12世紀頃から航海に使われていました。夜は北極星が見えるので航海もできますが、昼間は羅針盤がなければ遠洋の航海はむずかしく、コロンブスのアメリカ発見やマゼランの世界一周も、羅針盤がなければ達成は困難だったでしょう。中国では『三国志』で有名な諸葛孔明がすでに羅針盤を使って方位を測定したといわれています。

――北極は「North」というから、北極はN極ですよね。

いや、違います。磁石はNとSがくっつこうとしますね。そして磁石のNとN、SとSは反発し合う。羅針盤の針も磁石なので、そのN極が引かれて指す方向はS極です。だから「北極はS極、南極はN極」ということですよ。そうか、それは意外に多い誤解かな。

自分で試してみたことがある？　方位磁針は数百円で売っているし、iPhoneなどのアプリを使うと、北極の方向を指してくれるから、一度試してみるといいですよ。「北極はS極だから、方位磁針のN極が北を指す」と理解してください。

1-1-2 羅針盤が北を向くのは北極がS極だから

「熱した鉄→急冷」で磁石をつくる

ＫＳ鋼をつくるときには、いったん高温で熱した鉄を水の中に入れて一気に冷やす（急冷）ことで、磁石にしています。

これは刀や包丁のつくり方にも通じることです。刀には、「硬いだけでなく、しなやかさ」も同時に求められていました。戦の最中に簡単に折れてしまっては困りますからね。そこで、昔から焼き入れ（刀身の温度を８００℃くらいまで上げる）、焼き戻し（水に入れて一気に温度を下げる）といった温度調整をすることで、鋼を強くしたり、粘り強さ（靭性）を高めたりできることが経験的にも知られていたのです。

鉄鋼づくりにもその経験が活かされています。本多光太郎が鉄鋼づくりの中から「人工磁石」をつくったことも、納得できるでしょう。

さて、本多光太郎によって、「人工的に磁石をつくることができる」とわかった以上、次からは磁石の開発競争に突入です。ＫＳ鋼には鉄以外にも、コバルト、タングステン、クロム、炭素などが入っていた、といいましたよね。そこで、多くの研究者が考えたのは、「鉄にいろいろな金属元素を加えてみたり、温度をいろいろと変えてみるとどうなるか？」ということでした。

1-1-3
磁石発展の歴史と経緯

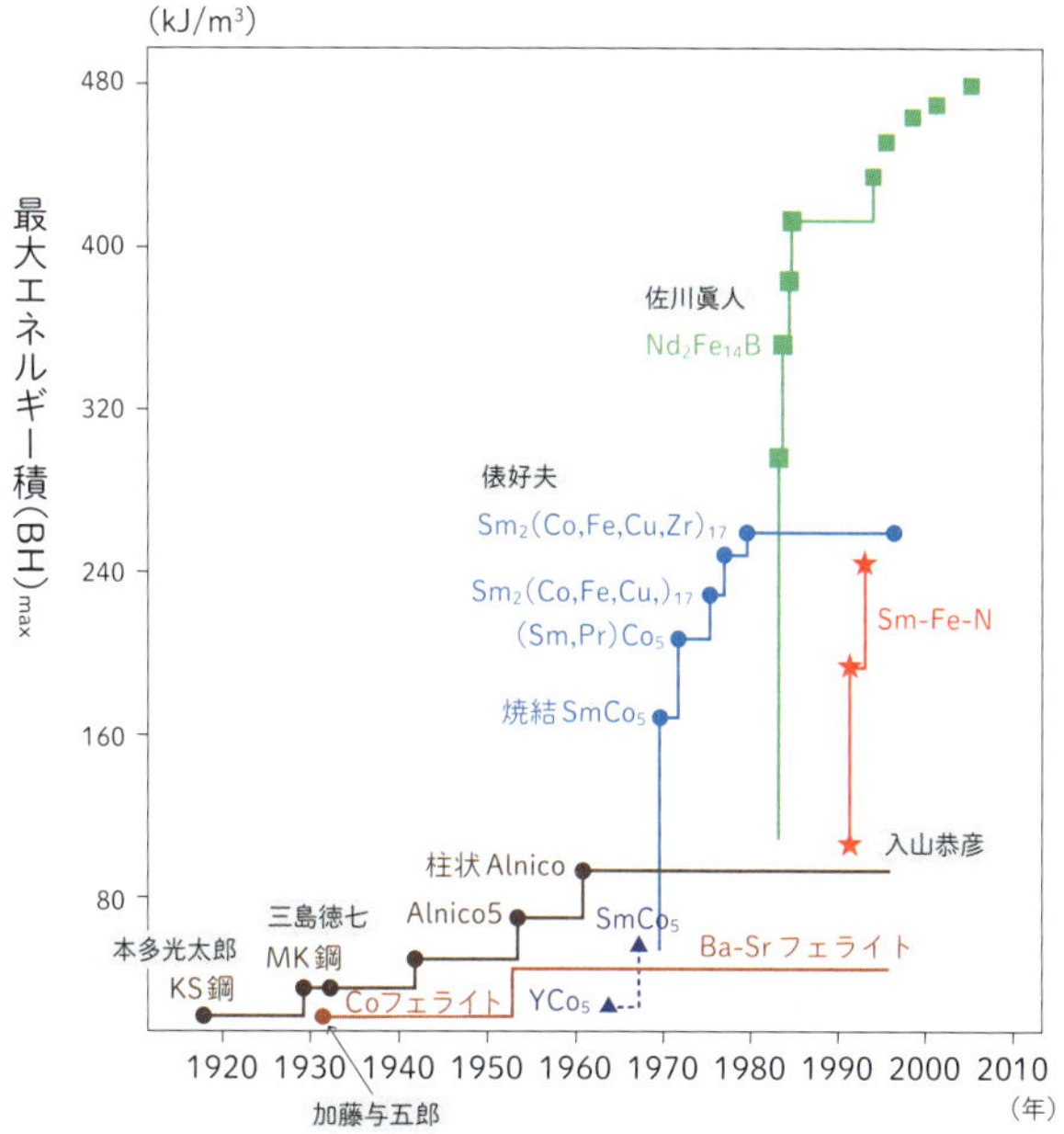

「**最大エネルギー積**(BH)max」とは磁石の性能指数のこと。「エネルギー密度」ともいい、「1立方メートルあたり、何Kジュール=kJ/㎥」という単位で表わす

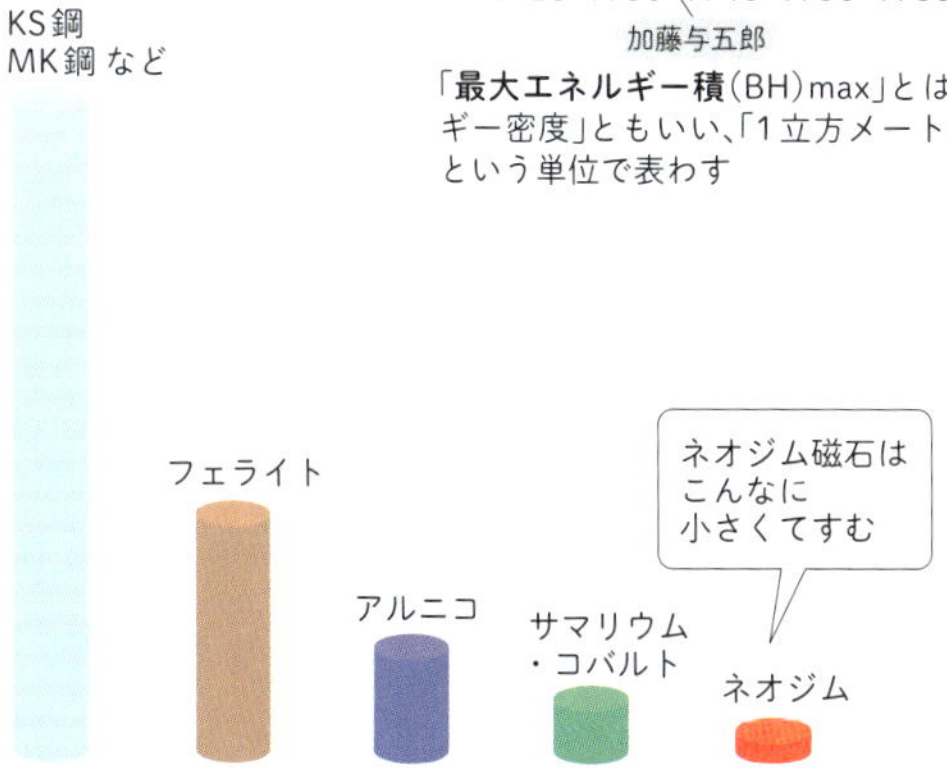

1-1-4
最大エネルギー積を同じにしたときの磁石の大きさ比較

出典:"Advanced Materials"(2011,Vol.23),O.Gutfleish 他

Column

ガスコンロで磁石を熱すると

磁石が熱に弱いってこと、知っていましたか？　私が子どもの頃には、七輪《しちりん》というコンロがあって、その中に練炭《れんたん》を入れて燃やし、この練炭コンロの上にやかんをのせてお湯を沸かしていました。

私は赤々と燃える練炭に磁石を入れて遊んでいたんですが、磁石が真っ赤になったのを見て取り出すと、ついさっきまで強力な磁石だったのに、もう磁石ではなくなってクギもくっつかない。子ども心にも、「磁石は熱に弱いな」と遊びながら感じていました。

いまは練炭を家庭で使うことはまずないでしょうから、磁石をピンセットかトングで挟んでガスレンジで熱すれば、磁石のパワーは消えてなくなることがわかります。そういう実験は簡単にできます。ちょっとやってみましょうか。

まず、磁石を用意します。これは研究室にある「ネオジム磁石」と呼ばれるもので（①）、史上最強の磁石です。ちなみに、ネオジム磁石といっても、その材料の大半は鉄です。

こんな小さなネオジム磁石ですが、ペンチだって持ち上げられます（②）。もっと重いペンチも持ち上げられますが、ピンセットでは持ちにくいですし、「磁石だ」とわかってもらえればいいので、これでOKとしましょう。

家庭のガスコンロで「消磁」の実験

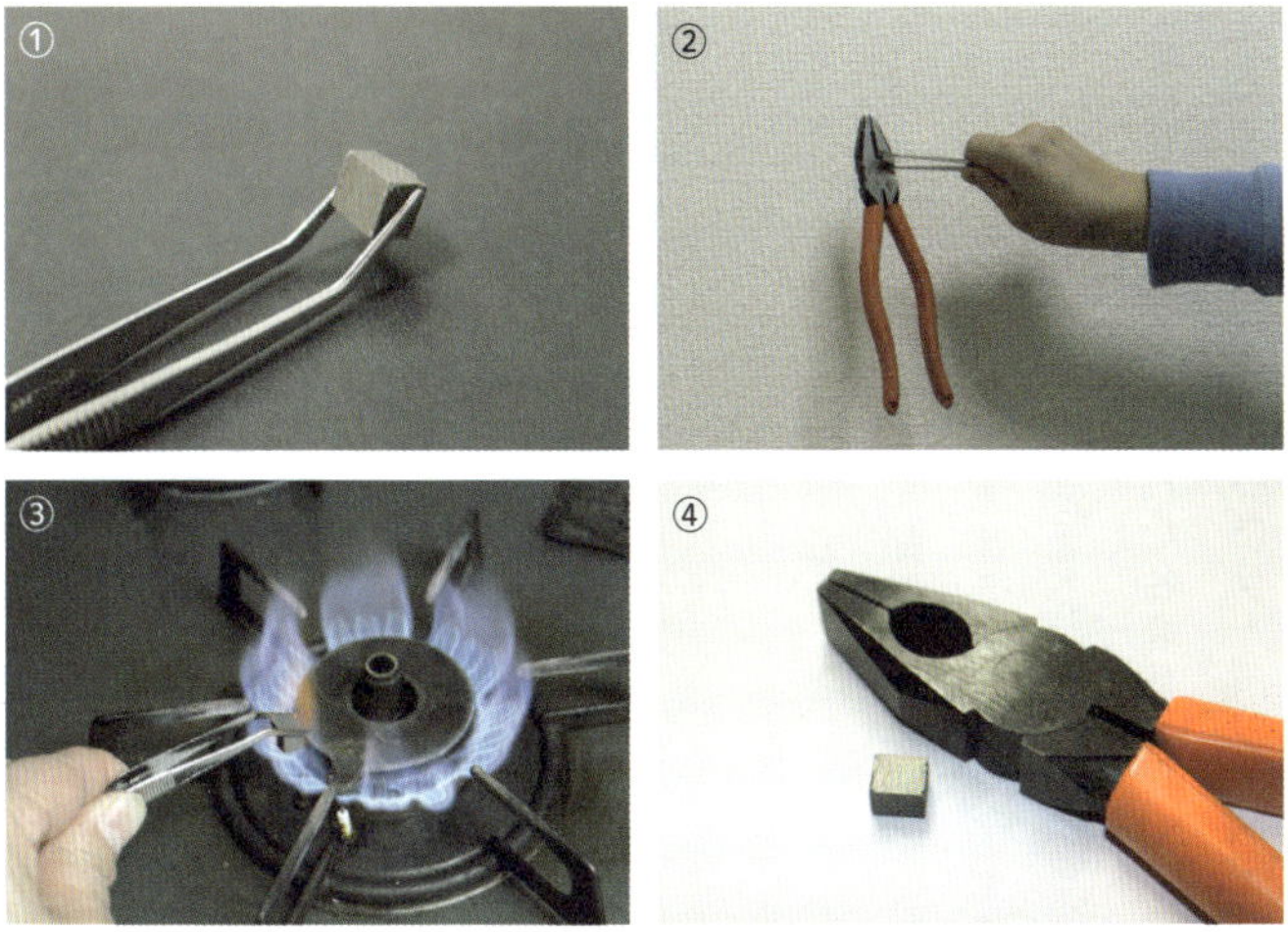

①ピンセットに挟める小さなネオジム磁石、②ペンチでさえ軽々持ち上げるが、③ガスコンロで熱すると、④もうペンチを引き寄せる力はない

次に、このネオジム磁石を家庭用のガスコンロであぶってみます。赤い炎が出てきました（③）。家庭用のガスコンロはだいたい1700℃〜1900℃くらいだといいますから、この磁石も800℃くらいには十分になっているはずです。

さて、ペンチを持ってきましたが、まったく、くっつこうとしません（④）。磁石としての力を失った証拠です。これを「**消磁**《しょうじ》」といいます。そのままでは磁石に戻りませんが、再度、「**着磁**《ちゃくじ》」という作業をすると磁石に戻ります。

2 KS鋼の次は、MK鋼だ！

さて、本多光太郎のKS鋼が発明されたあと、1931年には東京大学の三島徳七（1893～1975年）が「**MK鋼**」をつくっています。これはKS鋼よりずっと強力な磁石で、「鉄、ニッケル、アルミニウム」でできていました。三島（M）徳七（T）なのに、なぜか「MK鋼」という名前です。これは「Mishima-Kizumi」の頭文字（養家の三島家と、生家の喜住《きずみ》家）からつけられた名前とされています。

本多光太郎も負けてはいません。ライバルに強力で安価なMK鋼を発表されたこともあって、1934年には同レベルの新KS鋼を発表しています。研究開発には、鎬《しのぎ》を削る良きライバルが必要だという見本ですね。

アルニコ磁石は意外な用途にも……

MK鋼、新KS鋼のあとに、それら日本の成果を発展させて出てきたのが「**アルニコ磁石**」という強力な磁石です。アルニコとは「アルミニウム、ニッケル、コバルト（Al《アル》-Ni《ニ》-Co《コ》）を含む鉄合金の磁石」という意味で、鉄とコバルトが使われているのが特徴です。スピーカーや計測器などにはいまも使われています。アルニコ磁石を使ったスピーカーは音がいいという伝説がオーディオマニアの間で広がっていますが、これについては科学的な根拠はまったくありません。

ところで磁石というと、モーターやスピーカーのような工業製品に使われるとばかり考えられがちですが、意外なところにも使われているんですよ。畜産関係ですが、どう使われているかわかりますか？

——もしかして、牛のことですか？　ボクの家は酪農をしているのですが、両親が牛に磁石を呑み込ませていましたよ。

そうなんです。そのときによく使われるのが、アルニコ磁石です。牛はたくさんの草を食べますが、クギや針金などを間違って呑み込んでしまうことがあり、そのままではクギが牛の胃を傷つけてしまいます。

そこで、アルニコ磁石をあらかじめ牛の胃袋に入れておき、入ってきたクギなどをくっつけ、一定期間ごとにアルニコ磁石を回収しているそうです。工夫次第で、磁石の用途もいろいろあるということです。

安価でいまも使われるフェライト磁石の登場

さて、いままで話してきたKS鋼、MK鋼、アルニコ磁石は金属系の磁石です。これとは別系統の磁石が登場してきます。それが**「フェライト磁石」**で、現在でも活躍している磁石です。

フェライト磁石は1930年に東京工業大学の加藤与五郎、武井武の発明したコバルトフェライト磁石が発端となって、その後、フィリップスで実用化された磁石です。MK鋼（三島徳七）がつくられる1年前（1930年）に発表されています。

フェライトとは「酸化物を使った磁石」をいいます。それまで「磁石といえば金属」が常識だったのですが、「酸化鉄が磁石になる」というのです。酸化鉄とは「鉄のサビ」のようなものです。金属系の磁石は錆びると磁石ではなくなるため、通常はニッケルなどでコーティングして磁石として仕上げていますが、フェライト磁石の場合は不要です。

とにかく**「サビた鉄が磁石になる」というのですから、世紀の大発見**でした。このフェライト磁石は現在でも工業材料として大量に使われており、磁石の代表的な製品です。

フェライト磁石の最大の特徴は、材料代が安いことです。というのは、鉄鋼をつくる工程で不要品（副産物）として鉄の酸化物が大量に生まれてきます。この鉄の酸化物がフェライト磁石の原料です。豆腐をつくるときには「おから」という大豆のしぼりかすが大量にできます。昔はタダ同然でしたが、最近は健康志向のためか、調理したおからがスーパーでも売られています。それと似たようなもので、鉄の酸化物がフェライト磁石の材料として大量・安価に供給されています。

うっかり……から生まれたフェライト磁石

フェライト磁石は、その鉄の安価な酸化物を焼いて固める方法、つまり焼結するだけで磁石になります。これを「**焼結磁石**」といいます。フェライト磁石は非常に安いので、いろいろなところで使われています。たとえば自動車部品のモーターでも、ワイパーのようにあまり高性能を要求されない部分、レーザープリンターのドラム、スピーカーなど、フェライト磁石の用途はいろいろです。

ただし、性能で見ると、39ページの図1－1－3のグラフでもわかるように、最大エネルギー積が1㎥あたりで40Kジュール（／㎥）しかないわけで、先ほどの金属系のアルニコ磁石が100Kジュール（／㎥）でしたから、フェライト磁石はそれよりも低いのは確かです。ちなみに、「最大エネルギー積」という言葉の正確な意味はあとで説明するとして、いまは「磁石の性能指数」ぐらいに考えておいてください。大ざっぱな順番でいうと、強力な順に、①ネオジム磁石、②サマコバ磁石、③ネオジムボンド磁石、④アルニコ磁石、⑤フェライト磁石……でしょうか。

フェライト磁石はオランダのフィリップスが特許を1932年に取得していますが、実際に無線機にフェライト磁石を使い、世界最初の実用化を果たしたのは東京電気化学工業（現TDK）でした。

もし、このフェライト磁石を100Kジュール（／㎥）近くまでエネルギー積を上げられれば、安価で豊富にある材料だけに、産業界に大きなインパクトを与えるでしょうね。

ところで、「うっかり」ミスから大発見が生まれることがよくあります。このフェライト磁石の場合でも、武井武博士が実験装置のスイッチをうっかり切り忘れて帰宅し、翌日出勤したときにフェライトが大きな磁気を帯びていた、といわれています。

3 パワフルな希土類磁石の登場

磁石性能を引き上げた「希土類」元素

1960年代に入ってくると、さらに大きなインパクトを与える磁石が生まれます。それが「**希土類**《きどるい》**磁石**」です。

それまでは強磁性の「鉄、コバルト、ニッケル」の3種類にばかり目が向けられていたのですが、そこにサマリウム、ネオジムなどの「**希土類元素**」と呼ばれる、少し毛色の変わった元素に注目が集まりはじめます。というのは、**鉄、コバルトなどの磁石材料に希土類元素を混ぜ合わせてやると、磁石性能が急激に上がる**ことがわかったからです。

希土類元素はレアアースとも呼ばれる17種の元素のことで、そのうち15の元素が周期表のランタノイドと呼ばれる一つのマスの中に入っています。

「強磁性金属＋希土類」で2倍の強さに

さて、1966年にアメリカの空軍材料研究所のホッファーとストゥルナットが、コバルト（強磁性）に希土類元素のイットリウムを混ぜた化合物が磁石に適した磁気特性を持つということを発表しました。この研究により、希土類化合物で、性能のよい磁石ができる可能性があることがわかりました。70年代に、別の希土類元素であるサマリウムをコバルトに混ぜてみたところ、磁石の性能がポンと上がったのです。39ページの図1－1－3のグラフを見ても、それまでは「100Kジュールの壁」があったのに、「サマリウム＋コバルト」の磁石はエネルギー積（BH）が180Kジュール（／㎥）へと、2倍近い急峻な上がり方を示しています。これを「**サマリウム磁石**」、あるいは「**サマコバ磁石**」（サマリウム・コバルトの略）と呼んでいます。

これ以降、「鉄、ニッケル、コバルト」といった強磁性の金属に、何らかの希土類元素

1-3-1 磁石の保磁力

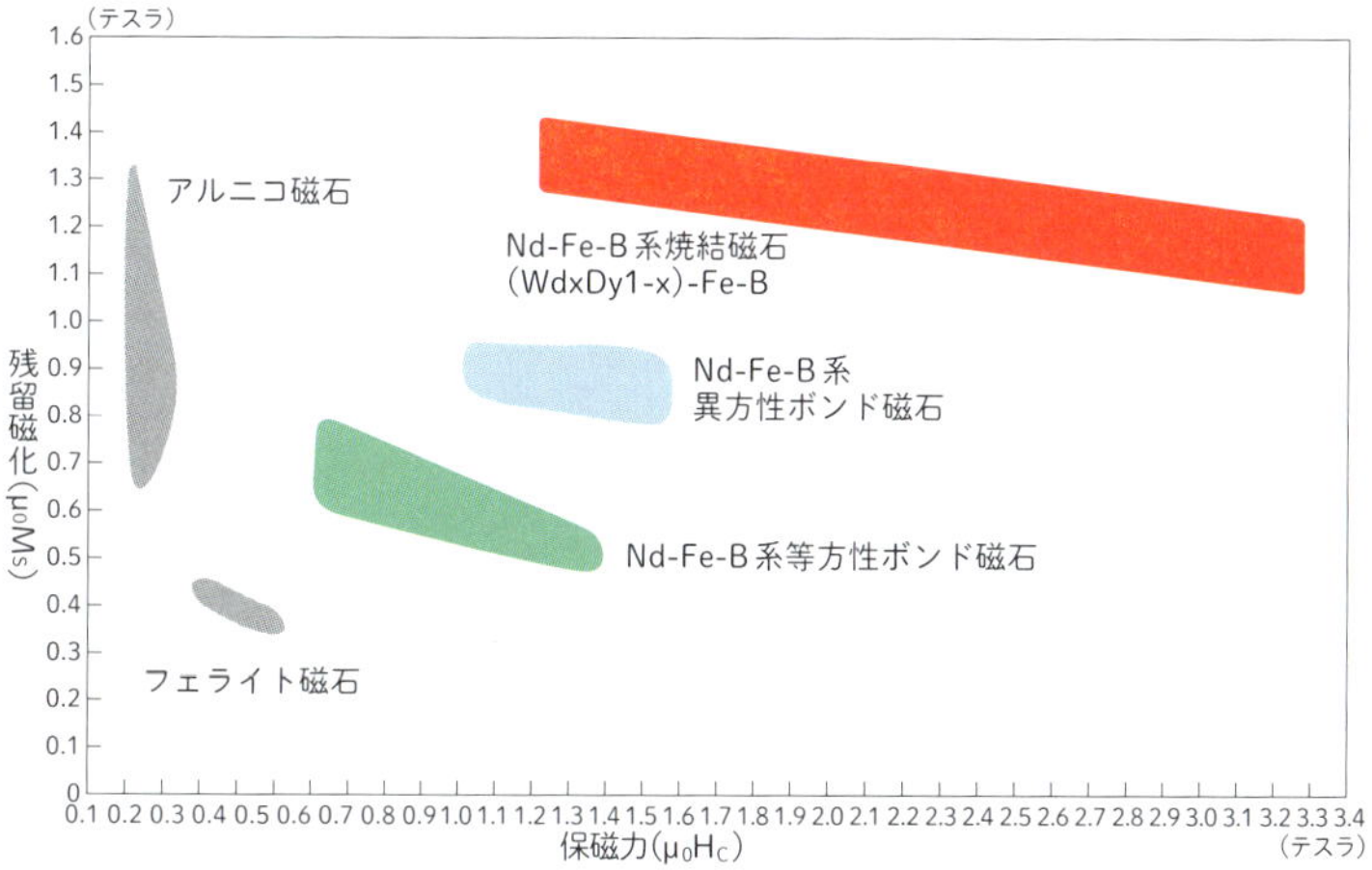

をセットした磁石が開発されていきます。

この磁石は、その圧倒的なパワーからとくに「希土類磁石」、あるいは「レアアース・マグネット」と呼ばれています。

サマリウム磁石はアメリカで発明されたものでしたが、その後、またまた日本人研究者が希土類磁石の世界でも貢献しています。図1－1－3のグラフを見ると、$Sm_2(Co,Fe,Cu,Zr)_{17}$という、ややこしい元素の組合せの磁石がありますね。これはサマリウム（Sm）が2、そしてコバルト（Co）、鉄（Fe）、銅（Cu）、ジルコニウム（Zr）を合わせた組成が17という割合の合金で、非常に微細な組織でできています。これらの複雑な元素の組合せが磁石を強くしているわけです。

今後、これほど複雑な組成の表記のも

のは出てきませんが、必要な場合には「サマリウム2・コバルト17・鉄17……」と、ちょっと面倒ですが、この形で説明したいと思います。

『サラダ記念日』とサマリウム磁石

さて、この$Sm_2(Co,Fe,Cu,Zr)_{17}$という磁石をつくったのは、松下電器や信越化学工業の磁性研究所長として活躍された俵好夫《たわらよしお》博士です。「俵《たわら》」という名前を聞いて、何かピンときませんか？

――「俵さん」？　えっと、誰でしょう……？

う〜ん、そうか、いまの20代の人にはわからないかもしれませんね。君たちのお父さんの世代だと、「俵」と聞くと、「もしかして」と思うはずなんですがね。1987年に『サラダ記念日』という短歌集が大ベストセラーになったのですが、その著者・俵万智さんのお父さんが俵好夫博士です。実は『サラダ記念日』の中にも、

東北の博物館に刻まれし父の名前を見届けに行く

ひところは「世界で一番強かった」父の磁石がうずくまる棚
月曜の朝のネクタイ選びおる磁性材料研究所長

をはじめ、俵好夫博士にちなんだ短歌がいくつか掲載されています。
一首目に書かれている「東北の博物館」とは、私が東北大学の学生の頃にはまだ存在していた建物です。かつて、日本金属学会が金属博物館（1975～2003年）という設備を持っていて、東北大学を越えた山の上に日本金属学会の所有するビルがあり、博物館として使っていました。学芸員も少なく、訪れる人も少ない博物館でしたが、現在は廃館となり、博物館にあった資料を東北大学の総合学術博物館で保存しているようです。

――不思議なのですが、なぜ東北大学では金属とか、磁石の研究が盛んなのですか？

やはり、本多光太郎が現在の金属材料研究所（東北大学の附置研究所の一つ）を仙台に置き、研究をしていたことがルーツですね。東北大学は伝統的に金属や磁石に強いし、日本金属学会も本拠が東京ではなく、仙台にあります。珍しいことですね。
現在も金属材料研究所は東北大学の中にありますが、この設備は東北大学だけでなく、全国すべての大学が共同で使える研究所です。そういう施設は他にも日本の各地にあって、

「共同利用研究所」とか、「共同研究拠点」と呼んでいます。たとえば東京工業大学の応用セラミックス研究所、大阪大学の核物理研究センターなど、全国に80か所ほどあります。金属材料研究所もその一つです。

産業は学問の道場なり

本多光太郎は工学部ではなく、理学部の物理学教授でしたが、当時の理学部の物理学科というところは産業界にも目を向けていました。本多光太郎が、

「学問のあるところに技術は育つ、技術のあるところに産業は発展する、**産業は学問の道場である**」

という言葉を残していますね。

大学の先生というと、学問の府に閉じこもりがちですが、「工学部だけでなく、理学部の先生だって、産業に目を向けなければダメだよ」ということです。当時は国が貧乏な時代だったにもかかわらず理学部のような基礎サイエンスの学部をつくったというのは、理学部に対しても「産業へのフィードバックを考えた研究をしてほしい」という期待感があったんでしょうね。

当時の工学部といえば鉄道をつくったり、土木、建築、電力をひくといったことに関わっ

ていました。ですから工学部も理学部も、「出口（産業への応用）を意識していた」という意味では近かったのかもしれません。

なお、二首目の「ひところは『世界で一番強かった』…」というのは、まさに一時的には世界最高・最強の希土類磁石として持てはやされたのに、そのあとの激しい磁石開発のデッドヒートによって、お父さんの磁石があっという間に世界一の座から追い落とされてしまった……という、お父さんの無念を思う娘の気持ちと、希土類磁石の開発競争の激しさを物語る内容ですね。

俵好夫博士には、物質・材料研究機構（NIMS《ニムス》）の私の研究室にも何度か訪れていただき、サマコバ磁石のことをいろいろと教えていただきました。

このように、磁石に関しては本当に日本人の貢献が大きいことがわかります。先ほどの図1-1-3に日本人がどの磁石に貢献したかというのを旗で示したとすると、日の丸フラッグがいっぱい立つんですよ。まさに、磁石は日本のお家芸です。

4
ネオジム磁石はこうして生まれた！

サマコバが「磁石の王様」から転落した日

――「希土類磁石」を見ていくと、最初の頃はほとんどの磁石にコバルトが入っていますね。それが途中から消えて「鉄」になっていますが、何か原因があったのでしょうか。

よいところに気がつきましたね。強磁性の元素は「鉄、コバルト、ニッケルの三つ」といいましたが、当時は「コバルトを使った磁石が最強」と考えられ、多くの磁石にコバルトが使われていました。アルニコ磁石にもコバルトが使われていますし、希土類磁石の時代に移っても当初は「コバルトが磁石の王様」で、そのコバルトに希土類元素の何かを混ぜるのが主流だったのです。

「サマリウム磁石」とか「サマコバ磁石」と呼ばれていても、実際に使われている量は、サマリウム（希土類元素）よりも強磁性のコバルトのほうが圧倒的に多かったことは前にも説明した通りです。磁性の強い金属をたくさん入れておかないと、強い磁石はできませんからね。

ということで、コバルトが大量に使われていたのですが、ちなみにコバルトはどこで採れるか知っていますか。

――アメリカか、中国でしょうか？

コバルトの多くはアフリカのコンゴ（ザイール）やザンビアなど、俗にカッパーベルト（Copperbelt）と呼ばれる地域から採られています。カッパーというのは「銅」のことで、銅を採取した際の副産物としてコバルトが採られているのです。そして1960年代、日本はコバルトの輸入をコンゴに頼っていたものの、70年代に大規模な紛争がコンゴ一帯で

1-4-1 各磁石の組成を比べてみる

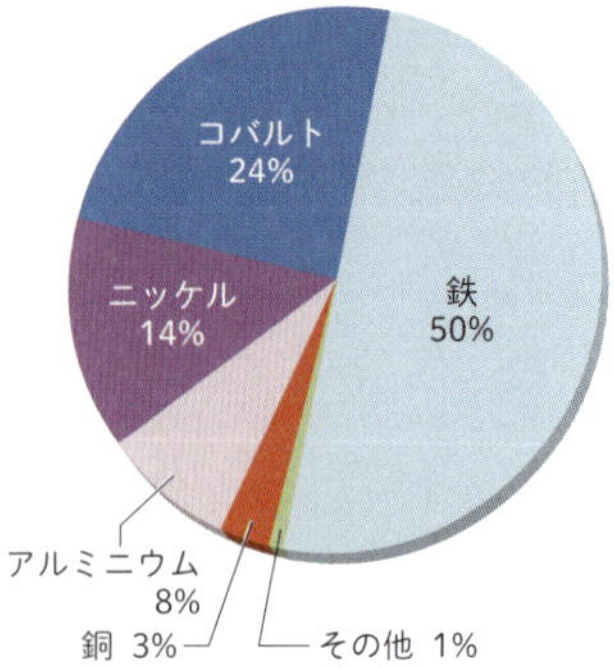

●アルニコ磁石
（鉄50～51％、コバルト24％、ニッケル14％、アルミニウム8％、銅3％、その他）

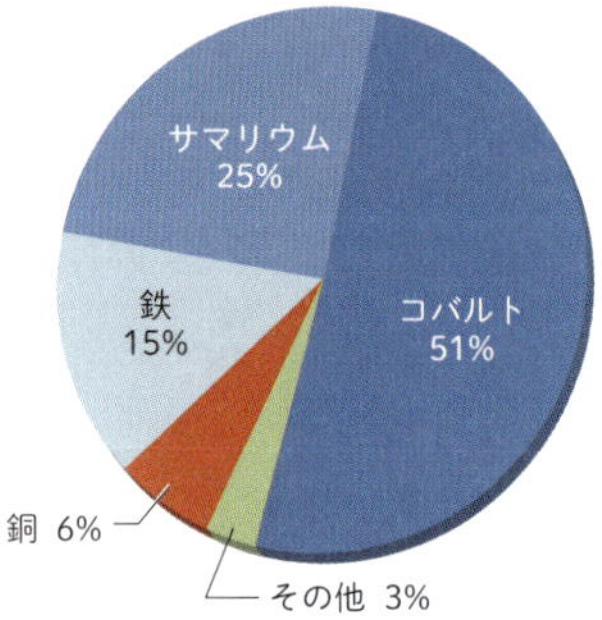

●サマコバ磁石
（コバルト51％、サマリウム25～26％、鉄15～17％、銅6％、その他）

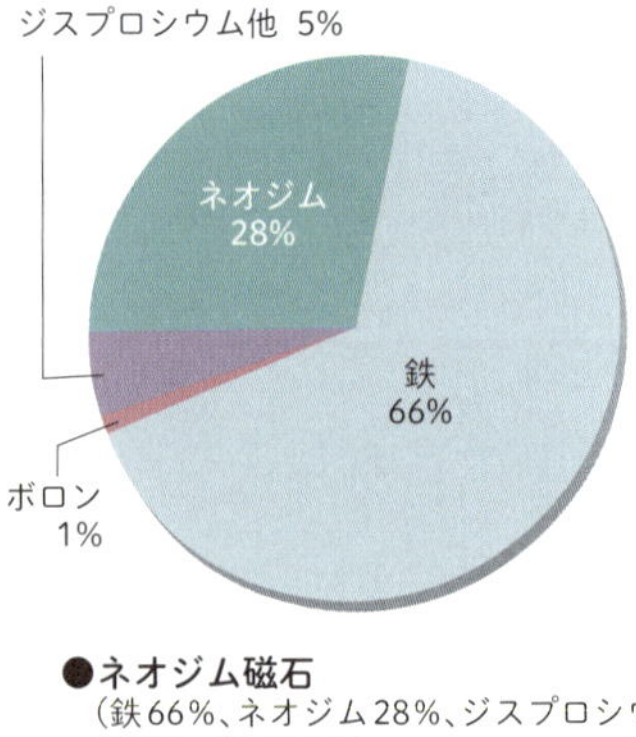

●ネオジム磁石
（鉄66％、ネオジム28％、ジスプロシウム5％、ボロン1％）

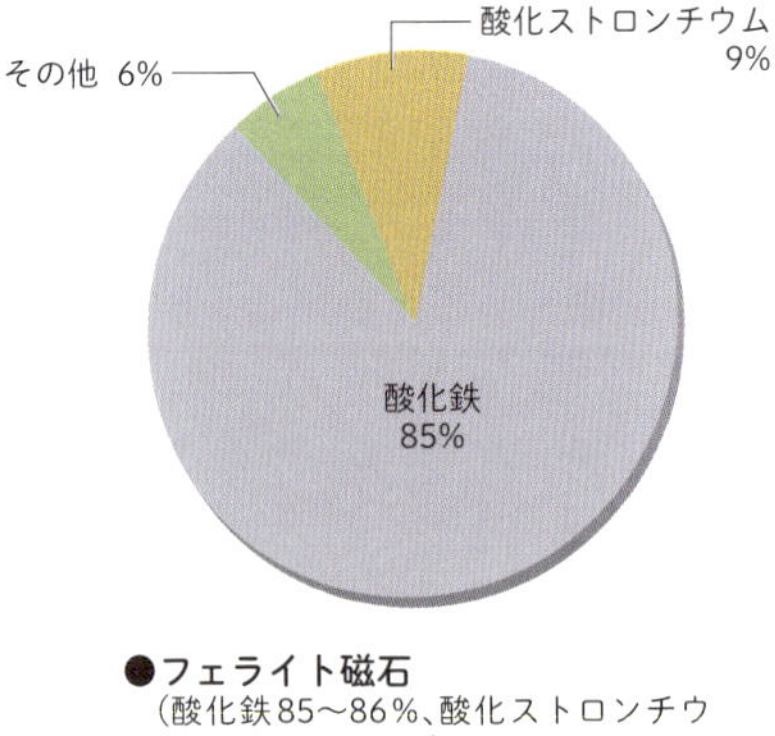

●フェライト磁石
（酸化鉄85～86％、酸化ストロンチウム9～11％、その他）

1-4-2 コバルトの大半はコンゴに依存している（2014年）

（単位：トン）

国　名	生産量	国　名	埋蔵量
コンゴ（キンシャサ）	56,000	コンゴ（キンシャサ）	3,400,000
中国	7,200	オーストラリア	1,100,000
カナダ	7,000	キューバ	500,000
オーストラリア	6,500	ザンビア	270,000
ロシア	6,300	フィリピン	270,000
キューバ	4,200	カナダ	250,000
フィリピン	3,700	ロシア	250,000
ザンビア	3,100	ニューカレドニア	200,000
ブラジル	3,000	ブラジル	85,000
南アフリカ	3,000	中国	80,000
ニューカレドニア	2,800	アメリカ	37,000
その他	9,500	その他	750,000
総計（概算）	112,000	総計（概算）	7,200,000

資料出所：「MINERAL COMMODITY SUMMARIES 2015」

起き、コバルトの供給が細って価格が急騰しました。

こうしてコバルト価格が4～5倍に急騰し、さらに供給の危険にさらされたこともあって、磁石業界は先行き不安に陥りました。そこで強磁性材料の中でもいちばん安く、磁化も高い「鉄」に方向転換をしたというわけです。これを機に、研究者やメーカーの間ではいっせいに、「鉄を使った磁石をつくろう」という方向に舵を切ったのです。

いまから40年も前に「元素戦略」的な研究がされていたわけですね。

最強の「ネオジム磁石」誕生

ところで、元素はいくつあるかご存じで

すか？

――90くらいですか？　100以上でしょうか？

まだ名前が決まっていないものも含めると、現在118といわれていて、教科書には110程度が周期表に掲載されています。でも、自然界にふつうに存在するのは、たしかに90くらいですね。

その中で、磁石の本体として使える強磁性の元素というと、「鉄、コバルト、ニッケル」の3種類でした。他にも希土類元素のガドリニウム（原子番号64）が強磁性ですが、これは量が非常に少ないので磁石の材料として商用に利用できるものではあ

1-4-3 数多い元素の中で使えるのは3種類だけ

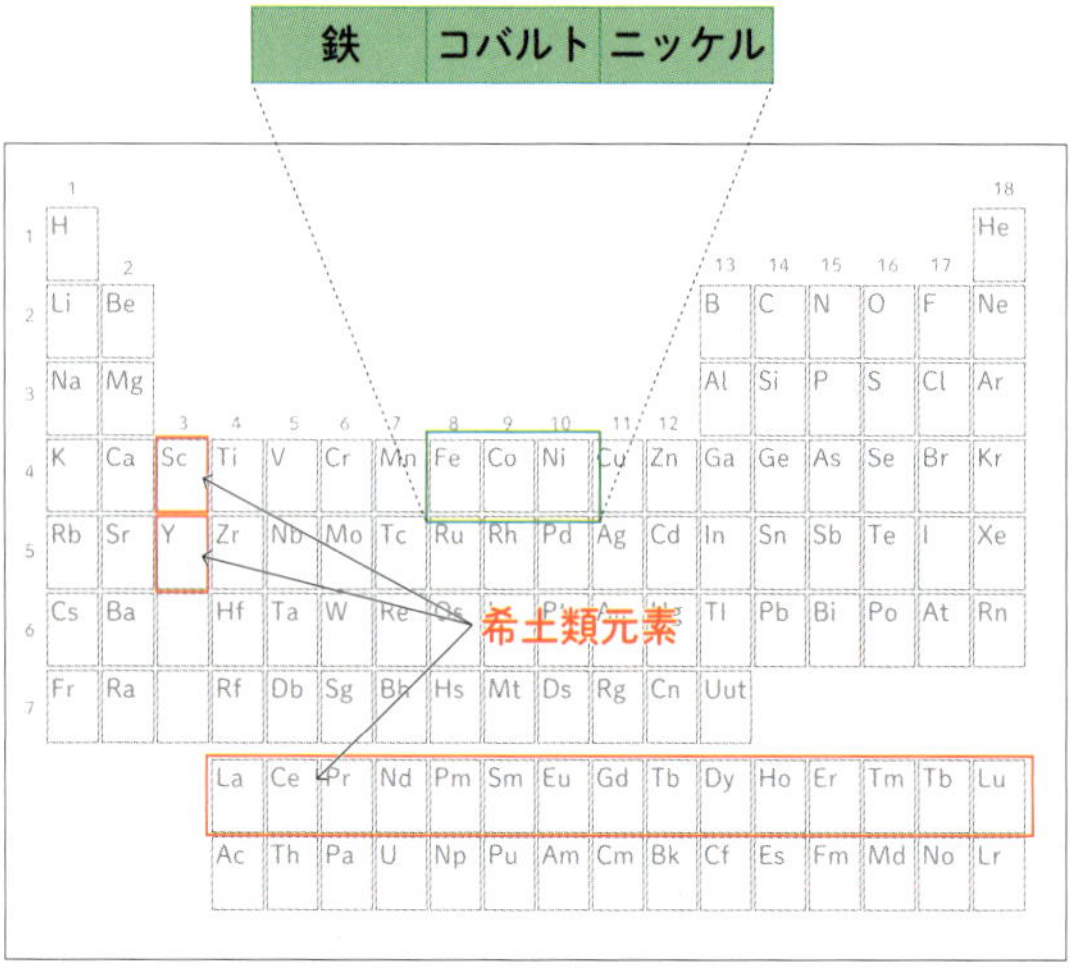

1-4-4 希土類磁石の組成比

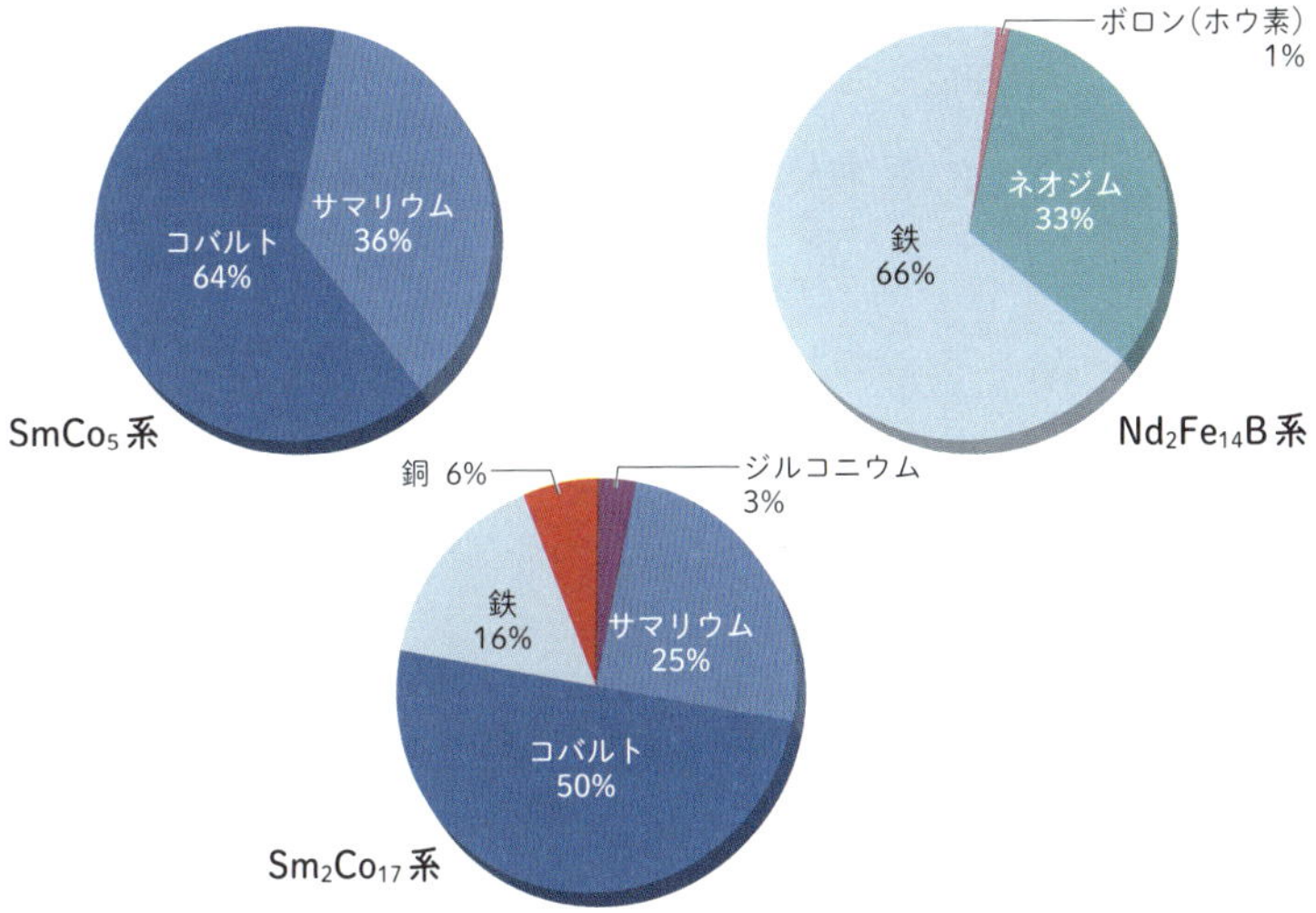

1-4-5 さまざまな元素の存在度

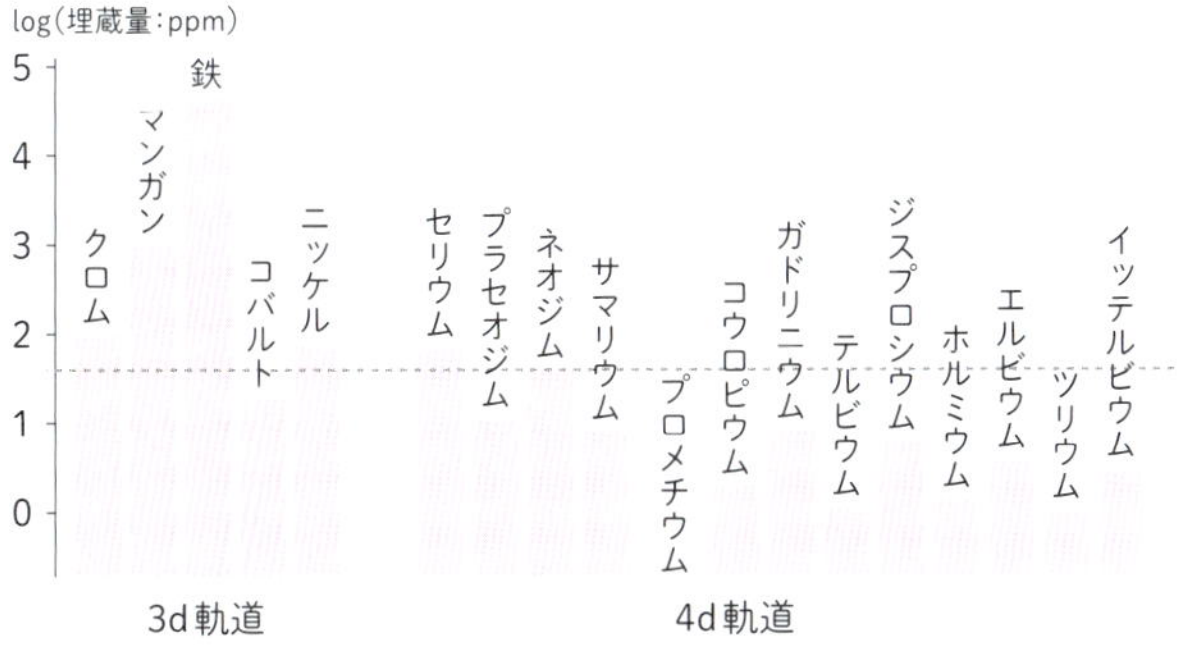

出典:M. Coey, IEEE Trans Magn. 47, 4671(2011)

りません。90もある元素の中で、周期表をいくら見まわしても、磁石材料としては、この三つだけ。選択肢が少ないということですね。

そこで世界の磁石の研究者はコバルトが供給不安定で価格も高騰した段階で、「鉄」による高性能な磁石づくりをめざしたわけです。

こうして1982年に生まれたのが、佐川眞人氏による「**ネオジム磁石**」です。これは磁石の製法として優れている焼結法でつくった磁石で、30年たった現在でも、依然として史上最強の磁石です。

佐川氏は富士通時代に「ネオジム2・鉄14・ボロン1（ボロンとはホウ素のこと）」という組合せで強力な磁石をつくることが可能なことに気づき、富士通から住友特殊金属（現在の日立金属）に移ったあとにネオジム磁石を発明、そのわずか2年後の1984年に事業化したのが、現在、「ネオジム磁石」と呼ばれているものです。

ネオジム磁石という名前ですが、主成分はもちろん「鉄」です。図1－4－4の円グラフを見るとわかるように、鉄が全体の3分の2の66％、ネオジムが3分の1の33％で、残りがボロン他、という割合です。希土類のネオジムを大量に使って強力な磁石にしているところに特色があります。

希土類（レアアース）と呼ばれる元素なのに、図1－4－5を見てわかるように、**ネオジムの埋蔵量はコバルトより多い**のです。意外でしょう？　これからコバルトはリチウムイオン電池に大量に使われていくと予想されます。そうすると、コバルトを大量に使う磁石よりネオジムと鉄でつくる磁石のほうが資源的にはメリットがあることがわかります。またサマリウムもネオジムの10分の1程度ですから、サマコバ磁石が高温用途で一部ネオジム磁石に置き換わっても、依然、ネオジム磁石が大量消費用磁石に適していることもわかります。

もう一つの「ネオジム磁石」

実は佐川氏と同じ1984年、もう一つのネオジム磁石が生まれています。それがアメリカGM社（ゼネラルモーターズ）のクロート氏がつくったもので、組成もまったく同じ「ネオジム2・鉄14・ボロン1（$Nd_2Fe_{14}B$）」です。

――日米で同時に同じ物が開発されたのですか？

ほぼ同じ時期ですが、クロート氏の場合には焼結法ではなく**液体急冷法**という別の手法を用いた粉でした。液体急冷法についてはあとでも説明しますが、この手法でつくった磁石は「**等方性**」といって磁石の磁性が四方八方バラバラな方向に向いているため、外に向かって大きな磁力を発揮することはできません。そのバラバラな状況のネオジム磁粉を樹脂（プラスチック）で固めたのが「**ボンド磁石**」と呼ばれている磁石です。

このためクロート氏のネオジム磁石は佐川氏の焼結法によるものと組成はまったく同じですが、磁力はずっと弱いものでした。「史上最強のネオジム磁石の発明」という栄誉は、佐川氏に輝いたわけです。

ネオジム磁石は最大エネルギー積をグラフ（39ページの図1-1-3）で見てみると、それまで最強の希土類磁石と謳われたサマリウム磁石に比べても、2倍の性能を示しています。

鉄というのは、磁化の高い金属です。ちなみに「**磁化**」というのは何のことだか、わかりますか。ひと言でいうと、「**その材料そのものが内部に持っている磁力の強さ**」と思ってください。「ネオジム磁石」の組成は「ネオジム2・鉄14・ボロン1（$Nd_2Fe_{14}B$）」という比率でできていますから、鉄は全体の17分の14、つまりネオジム磁石全体の82％は鉄でできているということです。

このように鉄の占める割合（濃度）が高ければ高いほど、磁石としての磁化が高くなり、結果として最大エネルギー積の高い材料ができるわけです。

これが現在までの「磁石の歴史」です。磁石の製法については、あとで少しやる予定ですが、「焼結法」と「液体急冷法（＋熱間加工法）」がある、とだけ覚えておいてください。

1-4-6 磁石には焼結法・液体急冷法の二つがある

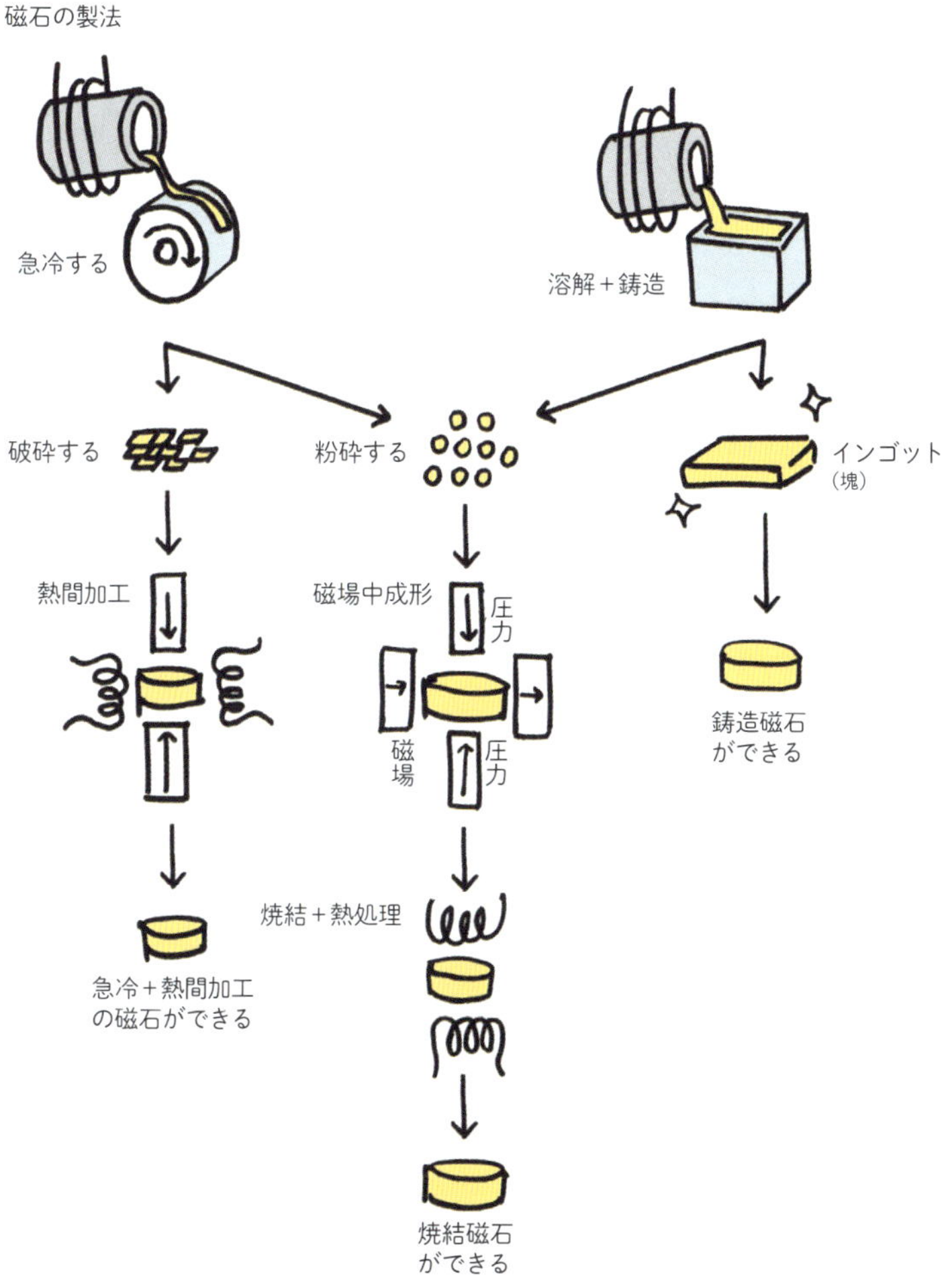

5

磁石研究のミッションは?

——磁石の歴史はわかりましたが、先生ご自身はいま、どのような磁石の研究をされているのですか?

先ほど、コバルト危機の話をしましたが、磁石の原料に限らず、日本には地下資源がありません。しかも、日本の産業の場合、どこの国でもつくれるようなふつうの製品、いわゆる「コモディティ化」した商品をつくっていたのでは、新興国に対してコスト的に太刀打ちできません。

性能や機能で一歩も二歩も、頭抜けた製品をつくり続けなければ、日本の産業は成り立たないのです。ハイブリッド車や燃料電池車などはその典型ですが、そのような日本のさまざまな最先端製品を下から支えてきたのが日本の高性能磁石、中でもネオジム磁石です。とくに自動車分野では、これまでのエンジン車と違って、ハイブリッド車、電気自動車、燃料電池車などの駆動は「モーター」が主役ですから、そこに使われているネオジム磁石が将来の環境自動車を支えていくのです。

「熱に弱い」のがネオジム磁石の最大の難点

ところが、磁石が熱に弱いことは、ガスコンロの実験でも証明済みです。このように鉄など、強磁性の材料から磁性が失われる温度のことを「**キュリー温度**」（キュリー点）と呼んでいます。つまり、磁石の磁化がゼロになる温度のことで、材料によってキュリー温度は違います。もちろん、その温度になったとたん、磁化が急にゼロになるわけではなく、温度が上がるとともに、徐々に磁化が衰えていきます。この現象はどんな材料の磁石でも起きることです。ただ、磁石素材としては、できるだけキュリー温度の高いものを使ったほうがよいことがわかります。

図1-5-2で見ると、鉄の単体でのキュリー温度は771℃ですが、鉄にコバルトを

混ぜると（FeCo）、937℃まで上がります。サマリウム磁石（サマコバ磁石：$SmCo_5$）のキュリー温度は747℃ありましたが、ネオジム磁石は315℃で磁化がゼロになります。かなり低い温度です。

立ちはだかるキュリー温度の壁

では、自動車の駆動モーター周りではどの程度の温度環境なのかというと、ハイブリッド車のケースでは200℃にも達します。その高温下に曝されるネオジム磁石のキュリー温度は315℃でしたから、ネオジム磁石は温度が上がると、磁石として必要な磁化や保磁力といった特性が劣化し、そのままではモーターとしての機能を果たせなくなります。さて、困りました。

――どうすれば、その熱に耐えられるようになるのですか？

このような**高温環境の下でもネオジム磁石が保磁力を失わずに働けることを目的に添加したのが「ジスプロシウム」**という元素でした。聞き慣れない名前でしょうが、ジスプロシウムも、ネオジムやサマリウムと同様、希土類元素の仲間です。このジスプロシウムの

1-5-1 キュリー温度と磁化の関係

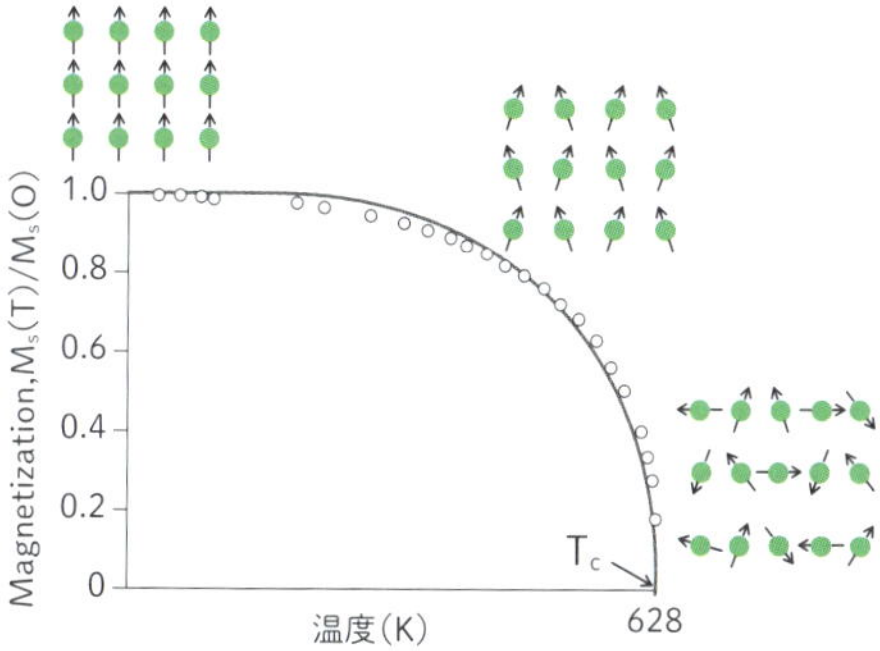

キュリー温度とは「強磁性と常磁性の変態点」のこと。この温度でいきなりゼロになるわけではなく、キュリー温度よりも低い温度で、徐々に磁化が減っていき、キュリー温度でゼロになる

1-5-2 磁性材料ごとのキュリー温度

強磁性金属・化合物の磁性

	結晶構造	Tc (°C)	$\mu_0 M_s$(T)	K_1(MJ/m³)	$K=\sqrt{K_1/\mu_0 M_s^2}$	$\mu_0 M_s^2/4$ (kJ/m)
Fe	bcc	771	2.15	0.048	0.12	-
FeCo	B2	937	2.45	0.2	0.06	-
$Fe_{16}N_2$	正方晶	537	2.41	1.0	0.43	-
CoPt	$L1_0$	567	1.01	4.9	2.47	199
FePt	$L1_0$	477	1.43	6.6	2.02	405
FePd	$L1_0$	476	1.38	1.8	1.10	381
MnAl	$L1_0$	377	0.75	1.7	1.95	95
Co_3Pt	$L1_2$	917	1.40	0.6	0.71	-
Ni_3Mn	$L1_2$	477	1.0	0.03	0.19	-
MnBi	B81(hcp)	360	0.72	0.9	1.5	103
$SmCo_5$	六方晶	747	1.08	17.2	4.3	219
$Nd_2Fe_{14}B$	正方晶	315	1.61	4.9	1.54	516
$Dy_2Fe_{14}B$	正方晶	598	0.72	15	>5	103
$Sm_2Fe_{17}N_3$	菱面体晶	476	1.54	8.6	2.13	472

添加によって、ハイブリッド車のモーターにネオジム磁石を使えるようになりました。

「さぁ、これで安心！」と思ったら、大間違いです。一つは、温度対策によって「最大エネルギー積」が本来のネオジム磁石に比べ、下がっていることです。図1-5-4のように最大エネルギー積が400Kジュール（／㎥）あったネオジム磁石が、ジスプロシウムを追加することで250Kジュール（／㎥）程度まで下がっています。ジスプロシウムの添加は高温対策には役立ちましたが、自動車に大きなパワーを与えられたはずの磁石の力（最大エネルギー積）を泣く泣く削り、6割の力で使っているのが現在のハイブリッド車の姿なのです。

ジスプロシウムの先細る供給、爆発する需要

実は、ジスプロシウムの添加については、もっと大きな問題が立ちはだかっています。ネオジムもジスプロシウムも希土類元素ですが、ネオジムは希土類元素の中では埋蔵量・生産量ともに比較的豊富なのに対し、ジスプロシウムはネオジムの10分の1しか存在しません。価格も高いし、乱高下も激しい。

しかも、ジスプロシウムは生産地が非常に偏っていて、「中国でしか生産されていない」といっても過言ではないほどです。ご存じのように、日本と中国とは尖閣諸島問題なども

1-5-3 ジスプロシウムの添加で磁化が落ちる理由

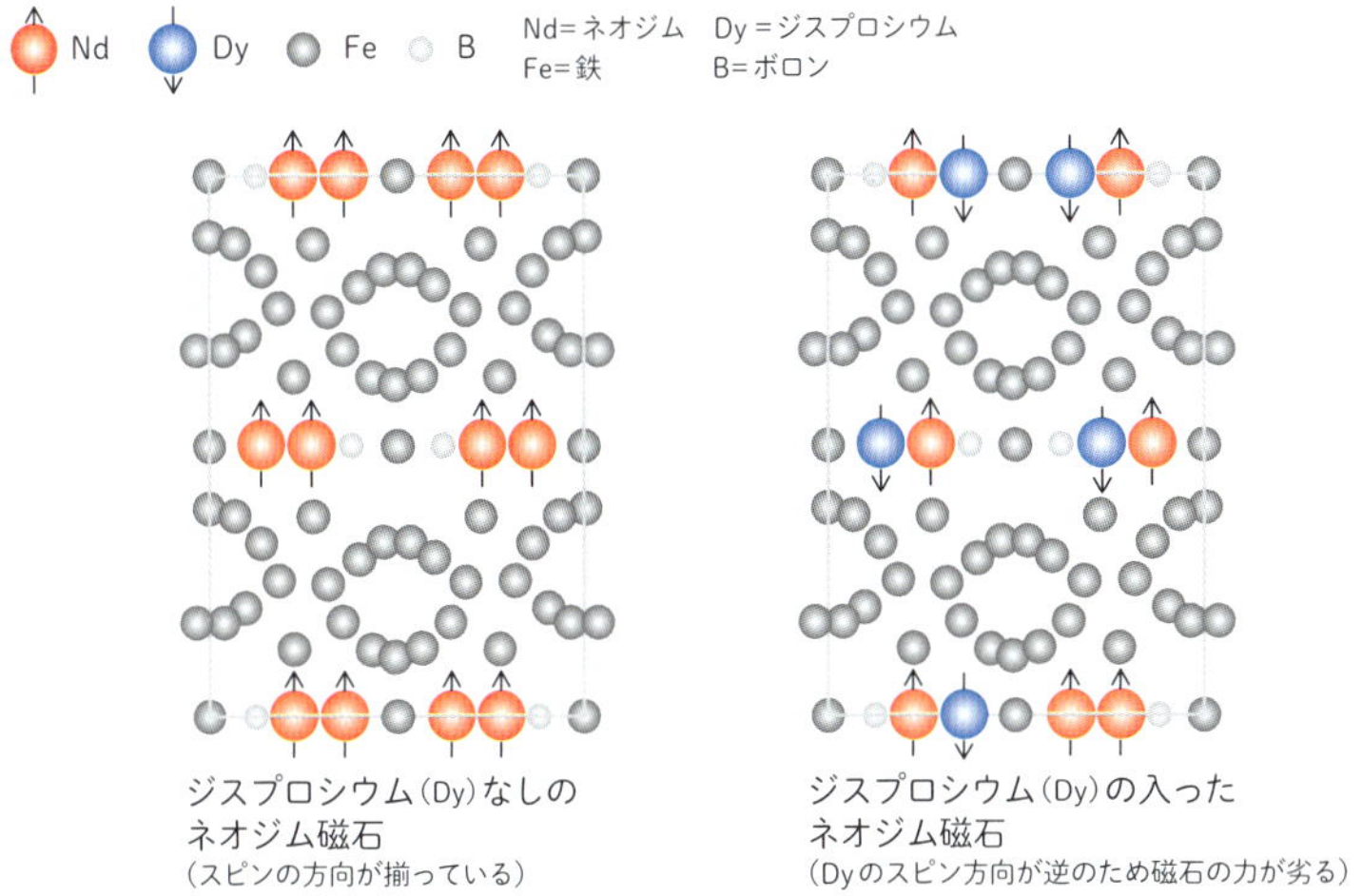

ジスプロシウム(Dy)なしの
ネオジム磁石
(スピンの方向が揃っている)
ジスプロシウム(Dy)の入った
ネオジム磁石
(Dyのスピン方向が逆のため磁石の力が劣る)

1-5-4 ジスプロシウムの添加で、高温下でも力を発揮

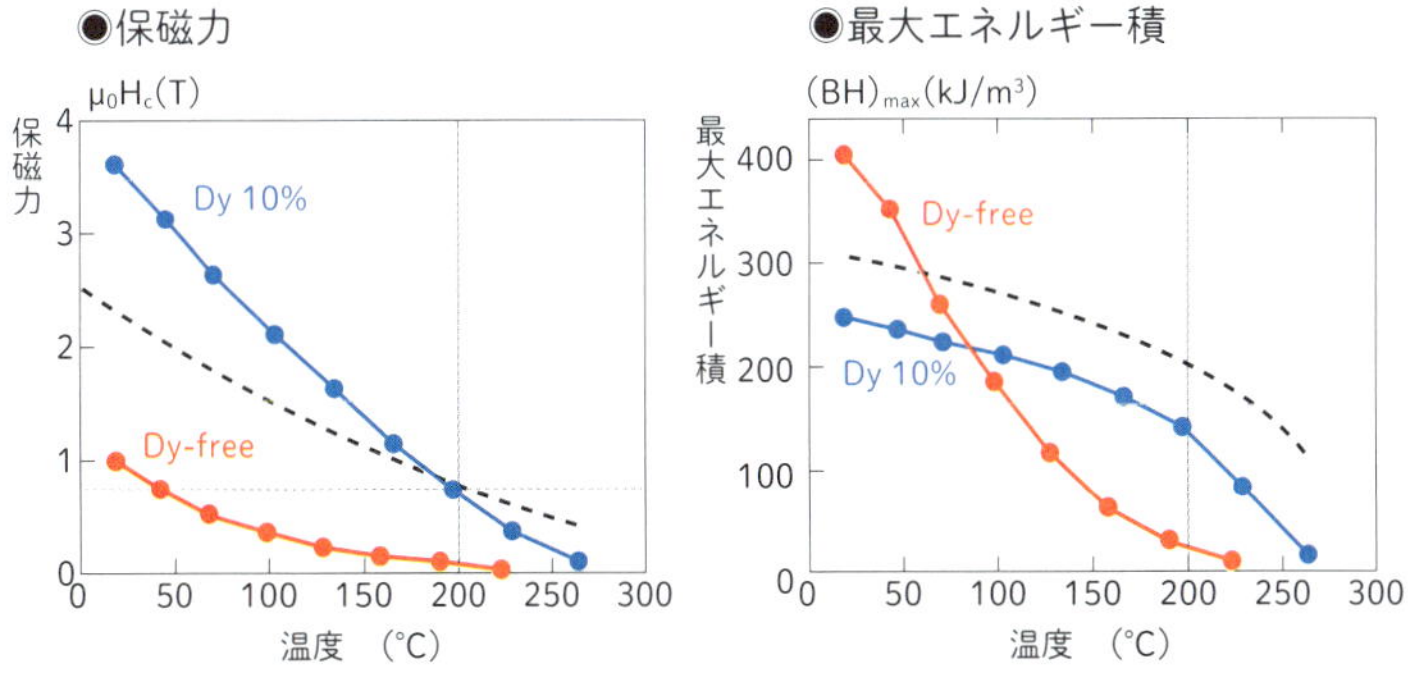

ジスプロシウムを含むネオジム磁石(青)と含まないネオジム磁石(赤)の保磁力と最大エネルギー積の温度による変化。点線は開発中のジスプロシウムフリー磁石の目標特性

1-5-5 HDDにはネオジム磁石が使われている

あって緊張関係にあり、ジスプロシウムなどは輸出規制の対象とされ、2010年には価格も急騰しました。

こうしてジスプロシウムの供給は、現在はもちろん、将来にわたっても先細りで改善する気配はありません。

では、需要のほうはどうなのか。これがウナギ上りなのです。その状況を少しくわしく見ておきましょう。

家電製品などの軽薄短小を推し進めたのがネオジム磁石で、その典型がハードディスクです。アクチュエーターを動かすために必要なボイスコイルモーター（VCM）にネオジム磁石が使われています。

HDD1台あたりに、どれくらいのネオジム磁石が使われているかというと、3・5インチのHDDで2gです。HDDは1年で8億台ほど売れていて、すべてネオジム磁石が使われています。

単純計算すると、1年間に2g×8億台=1600トンです。

——HDDがいちばん大きな市場なんですね。しかも、急拡大している。

1-5-6 ネオジム磁石は爆発的に使用量が増えてきている！

いえ、そうではありません。たしかに、数年前までの統計では、ネオジム磁石の最大の用途はＨＤＤでしたが、２０１０年台に入ると、圧倒的に「モーター利用」が増えています。それを牽引しているのが、ハイブリッド車や電気自動車です。

たとえばトヨタだけで見ても、２０００年にはハイブリッド車の販売累計が５万台にすぎなかったのが、２０１３年末には累計で６００万台を超え、１年間で見ても２０１２年には１２０万台を超えています。

小型ハイブリッド車には、１台あたりでネオジム磁石が約１・２kgが使われていると予想され、１年間に世界で２００万台の生産量があるとすれば１・２kg×２００万台＝２４００トンの消費となり、ＨＤＤの１６００トンの１・５倍となっています。

モーターだけでなく、発電機の需要も大きく伸びています。ご存じかもしれませんが、モーターと発電機はほぼ同じ原理でできています。発電機をつくるには、電磁石を使うだけでもできますが、永久磁石を使った発電機にはモーターと同様、小型化のメリットがあります。とくに大型の発電機になればなるほど、永久磁石を使った発電機のほうが小型・省エネで有利です。

現在、自然エネルギーを利用した風力発電が注目されていますが、風力発電機には1基あたりで1トンのネオジム磁石を使うことになり、これはハイブリッド車1000台分の磁石が一つの発電機に使われることを意味します。

ネオジム磁石の需要は、まさに爆発的に急増しているのです。

ジスプロシウムの含有量も増えている

単にネオジム磁石の使用量が増えただけでなく、ネオジム磁石の中でのジスプロシウムの使用量も目立って増えてきています。というのは、HDD用の磁石（ネオジム磁石）の場合、それほどの高温にはならないので使用するジスプロシウム量も少なくて済んでいたのですが、ハイブリッド車や電気自動車のモーターとして使われるようになると、前にもお話しした通り、200℃程度の高温下での使用となるため、温度対策としてのジスプロシウムの使用量が急増しています。

このため、現行のネオジム磁石での元素の使用割合（濃度）も、ジスプロシウムは磁石全体の11％程度の割合で、これはネオジムの3分の1の量となっています。

ジスプロシウムの量が増えると、磁石の中での希土類の割合が増えていくと思うかもしれませんが、ネオジム磁石の中で希土類元素の占める割合は33％程度で、これは変わりません。鉄の量が減っていくと、磁化が下がってしまいますから。現在は、33％の中で温度特性などを考えて「ネオジム対ジスプロシウム」の量を加減しています。ジスプロシウムが増えれば、その分だけネオジムが減るというトレードオフの関係にあります。

ジスプロシウムという特別な原料（元素）にいつまでも頼っていると、供給がストップした際、高性能な磁石をつくることができなくなり、自動車産業をはじめ多くの産業の競争力が失われる原因にもなります。何とかして、ジスプロシウム不要のネオジム磁石をつくっていく必要があるのです。

「元素戦略」は磁石の世界では昔から

すでに2000年頃から、私自身は佐川眞人氏（ネオジム磁石の発明者）といっしょに、「ジスプロシウムを使わないネオジム磁石の研究」を始めていましたが、さらに2007年から、文部科学省、経済産業省を中心に、一般に「**元素戦略**」と呼ばれる国家プロジェクトが始まりました（正確には各省・団体によって呼び名が違います）。

「元素戦略」は自動車で使われるネオジム磁石のジスプロシウム、液晶や有機ＥＬに使う透明電極（ＩＴＯ）のインジウム、部品加工に使われるタングステンなど、これらの技術に不可欠な希少元素を、他の一般的な元素に置き換えていこう、使用量を減らそう、新機能を見いだそう——というプロジェクトです。

これら部材に関する先端技術について日頃はあまり知られていませんが、日本の高性能・高機能な製品を支えるものばかりです。

かつて、磁石業界ではコンゴ紛争による「コバルト危機」で「鉄」という非常に安価な元素に代替した経験がありましたね。それと同じように、ジスプロシウムも、インジウムも使わないで「もっとありふれた元素に代替しよう」、あるいは使用量を激減させようというチャレンジングな試みです。

そうしていかないと、ジスプロシウムの供給を他国に止められたりしたら、ハイブリッド車を１台もつくれない……という事態にも陥りかねません。

そこで私の研究室でも現在、国の進める「元素戦略」に参加して「ジスプロシウムを使わないネオジム磁石の開発」に全力をあげて取り組んでいます。

また、「元素戦略」の新しい強力なバージョンとして２０１２年に始まった「拠点形成型」プロジェクトにも私の属する**物質・材料研究機構**（**ＮＩＭＳ**）が拠点として選ばれました。この拠点では日本全国の連携機関から人材を集めて、理論・計測解析・材料創製の３分野を融合させた新規磁石材料の理論探索を進めると同時に、既存磁石材料の高性能化技術を研究し、希少元素に依らない、大量生産可能な次世代磁石材料を実験室規模で創製する研究が進められています。さらに、産業界での開発研究に必要とされる基礎学理と技術基盤を地道に研究し、その成果を産業界に活用していただけるようなしくみができています。発足して3年が経ったところですが、すでに世界最高水準の磁石研究拠点となっています。

——いっせいに「ジスプロシウムを使わないネオジム磁石」という方向へ進んでいるとすれば、いくつかのアプローチの方向があると思うのですが。

ええ、ジスプロシウムを使わない、という方法としては二つの方向が考えられますね。

一つは、ジスプロシウムだけでなく、ネオジムさえ使わないという「**新規磁石の開発**」です。つまり、**まったくイチから新しい元素の組合せで高性能磁石を開発**していこうという、きわめてチャレンジングな方向です。磁石化合物の探索については、すでに実験的にかなりの研究が蓄積されていますので、新しい化合物を見つけるためには理論に頼るしかないのではないかと思っています。

もう一つが、文字通り「**ネオジム磁石でのジスプロシウム使用量をゼロにする（ジスプロシウム・フリー）**」という方向です。現在、ジスプロシウムを使ったネオジム磁石はハイブリッド車だけでなく、ＨＤＤにも、風力発電にも大量に使われています。それだけに、早急にジスプロシウム・フリーの高性能磁石をつくる必要があります。

ネオジムそのものは十分な量がありますから、当面、「ジスプロシウムの使用量を減らす、または、ゼロにする」という選択肢が最も産業的に合致した方法と考えるわけです。私もこの方向で研究を進めています。

――実際に「ジスプロシウムを使わないネオジム磁石」をつくるには、どのような研究をする必要があるのですか？

ジスプロシウムを添加している理由は熱で磁石の保磁力が落ちることですから、**保磁力のメカニズムを徹底的に解明**して、「ジスプロシウム不要のネオジム磁石をつくること」、それが私のミッションです。そのためには、現在使われている磁石の微細構造を精緻に解析し、保磁力が出るメカニズムを理解することが必要です。

あとで、研究の進捗状況についてもお話しすることにしましょう。それによって、どんな形で研究をしているのか、研究の一端を見ていただけると思いますし、とりわけ「観る」ことの大切さもお伝えしたいと思いますので。

2時間目

磁石のキホンから勉強してみよう！

「磁界」って、そもそも、何だ？

磁界・磁場を実感するには

さて、大ざっぱに磁石の歴史、私の研究テーマ、ミッションなどを述べてきましたが、おそらく磁石関連の用語についてはわからないことがたくさんあったと思います。私自身、広報や雑誌の取材を受けたときに、「保磁力」という磁石にとって非常に大切な特性を理解してもらうのにいつも苦労しています。ですから、磁石の研究内容とか、手法とかをお見せする前に、私の説明がすんなり頭に入ってくるように、磁石のキホン知識、基礎をざっとでも説明しておきましょう。物理の基礎は高校や大学で習いましたよね。でも、残念なことに、それが将来どういう役に立つかを知らずに授業を受けていますから、「基礎知識＝退屈な知識」と感じてしまい、身につきません。

研究者という職業をしていると世間からは何でも知っていると思われがちですが、いろいろな問題に突き当たるたびに、「ああ、もっと基礎を勉強しておけばよかった……」と思い、勉強し直すことがよくあります。最近では、高校の教科書を買ってきて読み直すこともありますが、そのたびに「なるほど、よく書けているなぁ〜」と感心します。

――研究者の方でも基礎から勉強し直すという話を聞くと、ガゼン、やる気が出てきました。磁石の基礎のキソから教えてください。

そうですね。まず、磁石で知っておいてもらいたい概念としては、「**磁界**《じかい》」または「**磁場**《じば》」というのがあります。この二つの言葉は、実はまったく同じ意味です。言い方が違うだけです。

磁石（棒磁石）を机の上に置くと、その磁石の周りには「磁界」が発生します。磁界の意味を一言でいうと、「磁石が及ぼす力の範囲」のことです。どこまで磁石が力を及ぼし

2-1-1 磁石の周りに鉄粉を置くと「磁界」が見える

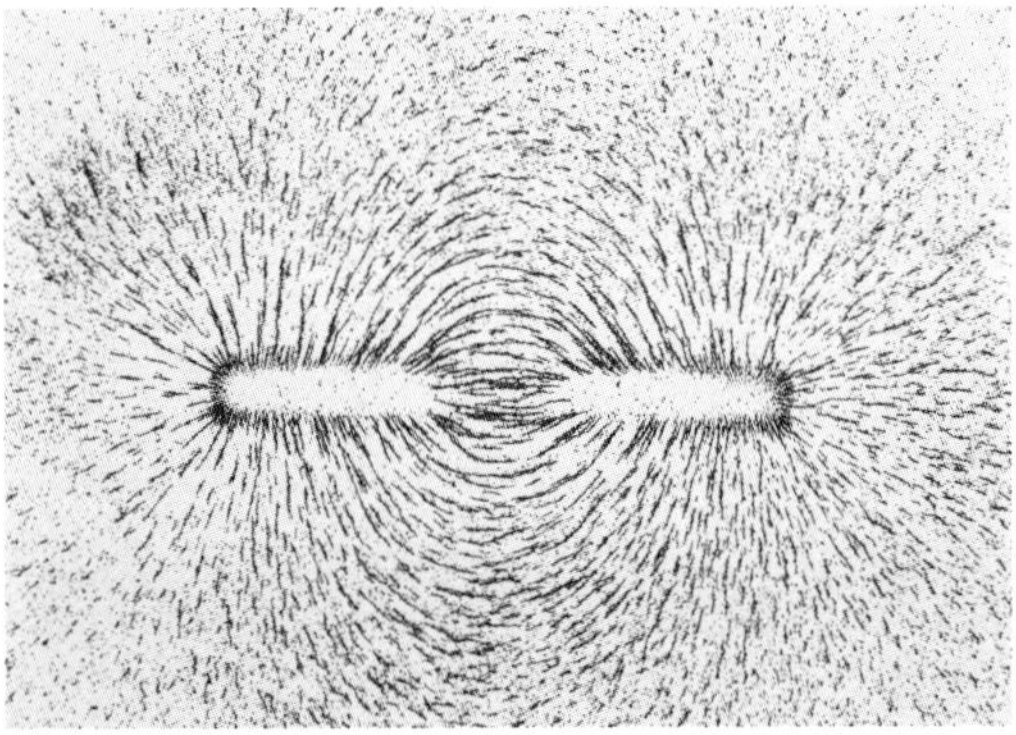

ているか、あるいは及ぼしていないか。その「磁石の力の及ぼしているエリア」です。

人間は磁界を直接見ることはできませんが、間接的な方法を使えば見ることが可能です。磁石のそばに、鉄粉を置くことです。

小学生の頃に遊んだ経験があると思いますが、磁石のそばに鉄粉をばらまくと鉄粉の渦や筋ができますね。濃い筋、薄い筋があって、磁石に近いところには濃い筋ができ、磁石から離れた場所では鉄粉は筋を見せなくなります。つまり、「磁石から遠ざかれば遠ざかるほど、磁石の影響を受けなくなる」わけです。

実際に磁粉を撒いてやってみましょう。あれ、教科書に出てくるようには、なかなかきれいにできませんね。離れたところに磁粉をもっと撒いておけばよかったかもしれません。きれいに仕上げるのは、むずかしいもんです。

このように、「**磁石の力を受ける範囲・エリア**」が**磁界**であり、**磁場**なのです。逆に、磁界があれば、そこには「磁力を発生するものが何かある」といえます。

磁界と磁場はまったく同じ意味でしたから、「磁界が発生する」といっても、「磁場が発生する」といってもかまいません。

昔から、物理系の人が「磁界」と呼び、工学系の人が「磁場」と呼んでいます。科学技術の世界では「磁界・磁場」だけでなく、同じ意味なのに使う用語が違うことがあり、そのために専門が少し異なると、会話をしても意味が通じにくいこともよくあります。私は磁界・磁場のどちらも使っていて、とくにこだわりはありませんが、今回の研修期間中は「磁界」で統一することにします。

電磁石でも磁界が発生する

――いま、磁石の周りに磁界が発生したところを見学しましたが、磁界というのは磁石だけの現象なんでしょうか。

いい質問ですね。83ページの図2－1－2を見てください。コイルをグルグル巻きにして、そこに電流を流してやると、棒磁石のときの鉄粉で見たのと同様に「磁界」が発生します。つまり、「磁界を発生できるのは磁石だけではない」ということですよ。

棒磁石　→　周りに磁界

コイル　→　周りに磁界

棒磁石のときと同様、コイルに電流を流しても「磁界が発生した」のであれば、そこには「磁力を発生した元（棒磁石）」があるはずです。ところが、どこを見ても棒磁石は見あたりません。あるのは「コイルと電流」だけです。

ということは、棒磁石を使わず、コイルに電流を流すことで磁界を発生させたわけです。このように「電流を流して磁界を発生させるコイル」のことを「**電磁石**」と呼びます。電磁石では、電流を止めると磁界はなくなります。このため、ふつうの磁石のことを「**永久磁石**」と呼びます。

磁界の強さというのは生活感覚としてわかりにくいですよね。たとえば、永久磁石から発生できる磁界が、地磁気に比べてどの程度のものかなどを直感的にわかるようにしたのが図2－1－3です。実験室にある大型の電磁石で発生できる磁界は3テスラ（T）程度です。小型の電磁石だと1テスラです。もっと高い磁界が必要な場合は超電導コイルを使った磁石を使います。それですと10テスラ程度までの磁界を発生できますが、液体ヘリウムによる冷却が必要ですね。世界最高の磁界を発生できるハイブリッドマグネット（超電導磁石と常電導磁石を組み合わせたもの）で37テスラです。大きなコンデンサーバンクに貯めた電流を一瞬に流して発生できるパルスマグネットの最高値は73・4テスラだそうです。

一方、ネオジム磁石で出せる磁界は1・4テスラ程度です。フェライト磁石では0・4テスラ程度ですね。なお、日本付近の地磁気は50μテスラ程度と非常に低い磁界です。これで、磁場の強さが感覚としてわかりましたね？

——永久磁石と電磁石とは「磁界が発生する」ということではまったく同じ、ということですか。

2-1-2 永久磁石がなくても磁界が発生する？

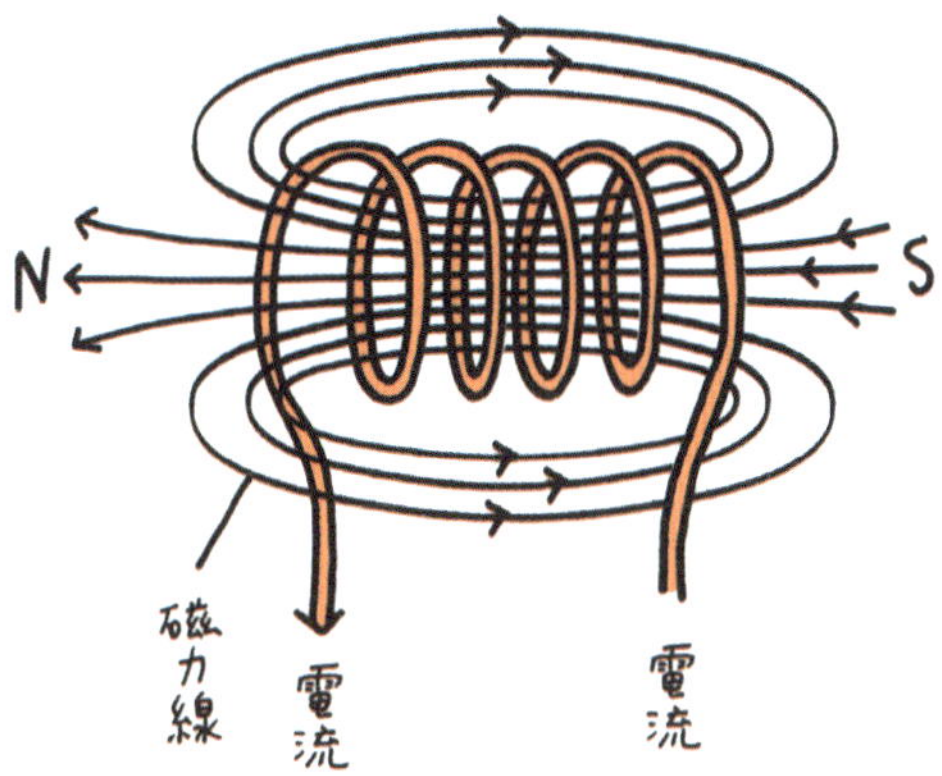

2-1-3 磁界の強さ比較

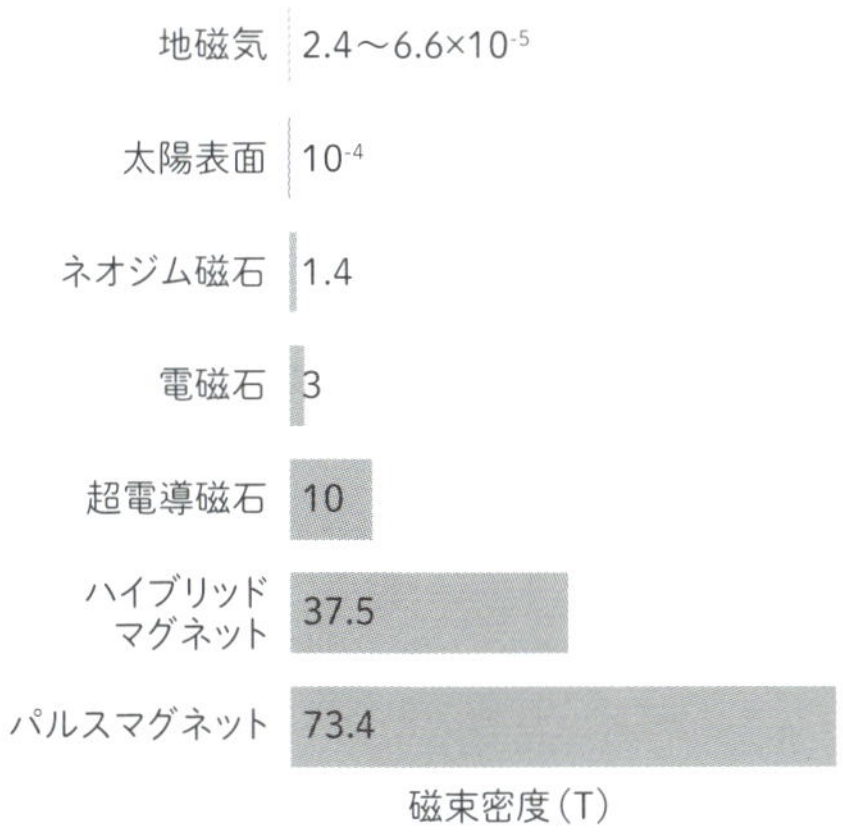

永久磁石でも、電磁石でも「周囲に磁界が発生する」という点では同じ現象が起こります。ただし、電磁石は電流をずっと流し続けなければ磁界を維持できませんので、その分、電力を消費します。永久磁石は電流を流さなくても常に磁界が発生します。

このような違いはありますが、電磁石でも永久磁石でも、そのそばに砂鉄や磁粉を置くとたくさんの筋がつきます。電磁石は図のように「コイルを巻いた形」になっています。ということは逆に、「永久磁石の中も、電磁石のように電流がぐるぐると回っているのではないか？」と予想することもできますが、残念ながら、その予想は当たらずとも遠からずといったところでしょうか。

永久磁石の中を電流がぐるぐると流れているわけではありませんが、それに似た何かが回っていそうです。それはいったい何が回っているのか……。

それを追っていくと、永久磁石の「力の源泉」に辿り着くことができます。次にその話をしましょう。

2

磁石を
切っても、切っても……

最後は「電子の磁石」に行き着く？

いま、ここに1本の棒磁石があります（図2-2-1）。両端にN極とS極の文字が書いてありますね。この両端にはNとSという磁極があるというふうに考えます。

さて、この棒磁石を真ん中で切ると、二つの磁石に分かれます。このとき二つの磁石のN極、S極はどうなるでしょうか。一つめの磁石は片方がN極として残り、切られた端っ

2-2-1 磁石を切っても切っても……

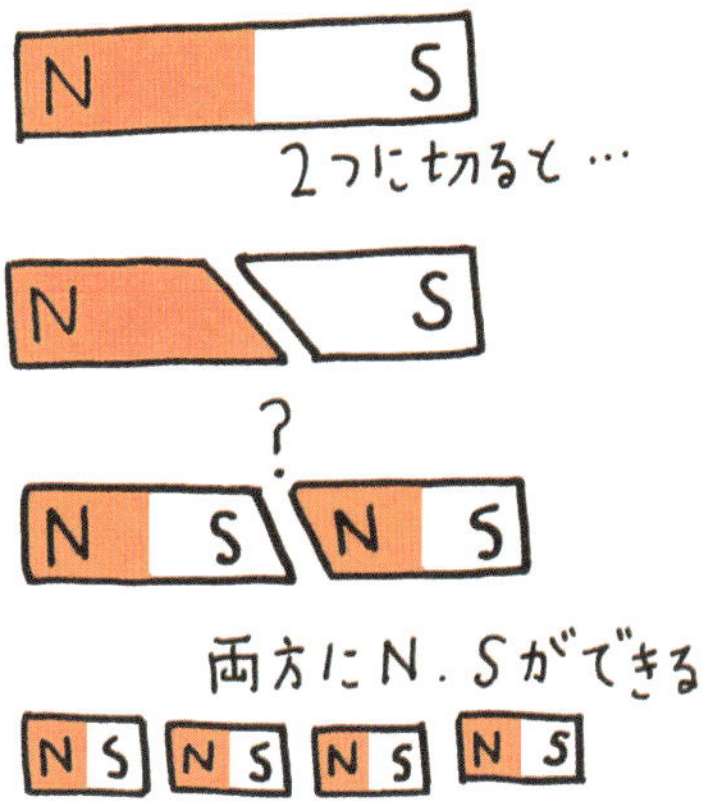

こは磁力ゼロのはず。二つめの磁石は片方がS極として残り、切られた端っこはやはり磁力ゼロのはず。

ところが、実際はN極の反対側には新しいS極ができ、S極の反対側には新しいN極ができます。S極やN極のことを「**磁極**」と呼んでいますが、磁石を小さく切り、さらに切り、さらに切り……と切り刻んでいっても、必ず片側にはN極、もう片方にはS極の磁極が発生します。「N極だけ（あるいはS極だけ）を持つ磁石」というものはないのです。

――もっと小さく切ってみたらどうですか？

いい質問ですね。では、究極まで小さく切っていったと仮定すると、どこまでいきますか。1ミリ？　いや、原子の世界でしょうか。そう、原子の世界に達してもN極、S極があって、それぞれが磁極を持っていることがわかっています。これを「**原子磁石**」と呼ん

でいます。

中学のとき、原子というのは、原子核と電子からできていると習いましたね。調べてみると、原子核は正の電荷を持っていて、その周りを負の電荷を持つ電子がクルクル回っているのでした。電子が動くというのは、電流が発生するということです。つまり、原子核の周りを電流が流れて、電磁石のように磁極が生じるというわけです。「電子の動き＝電《でん》荷《か》の動き＝電流」ですから、電子の軌道をコイルと考え、電子の電荷を電流と考えると、電子の軌道運動によって「原子レベルの電磁石」ができていることになります。これが「原子磁石」なのです。

そんな原子の世界まで磁石のモトがあるようなら、磁石を半分に切ったくらいではN極、S極がなくならないはずです。

電子のスピンが「磁石のおおもと」だった

――電子が原子核の周りを軌道運動していると磁極があらわれることは何となく理解できますが、それなら鉄、コバルト、ニッケルだけでなく、すべての原子が磁石になれるはずではないでしょうか。

その通りですね。しかし、実際に磁石になれる原子は、「鉄、コバルト、ニッケル」の三つだけで、それ以外の大部分の原子は、室温では磁石にはなれません。それはなぜでしょうか。電子の二つの回転——公転と自転とが関係しているためです。

原子核と電子との関係は、よく太陽系の太陽と惑星の関係に喩《たと》えられます。地球が太陽の周りを1年に1回「公転」しながら、1日に1回「自転」しています。それと同様に、電子も原子核の周りを大きく**公転**しながら、自らもクルクルと**スピン（自転）**しています。

この公転も自転もともに「磁力」を発生しているように見えますが、同じではありません。電子の公転もたしかに磁極を発生しますが、他の軌道の電子の公転と打ち消し合うため、公転は大きな磁力を発生する原因とはなりません。

一方、電子の「自転＝スピン」のほうは、特定の原子に大きな磁力を与えます。スピンの向きは、自転の向きによって2種類あります。それを便宜的に、**上向きスピン**、**下向きスピン**と呼んでいます。ですから、あらゆる電子は上向きか、下向きかのスピンを持っています。もし、上下にスピンを持つ電子が対《つい》をつくれば、スピンに由来する磁極（スピン磁気モーメント）は打ち消し合ってゼロになります。

2-2-2 磁石の根源は「電子」まで遡る

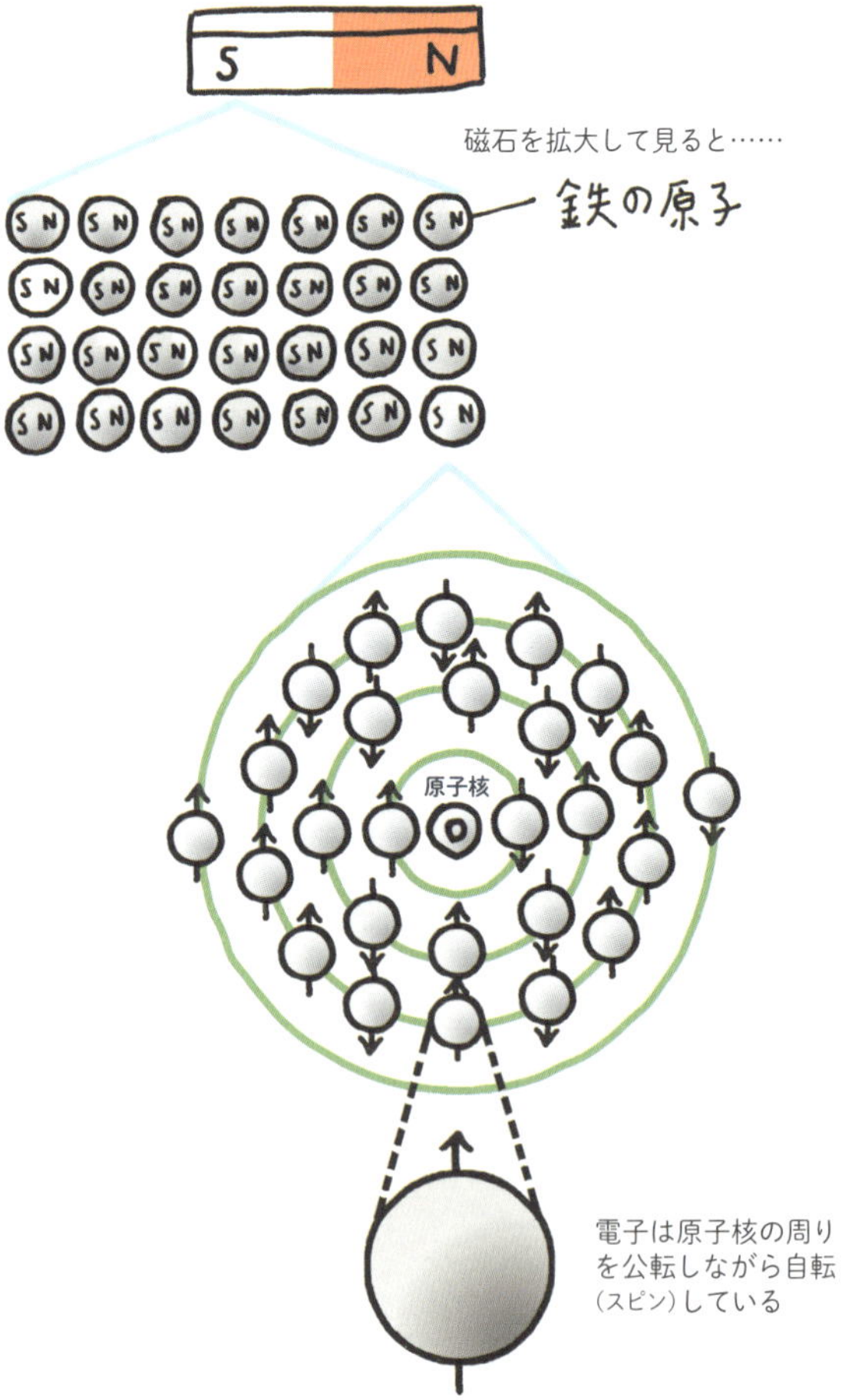
S
N
磁石を拡大して見ると……
鉄の原子
原子核
電子は原子核の周りを公転しながら自転（スピン）している

上向きスピンの多い「鉄、コバルト、ニッケル」

——それでも強磁性を示すもの、弱い磁性しか示さないものがあるということは、「上向きスピン、下向きスピン」の打ち消し合いをした結果、ある程度残るものがある、ということでしょうか。

素晴らしい推理ですね。それについて、続けて説明していきましょう。

電子は図2－2－3のように、原子核に近い側からK殻、L殻、M殻、N殻……を回っています。一つの殻に入れる電子の最大の数は決まっていて、K殻は2個、L殻は8個、M殻は18個、N殻は32個……です。そして、電子の数は元素によって違っていて、水素は1個、ヘリウムは2個、酸素は8個、鉄は26個あり、内側の殻から入っていき、その殻がいっぱいになると、隣の殻を埋めていきます。

では、それぞれの殻の中ではどのように電子が埋まっていくのでしょうか？ 殻は電子軌道の大きさを決めますが、その中には異なった軌道の形を持ったs、p、d……という軌道があります。K殻では電子は2個ですので、s軌道のみ、L殻にはs、p軌道、M殻にはs、p、dの軌道があり、そこの上向きスピン、下向きスピンを持つ電子が埋まって

いきます。

さて、電子が入るには「**パウリの排他原理**」というルールがあります。「同じ軌道に電子が二つ入るとき、それらのスピンの向きは逆方向でなければならない」というものです。このとき、**上向きスピン、下向きスピンは互いにスピンによる磁力を打ち消し合ってしまう**のです。これでは奇数個の電子のときしか、磁力を得ることはできません。また、たとえ得られたとしても、電子1個の力にすぎません。

2-2-3
電子は内側から「K殻、L殻、M殻、N殻…」の順に入っていくが、着席ルールがある

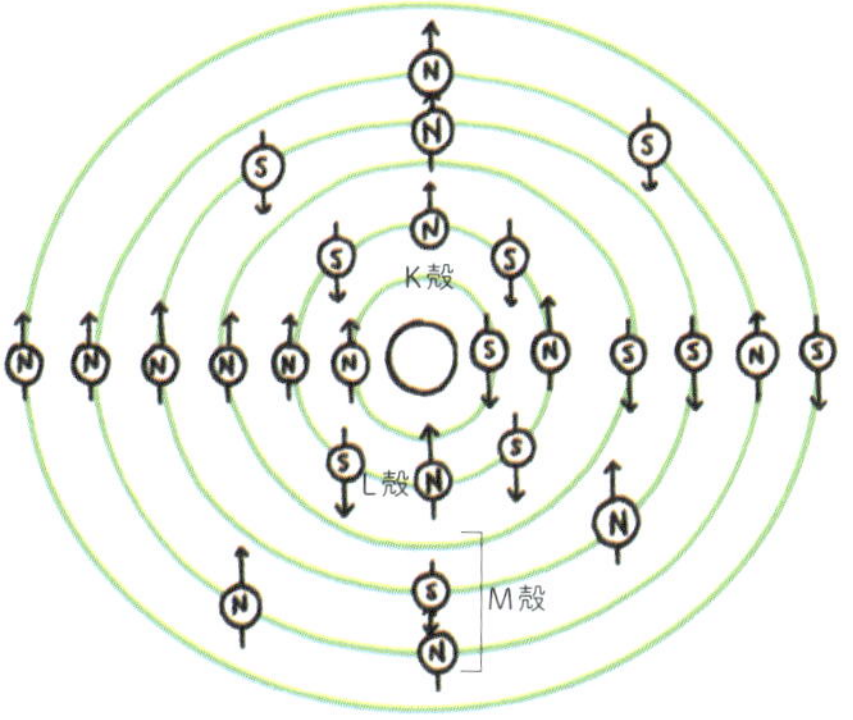

ところがM殻では、「**フント則**」という例外によって、一つの軌道にスピンの対《つい》をつくらなくてもd軌道に電子を埋めていくことができるのです。s軌道、p軌道では同じ軌道にスピンの方向が反対の二つの電子が対をつくって埋まるために、スピンによる磁気モーメントは打ち消されていましたが（図2-2-4）、d軌道は「フント則」によって、対をつくらずにスピン磁気モーメントが最大になるように埋まっていきます。

では、その例外によって、強磁性の「鉄、コバルト、ニッケル」の場合はどういう電子の配置になっているのか具体的に見てみましょう。

3dという電子軌道において、「鉄、コバルト、ニッケル」はいずれも5個の上向きスピン（N極）を持っています。しかも下向きスピン（S極）に比べて、

・鉄は4個（図2－2－4を参照）
・コバルトは3個
・ニッケルは2個

だけ、上向きスピン（N極）のほうが多く、それが強磁性のおおもとになると考えられています。鉄は誰もが「磁性（磁力）がある！」と経験的に知っています。ただ、なぜ鉄、コバルト、ニッケルの3元素だけが室温でも強磁性になれるのか。それは最外殻の電子で「上向きスピンが多い」ことが磁力の強さにつながっているわけです。

磁気モーメントが同じ方向を向く強磁性材料

「スピンが強磁性を発揮するモト」といいましたが、これを「**スピン磁気モーメント**」という言葉で説明することもできます。

まず、電子1個1個に磁性があるという以上、電子の端っこには棒磁石に似た微小な磁

2-2-4
鉄の電子スピンの向きを見ると、3d軌道で4つ、上向きスピンが多くなっている

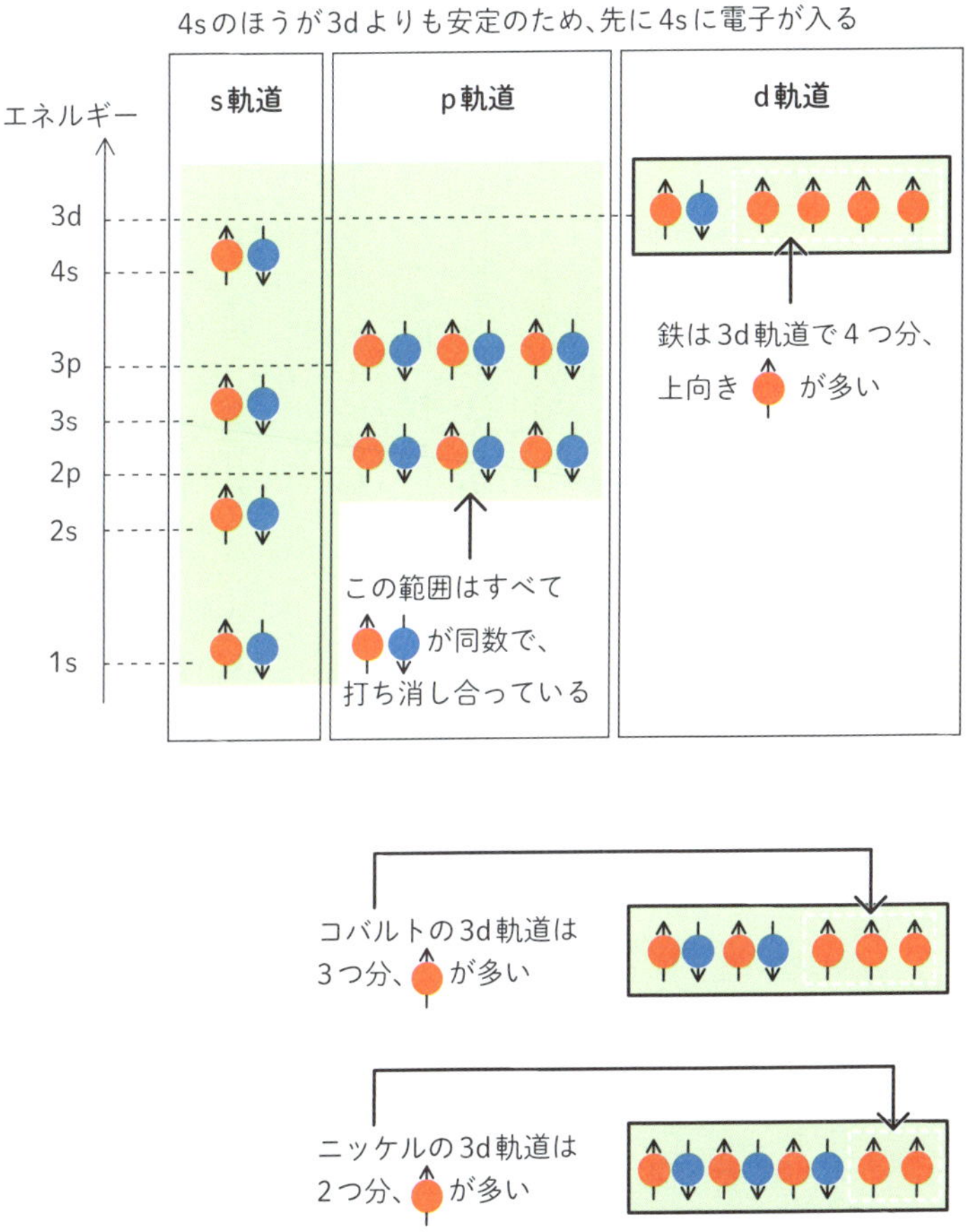
4sのほうが3dよりも安定のため、先に4sに電子が入る
エネルギー
s軌道
p軌道
d軌道
3d
4s
3p
3s
2p
2s
1s
鉄は3d軌道で4つ分、
上向き が多い
この範囲はすべて
が同数で、
打ち消し合っている
コバルトの3d軌道は
3つ分、 が多い
ニッケルの3d軌道は
2つ分、 が多い

石があり、「N極・S極がある」と考えていいでしょう。「端っこに働く力」というのは、物理の世界では「**モーメント**」と呼んでいます。ですから電子1個に働く力は「磁気モーメント」で、**磁石に磁力をもたらす最小単位**と考えられます。

磁気モーメントをいちいち棒磁石のように書くのは面倒なので、矢印で書くことにしますね。矢印の先をN極とか、上向きと考えてください。原子のスピンとほぼ同義と考えてもいいと思います。

もし、材料の中の無数の原子のスピンがランダムな方向に向いていると、その磁力は互いに打ち消し合います。たとえば、銅という磁性を持たない物質に磁気モーメントを持つ希薄な鉄を混ぜたとしましょう。鉄原子はスピンに由来する磁気モーメントを持ちますが、希薄な鉄の磁気モーメントが全部バラバラで、トータルするとゼロになります。

多くの金属は磁気モーメントそのものを持ちません。非磁性の材料です。

それに対し、770℃以上の温度に熱した鉄のように磁気モーメントは持つものの、それらの方向がランダムなために、通常は外に磁性を発揮できないものもあります。それが「**常磁性**」と呼ばれるものです。鉄、コバルト、ニッケルは通常、「強磁性体」として扱われますが、一定の温度（キュリー温度）以上になると磁気モーメントがバラバラになって磁性を失い、常磁性になります。

アルミニウムの場合、温度に関係なく常に常磁性で（磁気モーメントは持つけれど、バラバラ）、このような物質に外部から磁界をかけると、ある程度まではスピンの向きが「磁界方向に配列」するようになり、このため弱い磁性を示します。強力なネオジム磁石を使うと1円玉が吸いついてくるのはそのためです。

ただし、ここで観察される磁力は鉄、ニッケル、コバルトに比べるとケタ違いに小さく、よほど感度のよい測定でもしない限り、磁性を観察することさえできません。そのため一般に「アルミは磁石につかない」といわれているわけです。

2-2-5
磁気モーメントが「電子磁石」の両端に働く

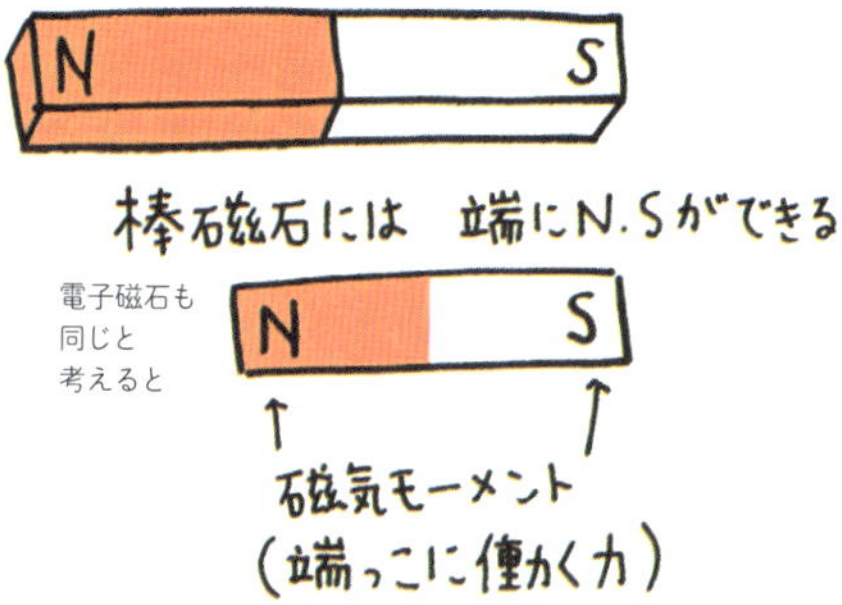

2-2-6
磁気モーメントを一方向に向ける

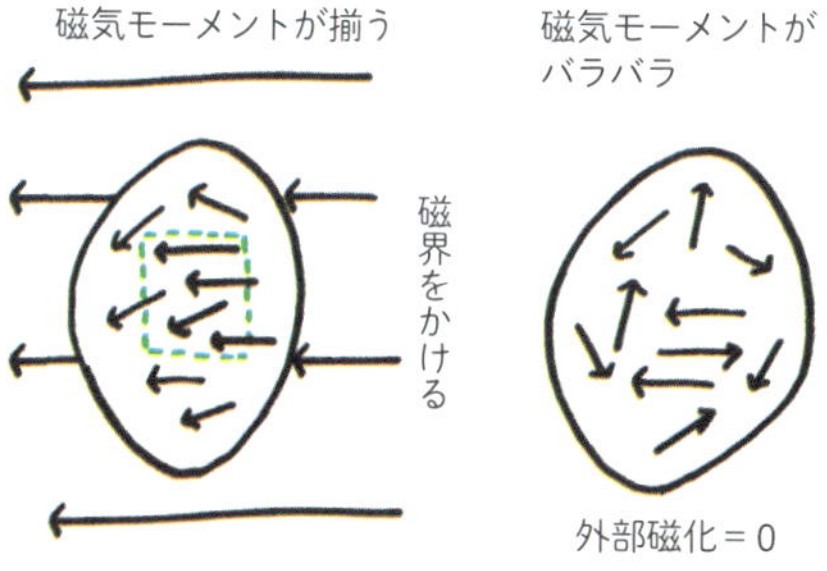

なぜ磁石といえば馬蹄形だったのか？

昔の磁石というと、棒磁石、あるいはU字形（馬蹄《ばてい》形）の形をしていました。いまではホワイトボードに貼りつける円形、四角形などのさまざまな形の磁石もあります。なぜ、昔の磁石は棒の形や馬蹄形という決まった形をしていたのか、疑問に思ったことはありませんか。

形にはそれぞれ意味があります。一言でいうと、昔の磁石は保磁力が弱かったため、特定の形（棒状、馬蹄形状）にしないと磁石であり続けることができなかったからです。

アルニコ磁石などの場合、板状にすると磁石の磁極が磁石内部に反磁界を発生するために、磁束を外部に出すことができなくなるためです。けれども、磁石を細長い棒状にすることで磁石内の反磁界を弱くすることができ、結果として磁束を外部に出すことができるのです。

U字形（馬蹄形）磁石、棒磁石

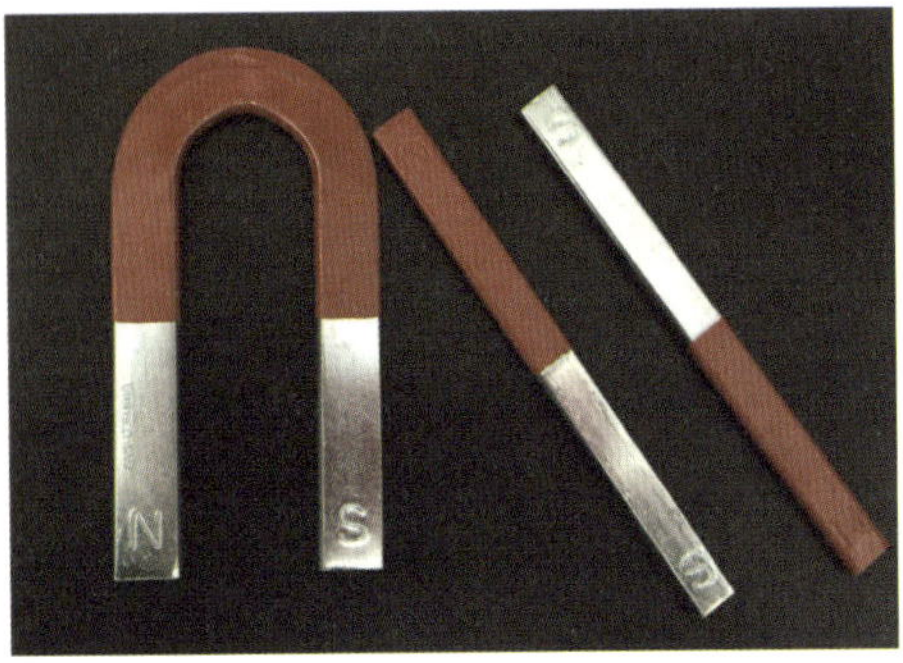

その結果、長い棒状の磁石にするか、あるいはその棒磁石を曲げて馬蹄形（U字形）にしていた事情があります。ですから、磁石というと誰もが馬蹄形を思い浮かべるわけですが、このような磁石はもう小学校の教材くらいにしか使われていません。

これに対し、ネオジム磁石は磁力に対して保磁力が非常に強いため、たとえ扁平な形で、あるいは円形でも磁力を外に出してやれる性質を持ちます。このため、さまざまな形の磁石ができてきているのです。

1933年の大阪毎日新聞によれば、武井武博士がフェライト磁石（1時間目を参照）を開発した当時も、磁石といえば馬蹄形、棒形だったのが、フェライト磁石の登場により「形は自由、マグネット界大革命」と新聞に大見出しが打たれ、海軍の演習にも船上の作戦会議に使えたり、囲碁も白黒のマグネットでできるようになるかもしれないといった驚きぶりが記されています（神戸大学附属図書館デジタルアーカイブより）。

このように「形が変わる」ということは、それだけで製品としての使い道も増えるし、大きな付加価値を持つようになるのです。

ちなみに音がよくなるといわれてスピーカーに使われているアルニコ磁石は、分解してみると縦長の形状になっています。それに対して、フェライトやネオジム磁石を使ったスピーカーでは奥行きが小さくなります。

3 保磁力、エネルギー積とは何か

――「地球は大きな磁石だ」といわれていて、数十万年に1回、地磁気の方向が逆転するという話を聞いたことがあります。磁石も放っておくと自然に「N極・S極」が反転することがあるのですか？

おもしろい話ですね。そういうことを「**磁化反転**」と呼んでいます。もちろん、磁石を放っておいたら、自然にN極とS極とが逆転した……なんてことはありません。放っておいても半永久的に磁石であり続けるので「永久磁石」の名前があるのですから。

2-3-1
外部からの磁界によって「磁化がゼロ」になる強さが「保磁力」。
その後、磁化反転が起きる

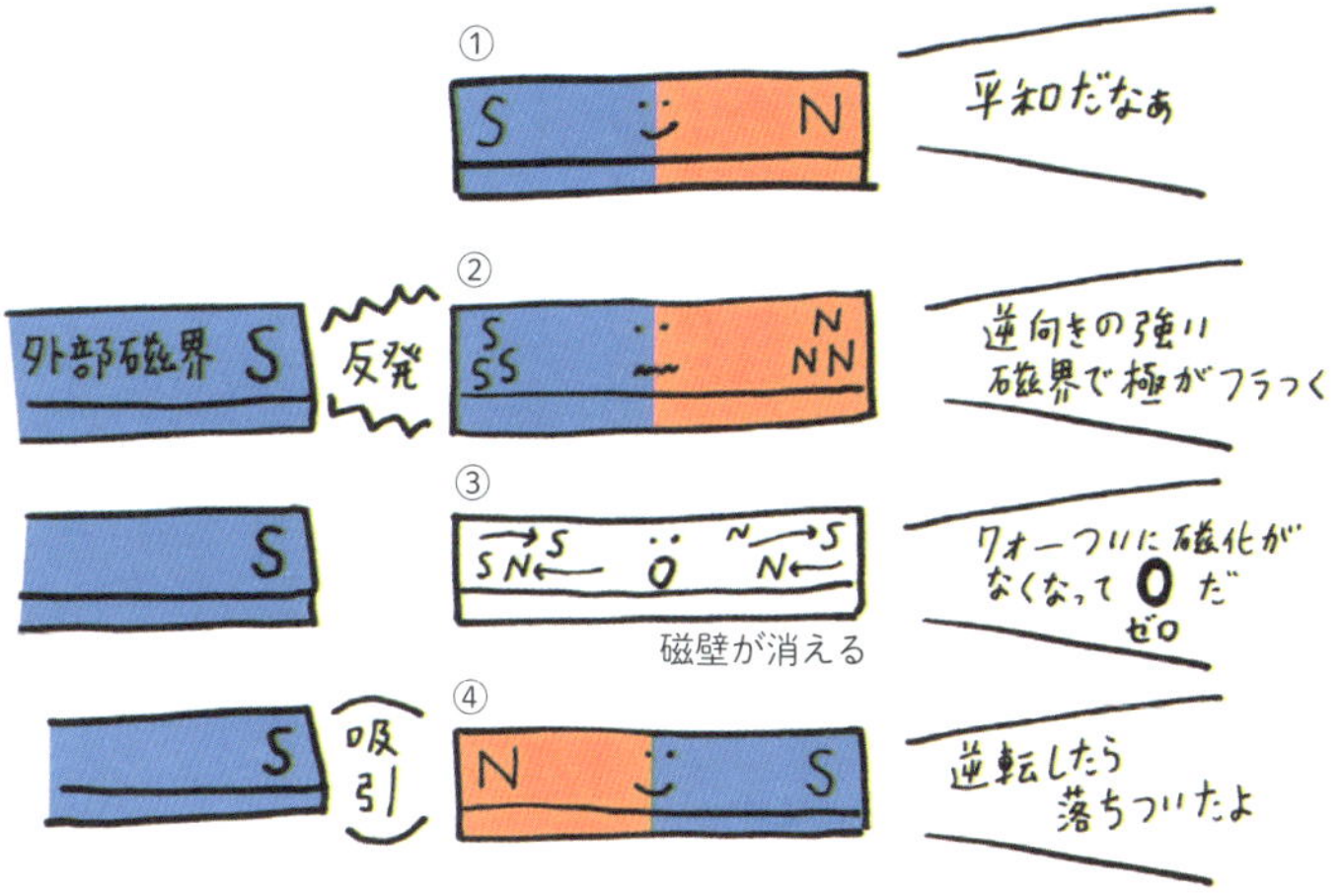
①
S
N
平和だなぁ
②
外部磁界 S
反発
S SS
NN N
逆向きの強い
磁界で極がフラつく
③
S
SN S
O
N S N
ワォーついに磁化が
なくなって 0 だ
ゼロ
磁壁が消える
④
S
吸引
N
S
逆転したら
落ちついたよ

「保磁力」って？

磁石の強さの一つに「最大エネルギー積$(BH)_{max}$」を紹介しましたが、もう一つ知っておきたいのが「保磁力」です。その保磁力が、ちょうどいま質問にあった「磁化反転」と関係してきます。

図2－3－1の棒磁石を見てください。右がN極、左がS極です（①）。自然界にそのまま放置しておいても、地球の地磁気によって磁石のN極とS極が逆転することは考えられません。なぜなら、地磁気の持つ磁力は磁石よりずっと弱いからです。

けれども、地磁気よりずっと強力な磁界を外から磁石にかけてやると、どうなるでしょうか。

図2－3－1の②では磁石のS極に対し、外部から強力なS極を近づけています。磁石のほうは何とかN極、S極の状態を維持しようと努めますが、外力が強すぎると抗しきれず、ついには図のように、

③磁化がなくなる（**磁化＝ゼロ**）

④さらに進むと、N極とS極とが反転する

ことにもなります。これが磁化反転です。

そして、③のように、磁化がゼロになるときの外部磁界の大きさを「**保磁力**」といいます。いわば、「**外からの磁界にどこまで耐えられるか**」という大きさを表わすものです。たとえば、保磁力が1・5テスラといえば、磁石の磁性方向とは逆向きに外部から1・5テスラの磁界がかかるまでは磁石として頑張ることができる、ということです。

エネルギー積＝外部磁界×有効磁化

図2－3－2を見てください。これは後ほどくわしく話す「**磁化曲線**」と呼ばれるもので、横軸に外部から磁石にかける磁界、縦軸に磁石の磁化が書かれています。縦軸にはも

2-3-2
「磁束密度(B)」と「外部磁界(H)でできる曲線の中で「最大面積」となるのが「最大エネルギー積」

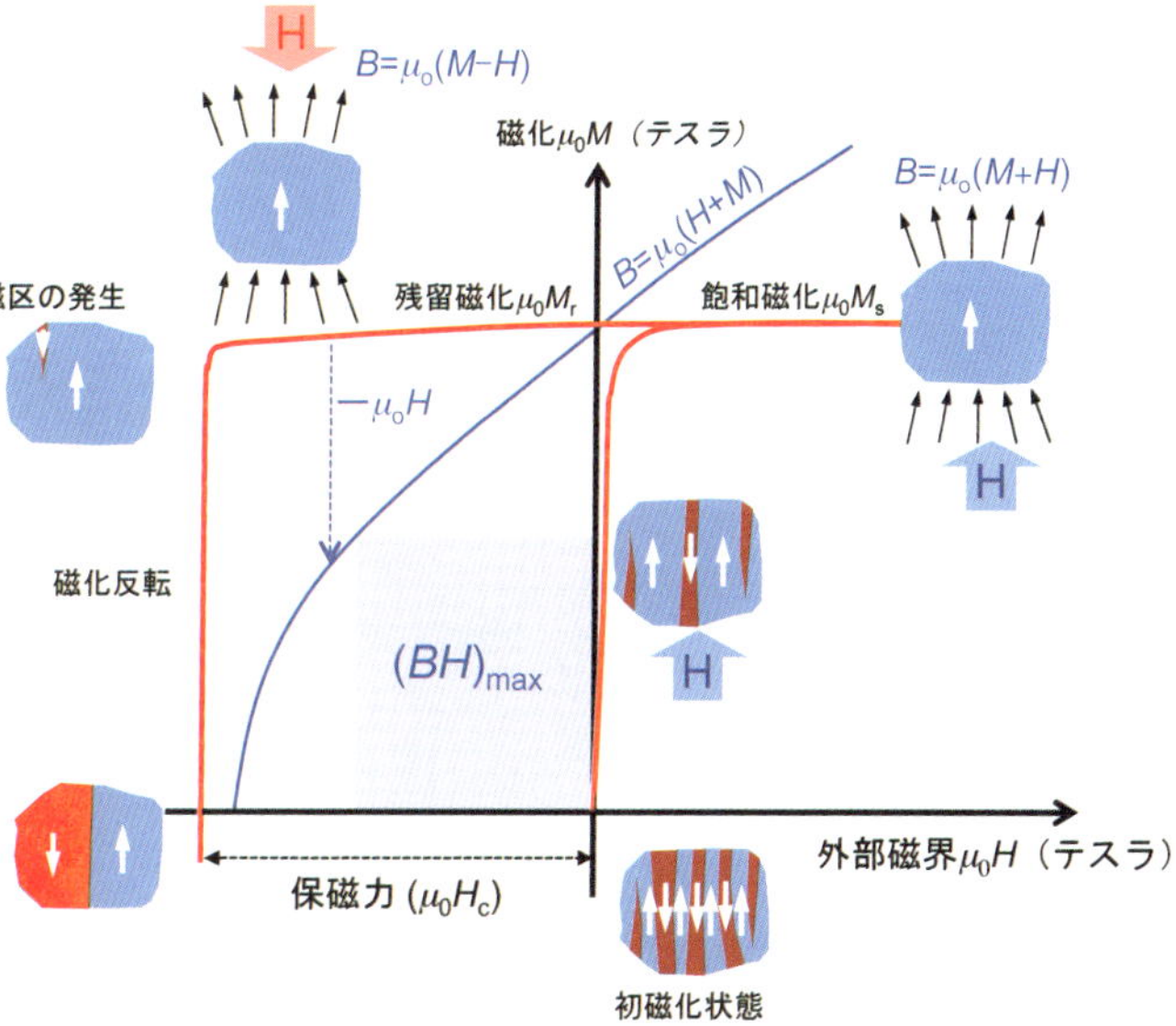

う一つ、外部磁界と磁石の磁化を足した磁束密度Bというのも書き込んでみます。

最初、磁石はミクロサイズの磁区というのに分かれていて、それぞれの磁区の中の磁化方向が逆になっているので、磁石内部で磁化は打ち消されてしまいます。この状態では磁石の外部に磁束が出ませんので、ものをくっつける力はありません。外部から磁界を矢印方向にかけていくと、これに平行な磁化を持った磁区の体積が増えて、磁束が外部に出るようになります。

もう少し高い磁界を外部からかけると、磁石内部には外部磁界と同じ方向を持つ磁区だけになってしまって、このときに外部に磁束$\mu_0 M_s$を出すわけです。これを「**飽和磁化**」と呼んでいます。μ_0をつけることによって、磁界と同じ単位、テスラで磁化を表わせるので、便利です。このμ_0（166ページ参照）をつけないと、磁化の単位はA／m（アンペア毎メートル）となって、ちょっとこんがらがりますので、この単位でいきましょう。

さて、外部磁界をゼロに持っていったときに残っている磁化$\mu_0 M_r$が、磁石が外部に出せる磁界となり、これを「**残留磁化**」と呼んでいます。さて、実際に磁石をモーターなどに使うときは、磁石の磁化に反対方向の外部磁界がかかります。そうすると実際に外部に発生できる磁界は、

磁化－外部磁界＝磁束密度B

になります。このとき、磁束密度Bと外部磁界Hの積を取ったのが（BH）で、この値はHによっていろいろな値になります。この中で最大になる値を$(BH)_{max}$、つまり最大エネルギー積と定義します。これは、磁化がいくら高くても保磁力がないと磁石になれない、保磁力が低いと外部磁界の低いところでしか磁石は使えませんよという両者のバランスを表現できる磁石の性能指数となります。

実際、磁石を使うときはモーターが動作するときの外部磁界でどれだけの磁束が使える

かということが問題になります。動作点Hでの磁束密度Bが実際に磁石で使える磁束の量になります。磁石に鉄球などをくっつける時は外部磁界がかかっていないので、残留磁化$\mu_0 Ms$がこの磁石から出せる磁界になります。

軟磁性と硬磁性、鉄はどっち？

さて、保磁力に話を戻しましょう。保磁力というのは「外からの磁界に磁石がどれくらい耐えられるか」ということでした。

そこで磁石材料については磁力の強弱だけでなく（強磁性のように）、保磁力の大小でも磁石を分類しています。保磁力が小さく、外からの磁界に簡単に負けてしまって磁化の方向が反転してしまうような磁性のことを「**軟磁性**（ソフト磁性）」と呼び、そのような材料を「**軟磁性材料**」といいます。逆に、外部からの大きな磁界がかかってもなかなか負けず、磁化反転しないような磁性のことを「**硬磁性**（ハード磁性）」と呼び、そのような材料を「**硬磁性材料**」といいます。

少し複雑になってきたと思いますので、ここで皆さんに質問です。鉄は軟磁性の材料でしょうか、それとも硬磁性の材料でしょうか？

——鉄は強磁性ですから、当然、硬磁性材料です。

そうでしょうか？　鉄が「強磁性」というのは「磁性が強い（吸引する力が強い）」ことを指していますね。でも、ここでいっている「軟磁性か、硬磁性か」の区別は「磁性の強さ」ではありませんよ。「保磁力の高い材料か否か」ということです。いわば「外部からの磁界に抗して磁石であり続けられる耐久度」のようなもので、「外部磁界に耐えるタフな性質か、すぐになびく軟弱者か」という違いです。

鉄は力持ち（強磁性）ではあっても、磁石がそばにあると磁化したり（外部磁界になびく）、磁石が近くからなくなると磁力を失ったりする軟弱者ですから、「鉄は軟磁性の材料である」が答えです。

硬磁性と強磁性という言葉が似ているので混同しがちですが、

・磁性が強いか弱いか……鉄は強磁性
・外部からの磁界に耐えられるか（硬磁性）、弱いか（軟磁性）……鉄は軟磁性

と区別できます。実際、クギを磁石に何度も擦りつけると、1日もすれば磁石になります。けれども、磁石から離してしばらく放置しておくと、今度は磁力をなくして元のクギに戻ってしまいます。これは「鉄が軟磁性」である証拠です。よく経験してきたでしょう。

いくら磁化が強くても、簡単に磁力をなくす、つまり保磁力が低いと最大エネルギー積

は上がりません。

――鉄が軟磁性体であるということは、磁石としては役立たないということですか？

いいえ、モノは使いようです。一つには、「軟磁性の性質をそのまま利用する」方法です。軟磁性の鉄は「軟弱者」で、外部からの弱い磁界でも磁化反転を起こします。その軟弱さ、よくいえば「変わり身の早さ」をうまく利用したのがモーターやトランスの磁芯です。

もう一つは、軟磁性の性質そのものを何らかの助けによって克服し、それによって「硬磁性に変化させて使おう」という方法です。軟磁性材料の鉄であっても、磁石として使われているのはそのためです。

磁化曲線で磁化反転を見てみる

保磁力について、磁化曲線を使ってもう一度、述べておきます。本来は磁壁、磁区といった話を織り込みながら説明すべきですが、それはあとで説明することにします。

107ページの図2－3－3のグラフが磁化曲線の全体図です。ヨコ軸が磁界の大きさ（H）。プラス、マイナスがあるのは磁界のかける方向が逆になるからです。タテ軸が磁石の持っている磁化の大きさ（*M*）。磁化にプラス、マイナスがあるのは磁化が反転（N極・S極がプラス、S極・N極がマイナス）した状態を表わします。

いま、タテ軸上の①からスタートします。磁石は右がN極、左がS極で、この磁石に、イメージ的には「右から左へ」と、この磁石とは逆の磁界（N極）をかけていきます。はじめは磁界に必死に耐えていますが（②）、ついに耐えきれず、N極、S極という磁化を失います。それが③の位置です。磁化＝ゼロです。外部磁化に対抗できなくなった（逆にいうと、ここまで耐えた）磁界の大きさが「**保磁力**」です。

さらに磁界が強くなると、今度はその磁界の方向に従い、S極、N極を反転させて落ち着こうとします（④＝**磁化反転が起きた**）。さらに磁界が大きくなると、完全に元の磁石とは極の方向が逆転した磁石の誕生です（⑤）。

次に、磁界の方向を逆から（イメージ的には「左から右へN極を近づける」）かけていきます。最初はこの磁界に耐えていますが（⑥）、だんだん耐えるのがきつくなり（⑦）、ついには磁化が消滅し（⑧）、さらに磁化反転して元の磁石のN極・S極に戻ります（⑨）。さらに磁界が強まると、安定した磁石の状態（⑩）となります。

「保磁力とは、磁石のN・Sを磁化反転させる外部磁界（*H*）の大きさのこと」といった意味がこの磁化曲線でもわかったと思います。

2-3-3 磁化反転の動きを磁化曲線で見る

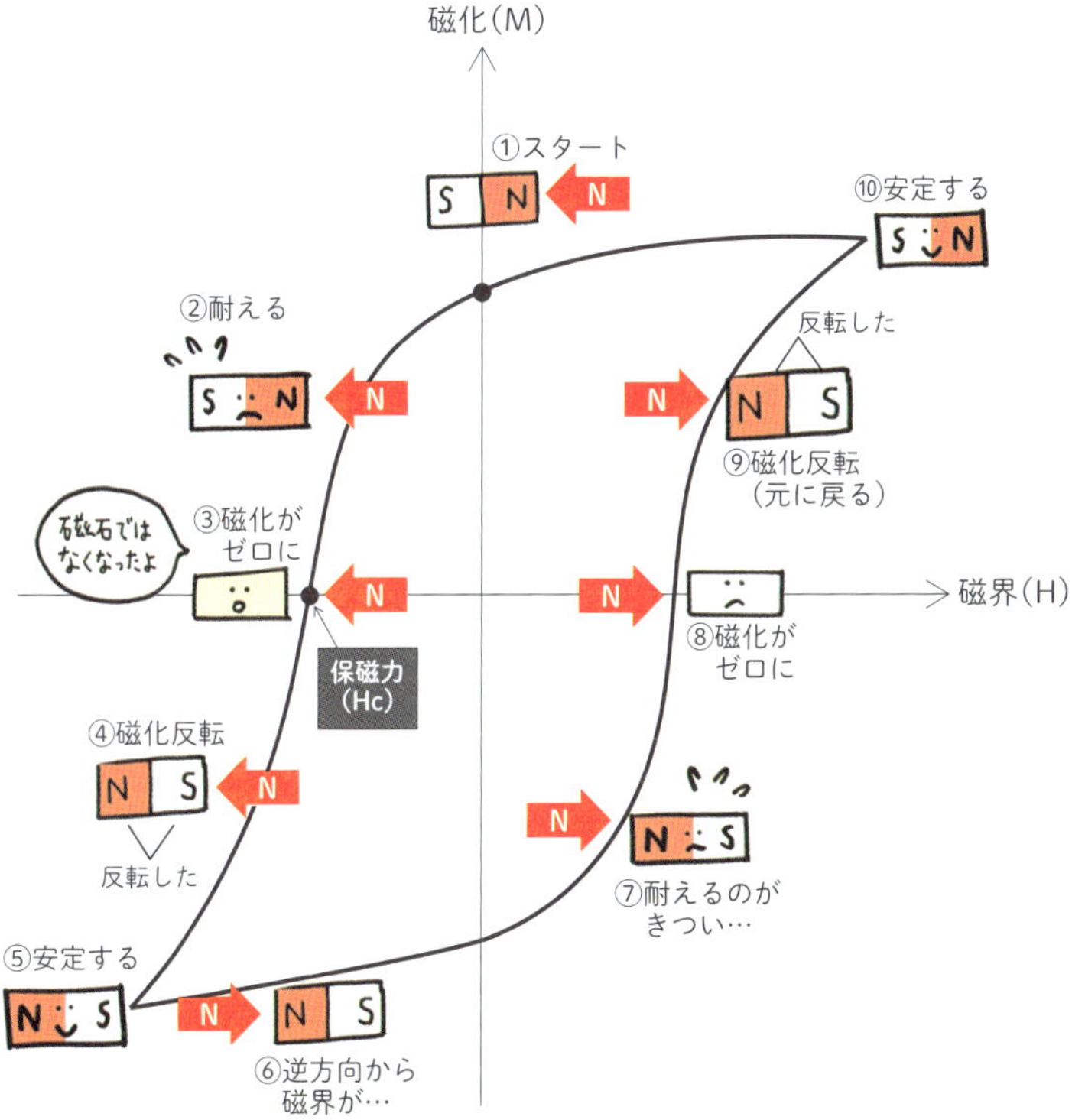

4

磁区と磁壁の世界を探れ！

「磁区の中では一方向に整列する」のが鉄のオキテ！

――鉄が磁化したり、放っておくと磁力がなくなる現象は知っていますし、「軟磁性だから」といわれればそうなのでしょうが、鉄はなぜそうなってしまうのですか？

そのことを理解するためには、「磁区」とか「磁壁」の説明をする必要がありますね。

磁区、磁壁はおもしろい現象です。

説明してみましょう。鉄のクギを買ってきても最初は磁石にはなっていませんし、磁石にくっつけておくと磁石になるけれども、放っておくと磁力をなくします。それこそ軟磁性材料の特徴だ、といいました。

これは「鉄」という磁石材料を知る上では最も重要なテーマです。

鉄の内部を見てみると、「**磁区**《じく》」という小さなエリアに分かれていることがわかります。この小さなエリア内ではスピン（磁気モーメント）がすべて同じ方向に並んでいます。しかし、隣り合う磁区同士は反対側を向いています。

これは鉄だけでなく、「鉄、コバルト、ニッケル」の三つの強磁性体やそれを含んだ合金の場合、いずれも「**一つの磁区の中ではスピンは一つの方向を向いている**」という特徴が顕著に見られます。

このように鉄の内部には無数の「磁区」があって、これら磁区と磁区の境界のことを「**磁壁**《じへき》」と呼んでいます。

ところで、鉄は一つの磁区内ではすべて磁気モーメントは同一方向を向いている、といいました。ですから、「磁区＝小さな磁石」だと考えると、磁区同士がN－S、S－Nでくっつきあい、逆にN－N、S－Sで反発し合おうとする、と考えていいでしょう。その結果、隣り合う磁区は「N－S」のような形で落ち着きます。だからこそ、「隣り合う磁区では

2-4-1 磁区は磁壁で区切られている

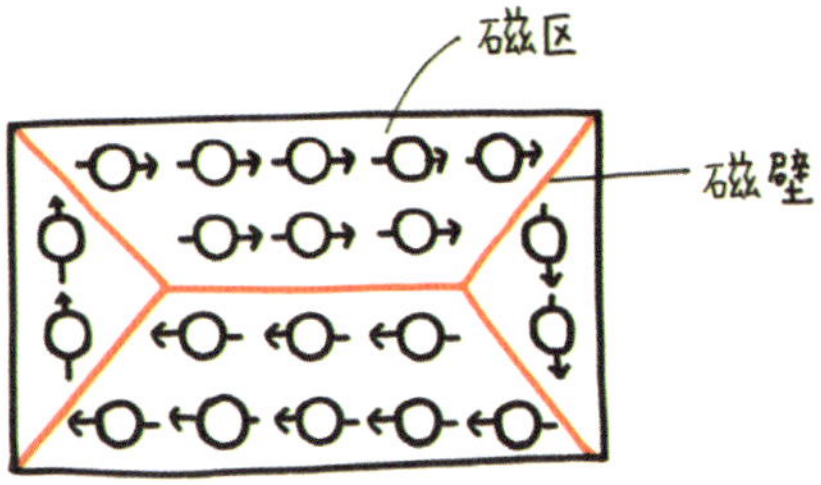

磁束が出てこない！

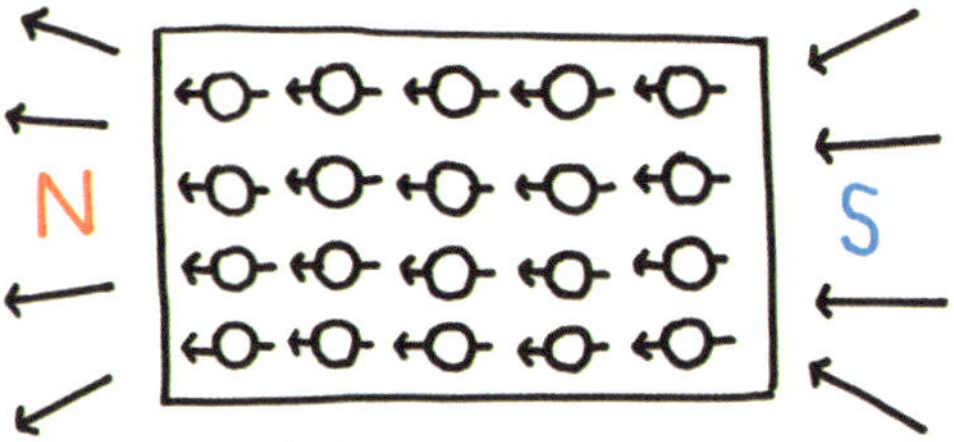

強い磁束が出てくる

「磁区」という小部屋は磁壁で区切られていて、その中の磁気モーメントは同じ方向を向いている。だから「一つの磁区＝一つの磁石」と考えてもよく、当然、隣り合う磁区同士は逆向きになって、くっつき合おうとしている。それが一番、安定な形

反対側を向き合う」のです。

この形は磁区同士にとっていちばん安定した状態です。「N-N」「S-S」で反発し合うのは不安定で、互いに大きなエネルギーが必要です。けれども、「N-S」でくっつき合っていれば反発のない状態ですから、磁気的なエネルギーも低く、その状態は安定します。

ただし、この安定した状態には磁石として考えた場合、大きな欠点があります。それは、

磁区同士が磁化を打ち消し合う結果、外部には強い磁束が出てこないことです。このような鉄のクギは、磁石として使えません。これがクギを買ってきたばかりの状態です。

外部から磁界をかければ「磁壁移動」が起きる

次に、この鉄に外部から強力な磁界を近づけます。すると、鉄の中で磁壁が動きだします。これを「**磁壁移動**」と呼んでいます。

なぜ磁壁が移動するのでしょうか。たとえば次ページの図2-4-2では、左から磁石の「N極」が近づいています。すると、鉄の左側に「S極」のある磁区は安定しますが、左側に「N極」を持つ磁区は「N-N」で反発し、不安定になります。

このため、左から「N極」の磁界をかけ続けると、左側に「S極」を持った磁区が増え、そのような磁区が増えることで磁壁が徐々に移動します。

こうして最終的には磁壁が消えて一つの磁区になってしまい、すべて同じ方向を向くことになるわけです。この状態を「**磁化が飽和した**」といいます。

2-4-2「着磁」の手順

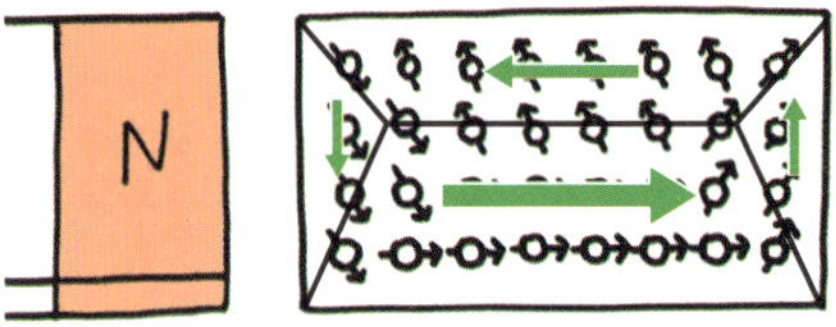

外部から強力な磁界がかかると、磁壁が移動しはじめる

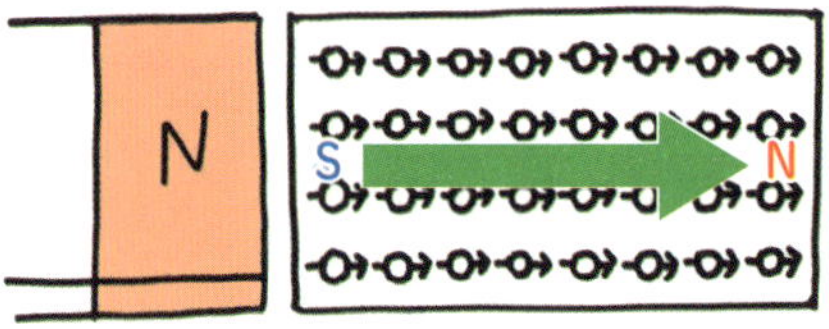

そして、ついには一つの磁区になる

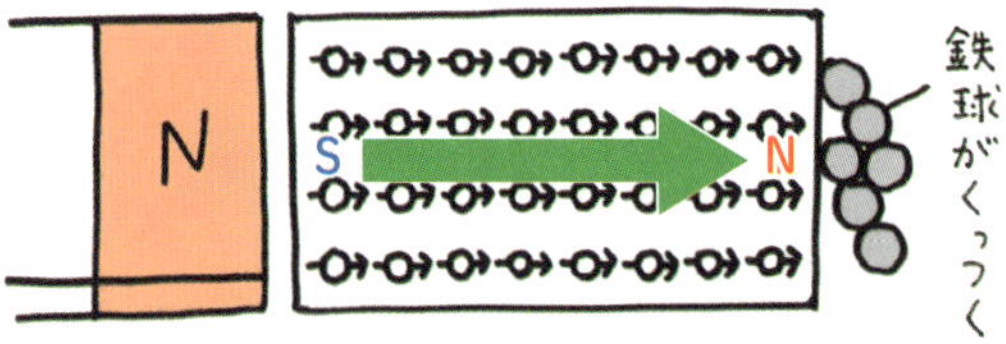

その結果、鉄クギは「磁石」となって鉄球などを吸い寄せる。
これが「着磁」だ

着磁したものが消磁される……

さて、最初は磁石ではない鉄のクギなのに、磁石でこすったり触れ続けていると磁化し、一時的に磁石になる理由がわかりました。これを「**着磁**」と呼んでいます。

鉄は、外部から磁界がかかっている限り、内部の磁壁がなくなり、磁束が外に出ます。ただし、かなり無理（磁気的なエネルギーが高い）な状態が続いていて、非常に不安定です。二つの棒磁石のN－N、そしてS－Sが近づくように平行に並べようとすると、反発するのと同じことです。これを無理にくっつけようとするエネルギーと考えれば、いかに磁区のない状態が不安定かよくわかりますね？

水が高いところから低いところに流れ落ちるのが自然なように、エネルギーも高いところから低いところへ下がって落ち着こうとします。磁区の状態も同様で、外部からの強制的な磁界がなくなると、元の磁区のラクな状態に戻ろうとします。先ほどの棒磁石の例で、S－N、そしてN－Sがくっつくように二つの棒磁石を平行に並べると、磁石は強力に引き合ってこれをバラすのがむずかしくなりますね？　それほどラクな状態なのです。

すると、無数の磁区が打ち消し合い、外部に磁束が出なくなり、磁石ではなくなります。これを「**消磁**《しょうじ》」と呼んでいます。磁区同士が互いにくっつき合う状態のほうが居心地がよい（エネルギーが低い）からです。

このような磁化反転が低い磁界をかけただけで容易に起こるのが「軟磁性材料」の特徴で、鉄が軟磁性であるため、磁石になったり、磁力が消えたりする理由もこれでよくわかったと思います。

2-4-3「消磁」の手順

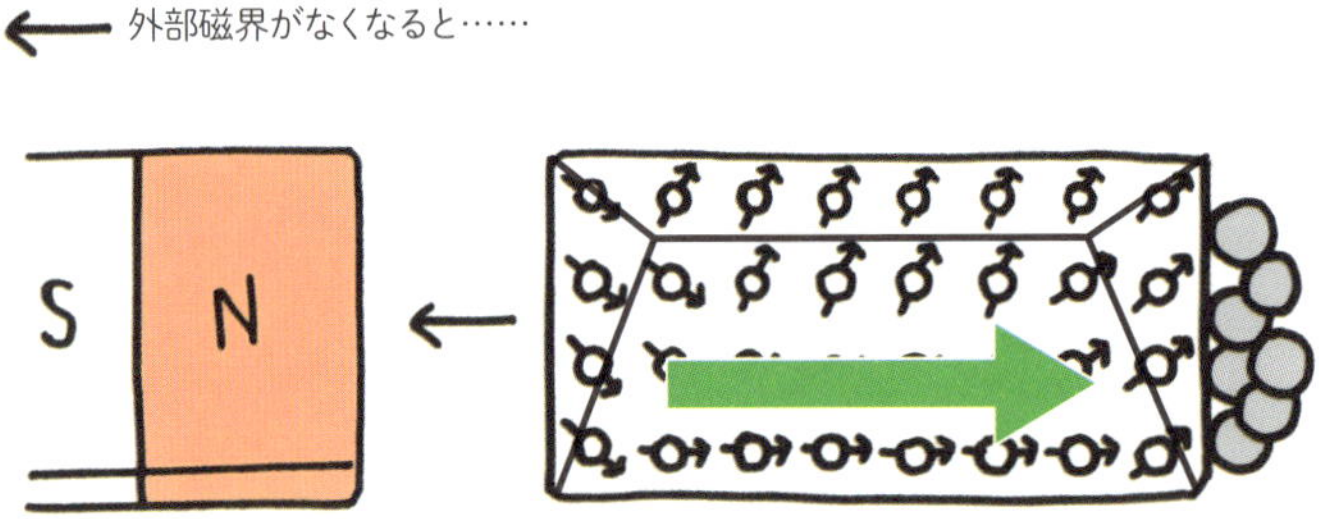
外部磁界がなくなると……
S
N

いったん着磁した鉄も、外部からの磁界が消えると、徐々に「縛り」がなくなる。その結果、磁壁が復活する

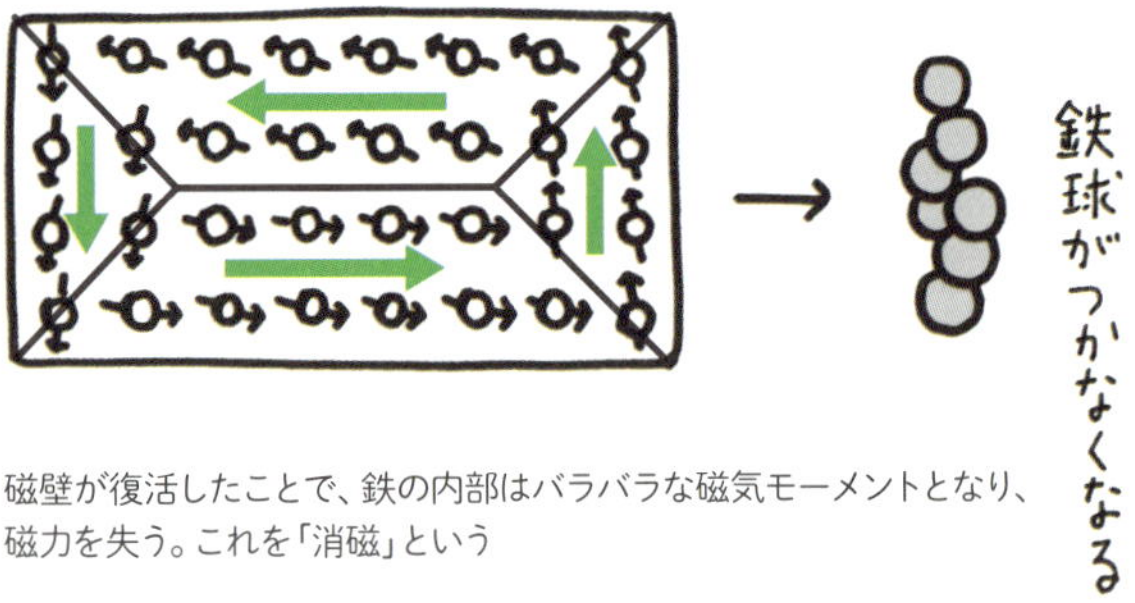
鉄球がつかなくなる

磁壁が復活したことで、鉄の内部はバラバラな磁気モーメントとなり、磁力を失う。これを「消磁」という

5 鉄をロックするのがネオジムの仕事

「ずっと磁石にしておきたい」という願望

――せっかく磁石になったのに、残念です。何とか、鉄のクギが磁石のままの状態を維持することはできないのでしょうか？

そうですね。元に戻ることなく、「ずっと磁化したままの状態」、それが永久磁石でした。

2-5-1
鉄が元に戻ろうとするのをネオジムが阻止し、磁石のままの状態を保つ

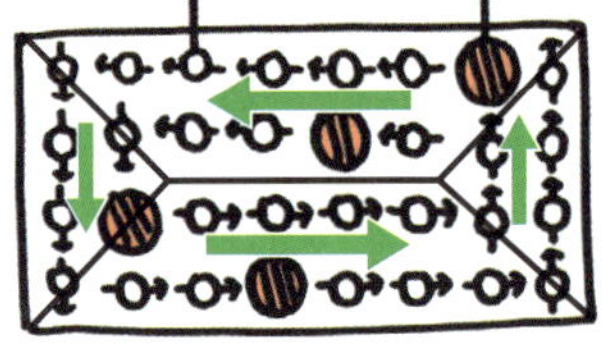

でも、鉄は軟磁性材料なので、いったん着磁しても必ず元に戻ろうとします。そのままでは、永久磁石にはなりません。

どうすれば永久磁石にすることができるのか。そこで活躍するのがネオジムをはじめとする希土類元素なのです。

いま、図2-5-1のように鉄にネオジムを入れた状態で、外部から強い磁界（電磁石）を加えると、磁壁移動によって一気に着磁（磁石）することができます。当然、すべての鉄の磁区内のN極・S極が一つの方向に向いて磁壁がなくなります。

鉄はこの時点では磁石になっていますが、先ほども説明したように、外からの強い磁界がなくなれば、鉄は磁気モーメントを回転させて元の状態に戻ろうとしますね。

ところが、鉄のそばにネオジムがあり、このネオジムが鉄の磁気モーメントの回転をロックする働きをします。つまり、「ネオジム＋鉄」がいったん磁化してしまうと、あとで外部の磁界がなくなっても「磁石」であり続け、「クギ」状態に戻らないというわけです。

これがネオジムを鉄に混ぜている最大の理由で、ネオジムはいわば鉄の磁化回転の「支え

棒」の役目を果たしています。

さて、ネオジムが磁化の方向を固定してしまうと、内部（鉄）の磁性は一つの方向に揃ったままですから、外部に大きな磁力を発揮することができます。ただし、鉄ほど高い磁界を外部に出すことはできません。なぜなら、ネオジムという磁気モーメントを持たない原子で、鉄の磁気モーメントを希薄化してしまうからです。鉄の磁化は2・2テスラですが、ネオジム鉄ボロン合金の磁化は1・6テスラと鉄よりも低い値です。しかし、磁化回転しにくい硬い磁性材料の中では、高い磁化の値になります。

このように結晶のある特定の内部の磁性が一方向に強く向く性質のことを「**結晶磁気異方性**」と呼びます。結晶磁気異方性が高くなると磁化反転を起こしにくくなるのです。

2-5-2
KS鋼では炭素原子が支え棒になっていた

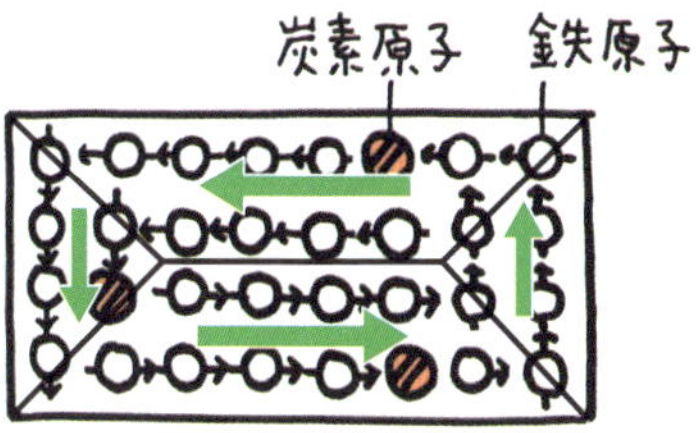

軟磁性の鉄も、硬磁性に変身できる！

硬磁性の材料か、軟磁性の材料かの区別のとき、「外部からの磁界に耐えるタフな性質か、すぐになびく軟弱者か」といった表現をしました。その場合、鉄は軟弱者グループに入っていましたが、同じ鉄であっても、鉄にネオジムなどを配合することで「軟磁性→硬磁性」へと変身させることができました。

「硬磁性の鉄」に変えてしまう添加物は、ネオジムだけではありません。「炭素」もその一つです。「鉄＋炭素」の磁石こそ、人工磁石の歴史の中で最初にお話しした本多光太郎の「ＫＳ鋼」のことです。ＫＳ鋼には炭素以外にも「コバルト、クロム、タングステン」なども入っており、それを焼き入れた硬い鉄の状態です。

硬磁性の材料を磁石にする場合、最初こそ大きな磁界を必要としますが、いったん磁石になれば、半永久的に磁石のままでいてくれるのです。

軟磁性の鉄に発生する「渦電流」

「軟磁性の鉄」というのは不純物の少ないピュアな鉄＝純鉄（１００％）です。このような不純物の少ない純鉄は、自動車のモーターや発電機の中の電磁石やトランスの鉄芯などに使われています。ただし、電磁石といっても直流用・交流用の電磁石があって、直流で動作させる用途に、磁化の高い純鉄や鉄コバルト合金は向いています。けれども、電気抵抗が小さいため、純鉄が交流で磁化すると鉄の内部に「渦《うず》電流」と呼ばれる電流が流れてしまい、この渦電流が熱に変換してエネルギーを浪費してしまいます。ちなみに、電磁調理器などは、この渦電流で発生する熱をうまく調理に利用したものといえます。

しかし、渦電流がプラスに働くケースは多くありません。交流の電圧を変換するトランスの場合、その鉄芯に純鉄を使用すると、磁化されるたびに渦電流が発生し、熱エネルギーとしてムダに消えてしまいます。これでは、送電の際、大量のエネルギーを熱として浪費することになります。

そこで交流向けの用途には、渦電流によるエネルギー損失を下げるためにシリコンを鉄に合金化した珪素《けいそ》鋼というものが使われています。これが軟磁性材料を代表する珪素鋼板（電磁鋼板）です。

珪素鋼板の中には「方向性珪素鋼板」という鉄鋼もあります。磁界のかかる方向に磁化されやすい結晶方位を揃えた鉄鋼のことで、日本では本多光太郎の門下だった茅《かや》誠司（第17代東京大学総長）などが日本の鉄鋼メーカーを指導し、その製造方法の確立に尽力したため、日本メーカーの電磁鋼板のクオリティは世界で最も高いといわれています。鉄橋やビルなどの構造用の鉄とは違って、方向性珪素鋼板は非常に高い価格で売れます。

6 なぜ、ネオジム、ボロンが磁石に必要なのか?

希土類元素の仕事は「磁石の保磁力を高める」こと

「鉄は磁化しやすいけれども、すぐに元に戻ろうとする」のは、鉄の保磁力が弱いことが最大の原因でした。そこで、磁化されていない元の鉄に戻ろうとするのを食い止め、ロックするのがネオジムをはじめとする希土類《きどるい》元素の役割です。いよいよ磁石における「希土類」の説明をしましょうか。

——希土類《きどるい》元素？　いかにも希少な資源のような名前ですね。他の金属ではダメなのでしょうか？

もちろん、希土類の元素を使わない方法もありますよ。たとえば、「鉄＋白金《はっきん》」の組合せです。白金族の元素というのは特殊な構造をつくっていて、それが磁性の向きを一方向へと揃いやすくさせます。これは「**結晶磁気異方性**」という性質でしたね。

ただ、白金は非常に高価ですから、通常の磁石用途としてはコストが合いません。ただし、磁石としての性質は非常に優れていますから、たとえ高価であってもペイできる分野、あるいは消費量の少ない用途なら有効です。たとえば、厚さがわずか10ナノメートル（ナノ＝10^{-9}）あれば十分なハードディスクの磁気記録層として使えるので、それぐらいの量であれば製品価格にそれほど影響を与えません。

実際、2～3年で市場に出ると期待されている次世代のハードディスクでは鉄白金を磁気記録層とした媒体の実用化研究が進んでいます。また、耐食性にも優れているので、歯科用入れ歯のアタッチメントとしても使われています。しかし、鉄白金の磁石を2kgも使う電気自動車ができても、アラブの王様以外には使ってくれないでしょうね。

白金に負けず劣らず、希土類元素も鉄やコバルトという強磁性の元素に対して、高い結晶磁気異方性を与えることができます。その結果、磁石の保磁力を高める役割を果たしているのです。

希土類磁石としては、サマリウム（Sm）とコバルト（Co）でできた「サマコバ磁石（サマリウム磁石）」が1960年代に実用化されました。そのサマコバ磁石を契機に、サマリウム、ネオジムなどの希土類元素のグループ、そして鉄、コバルトなどの遷移《せんい》元素と呼ばれる金属グループとの組合せという組合せがしらみつぶしに調べられ、その物性値を測定し、その中で「高価なコバルトではなく、安価な鉄で強い磁石をつくる！」ということで考えられたものこそ、「鉄＋ネオジム」の組合せだったわけです。

物理屋さんにもある「誤解」

――説明のあった「結晶磁気異方性」という言葉と「保磁力」との関係がよくわからないのですが。異方性というと磁性が「同じ方向にきれいに向く」ので「磁化が高まる」ように思いますが、磁化ではなく、保磁力を高めるのですか？

磁石の世界では似たような言葉・概念が多いので、とまどうのも無理はありません。「結晶磁気異方性」が大きいと磁化反転が起こりにくくなりますね。ですから、一般的に、

「結晶磁気異方性が大きい → 保磁力が高くなる」

と思われがちですが、これは必ずしも正しくないのです。実は、保磁力は**「異方性磁界」**という値と相関を持っています。式を出すと嫌がられますが、

$$\textbf{異方性磁界} = \frac{\textbf{結晶磁気異方性} \times 2}{\textbf{磁化}}$$

で表わせます。この値は材料によって異なります。私たちはこれを**「固有物性値」**と呼んでいます。このため、**高い保磁力を持った材料を開発しようとすると、「異方性磁界の高い材料」を選択する必要がある**のです。この式を見るとわかるように、異方性磁界の高い材料というのは、「結晶磁気異方性」と「磁化」の二つで判断することになります。

ところが物理を専門としている人の中には、「結晶磁気異方性さえ大きければ、高い保磁力が出せる！」と勘違いしている人がいます。これは盲点ですね。たとえば、鉄ニッケル（FeNi）という合金は結晶磁気異方性（式の分子にあたる）がそこそこ高いため、磁石材料として有力と思い込んでいる人がいます。この材料、残念なことに磁化（分母）が高いですから、割り算をすると、異方性磁界が低くなってしまいます。

保磁力は経験的には「**異方性磁界の3分の1が工業的に到達できる上限**」ということが最近わかってきました。ですから、鉄ニッケル（FeNi）という化合物では、どう頑張っても0・25テスラ程度の保磁力しか得られません。モーターの減磁界（内部の磁界のことで、磁石を減磁させる）は0・8テスラですから、高性能磁石にはなり得ないと思います。

ネオジム磁石の保磁力が強いワケ

ちょっとむずかしい話になったようですが、ついでに磁石の結晶構造についても話をしておきましょう。

先ほど、「結晶磁気異方性の高い材料が磁石になり得る」という話をしました。簡単にいうと、内部の磁性の方向が揃っていると、強い磁石になるということです。そのような材料は立方体の構造（立方晶）ではなく、正方晶や六方晶のような一つの方向に結晶が長い（または短い）構造を持っているため、その方向に磁化が揃いやすい性質を持っています。これを「**一軸異方性**」と呼んでいます。

つまり、磁石になり得る材料は「一つの軸の方向に磁性が揃いやすい構造をしている」ということです。ですから、その軸の方向に磁界をかけてやると、磁壁移動によって簡単に磁化されるのです。この軸のことを「**磁化容易軸**」と呼んでいます。

逆に、磁化容易軸と90度だけ反対方向に磁界をかけるとどうでしょうか。当然、磁性は揃いにくいので、そのような軸を「**磁化困難軸**」と呼んでいます。

一軸異方性を持つ金属の代表といえばコバルトです。図2-6-1を見てください。コバルトに対し、その磁化容易軸の方向に磁界をかけてやると、磁壁移動により、さっと磁性が一方向を向き、結果として磁化も高くなります。しかし、直角方向に磁界をかけると、コバルトの磁性がその方向に向こうとしません。ですから、コバルトを容易軸の方向で

2-6-1 コバルトの容易軸、困難軸の方向

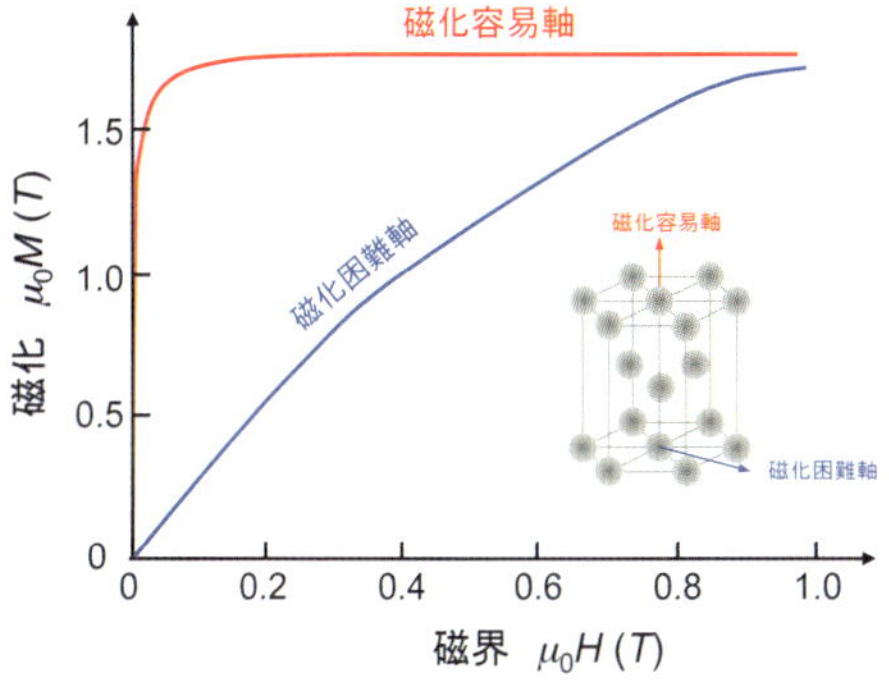

2-6-2 ネオジム磁石の容易軸、困難軸

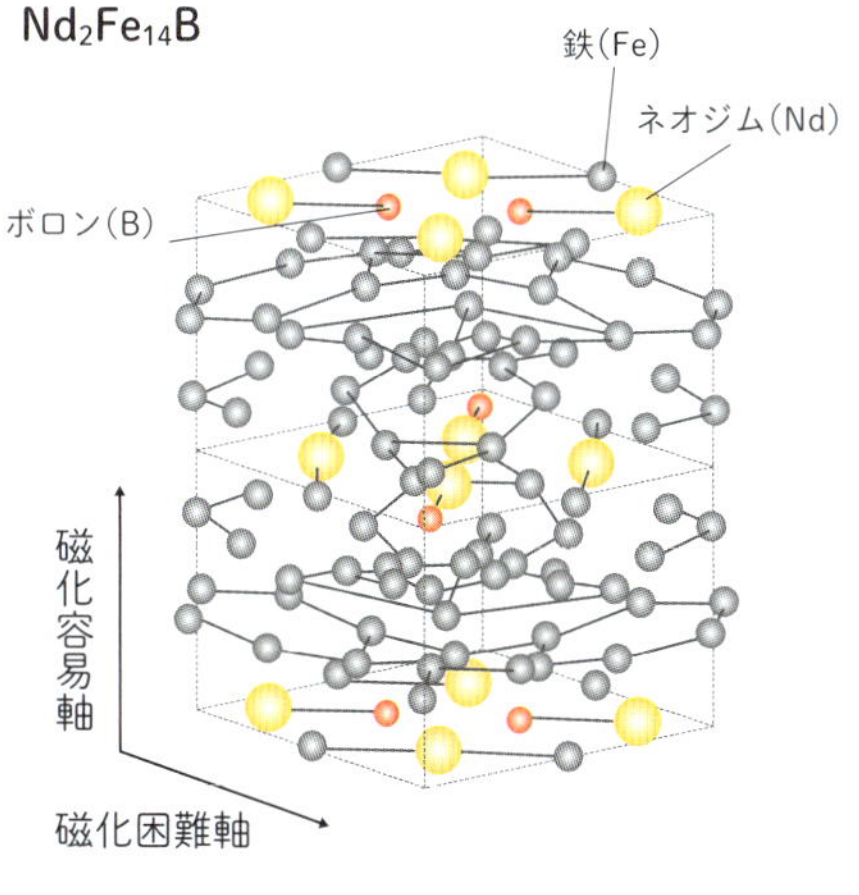

いったん揃えてやると、なかなか元に戻ろうとはしません。

コバルトはこのような便利な性質を持つので、現在、コバルト合金はハードディスクのディスク（円板）表面の磁気記録層の材料として使われています。

ただし、コバルトの磁気異方性は磁石としては不十分です。それよりも一桁以上、結晶磁気異方性の高い材料が磁石となるのですが、それがネオジム磁石で使われている「ネオジム2・鉄14・ボロン1（$Nd_2Fe_{14}B$）」という化合物（合金）です。その結晶構造と磁化容易軸の方向が図2－6－2に示されています。

このネオジム磁石の結晶は、コバルトより一桁以上も高い結晶磁気異方性を持っているため、外部磁界の力に負けず、特定の向きを保ち続けようとする力が優り、よほど大きな磁界をかけないと磁化が反転しません。磁化が反転しないので、結果的に「保磁力が大きい優秀な磁石」となるわけです。

このように、**結晶磁気異方性は、保磁力を得るための最低限の条件であって、これらの材料を使って保磁力を最大にするように合金構造をつくりあげると、高い保磁力が得られます。**

ボロンは何のために添加されている？

案外見落としがちなのが「**ボロン（ホウ素）**」の存在です。「ネオジム2・鉄14・ボロン1」という割合の最後に書かれた「ボロン」はいったい何の仕事をしているのでしょうか。鉄とネオジムだけでは強い磁石にはなりません。「ネオジム・鉄」の化合物はいくつかありますが、すべての化合物で高い保磁力が得られるわけではないのです。その中でどれが強力な磁石となり得るのか。

そんなとき、ネオジム磁石の発明者である佐川眞人氏は、浜野正昭博士（当時・東北大学金属材料研究所）による講演会の中で、「希土類・コバルトの組合せ（R_2Co_{17}＝Rは希土類の略称）を、何とかコバルトを使わない希土類・鉄の組合せ（R_2Fe_{17}）にしたいのだが、それではキュリー温度の低い材料になってしまい、磁石に使えない。なぜキュリー温度が低くなるのか。それは結晶構造の一部にある『鉄～鉄』間の距離が短すぎるからだ」という話を聞いたそうです。

そのとき、佐川氏は「もしそれが本当なら、炭素やボロン（ホウ素）のような原子半径の小さい原子を使えば『鉄～鉄』の格子間にうまく入るので、『鉄～鉄』間の距離が延びてキュリー温度も上がるのではないだろうか」と直感したといいます。

こうしてすぐにボロンを加えてみたのが「ネオジム磁石」の始まりです。

結局、ボロンはネオジム磁石（$Nd_2Fe_{14}B$）の中で、鉄とネオジムの原子間の間隔が結晶磁気異方性にとってちょうど理想的な構造になった、というわけです。

もしボロンがなければ他の化合物、たとえば「ネオジム２・鉄17」のような化合物ができてしまいます。ただ、浜野氏の講演にもあったように、その組成の化合物ではキュリー温度が低くなるわけで、そこにボロンを入れたことで化合物の形が「ネオジム２・鉄14・ボロン１」の組成となり、これがたまたま、ネオジムと鉄のスピン軌道相互作用と呼ばれるものに合致し、磁気を一つの方向に揃える性質がありました。いわゆる、結晶磁気異方性です。

——スピン軌道相互作用？

もともと、ネオジムなどの希土類の電子軌道（ｆ軌道）には非常に高い方向性があり、それが鉄やニッケル、コバルトなどの強磁性を担う電子軌道（ｄ軌道）にも影響を与え、鉄やコバルトなどの強磁性原子のスピンの向きを変えない、という役割を果たしています。

このあたりのスピン軌道相互作用の説明はかなりむずかしくなるので、もっと深く知りたいという方は、専門書を丁寧に読んでください。

7 磁石の理解は、磁化曲線に始まり磁化曲線に終わる

磁化曲線で「着磁、消磁」を確認してみると

前に、家庭用のガスコンロを使ってネオジム磁石を熱し、消磁する実験をしてみましたね。高熱を加えたことで磁力を失って「ただの鉄の塊」になりました。そのまま放っておけば磁石に戻ることはありません。けれども、その鉄塊に電磁石によって大きな磁界をかけてあげると、一瞬にして「永久磁石」に戻すことができます。

なぜ、「着磁・消磁」が起こるのか、それを理解するものとして「**磁化曲線**」がありました。前に簡単に説明しましたね。すでに磁区・磁壁を理解できたので、その磁壁などの図も入れて着磁・消磁の説明をしてみると、さらに理解も深まると思います。

磁石に強くなるには、磁化曲線を見て磁化過程がどのように起こっているかを読み解けることが大事です。

次の磁化曲線のグラフ（図2-7-1）を見てください。ヨコ軸が磁界（H）の大きさを表わし、タテ軸が磁化（M）の値です。図2-3-3に似ていますが、ここではもう少し厳密に話します。

鉄のクギで説明してみましょう。鉄には「磁壁」があって磁区同士が逆方向を向き、磁化を打ち消し合っている、といいました。ですから、磁化＝ゼロで、最初は外部からの磁界もないとすると、磁界（H）＝ゼロ。ということは、最初は原点の①にある状態です。ここで磁区内の磁化の向きは鉄の磁化容易軸方向〈001〉に平行になっています。〈001〉というのは鉄の体心立方格子の辺の方向と考えてください。

さて、クギの「下から上に」向かって磁界をかけていきます。磁界の方向は太い矢印で示した方向で、鉄の〈001〉から少しずれています。磁壁移動が少し起きて、上を向いた磁区（左側）が少し大きくなり、磁界が外部に少し出てきます。②の状態です。

さらに外部から同様に磁界を加え続けると、磁壁が消えて磁区は一つになります（③）。

この状態からさらに磁界をかけると、磁化容易軸に平行だった磁気モーメントが磁界の向きに少し回転して④で飽和に達します。グラフの右上です。

2-7-1 鉄の着磁、消磁の理由を「磁化曲線」で見てみる

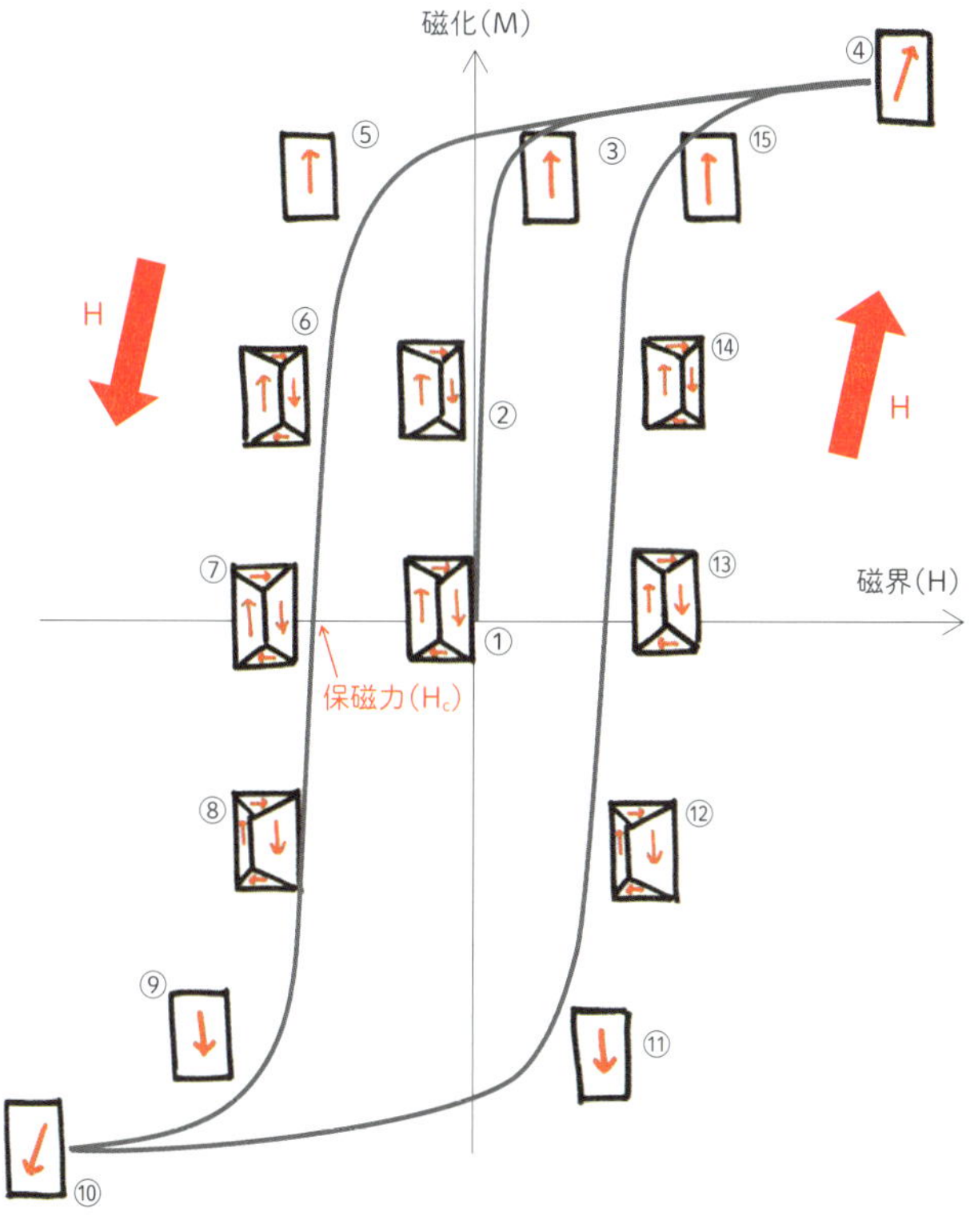

①の段階は磁区があちらこちらを向いている状態、④は磁区が事実上消えて、磁気モーメントが同じ方向を向いている状態

反転方向に磁界をかけ直すと

ここで外部からの磁界を少しずつ減らしてみましょう。外部磁界がゼロになっても、単磁区状態ですが、磁気モーメントが結晶磁化容易軸方向に回転して戻るので、磁化は少し減ります（⑤）。この磁化の値を「**残留磁化**」と呼び、磁石の重要な特性の一つです。結晶方位を一方向に揃えた磁石なら、飽和磁化と残留磁化がほぼ一致します。

いよいよ外部からの磁界を逆（上から下へ）にかけていくと、磁界の方向が逆になって、内部の磁気モーメントはこれまでの方向に整列しているのが徐々にむずかしくなり、⑥のように磁壁が復活しはじめます。さらに逆方向への磁界が強くなると、磁壁は最初の状態に戻り（⑦）、お互いの磁区の磁界が打ち消し合い、外部に出る磁化はゼロになります。このときの磁界の強さが「**保磁力**」です。

さらに、磁界を逆側に加え続けると、下向きに磁化が出はじめます（⑧）。こうしてついに磁壁がなくなり（⑨）、下向きの磁化が最大となります。これが⑩の位置での状態です。

そして、外部磁界が徐々に弱まり、外部磁界がゼロになり、さらに逆からの磁界がかかってきてもその状態を維持しようとしていますが（⑪）、逆向き（上向き）の磁界がかかってくることで磁壁が再登場し（⑫）、さらに磁界が強くなると磁壁が消滅して磁化も最大値を取ります（⑮）。

図2-7-2には軟磁性材料と硬磁性材料の2種類の磁化曲線を模式的に示しています。この磁化曲線を眺めていると、硬磁性材料と軟磁性材料の違いがわかります（図の青い線）。硬磁性材料は保磁力が高い材料ですから、磁化曲線はヨコ幅がある曲線です。軟磁性材料は保磁力の低い材料ですから、磁化曲線の幅は狭くなります（図の赤い線）。

2-7-2
磁性曲線で見ると、軟磁性材料は幅が細く、硬磁性材料は幅が太い

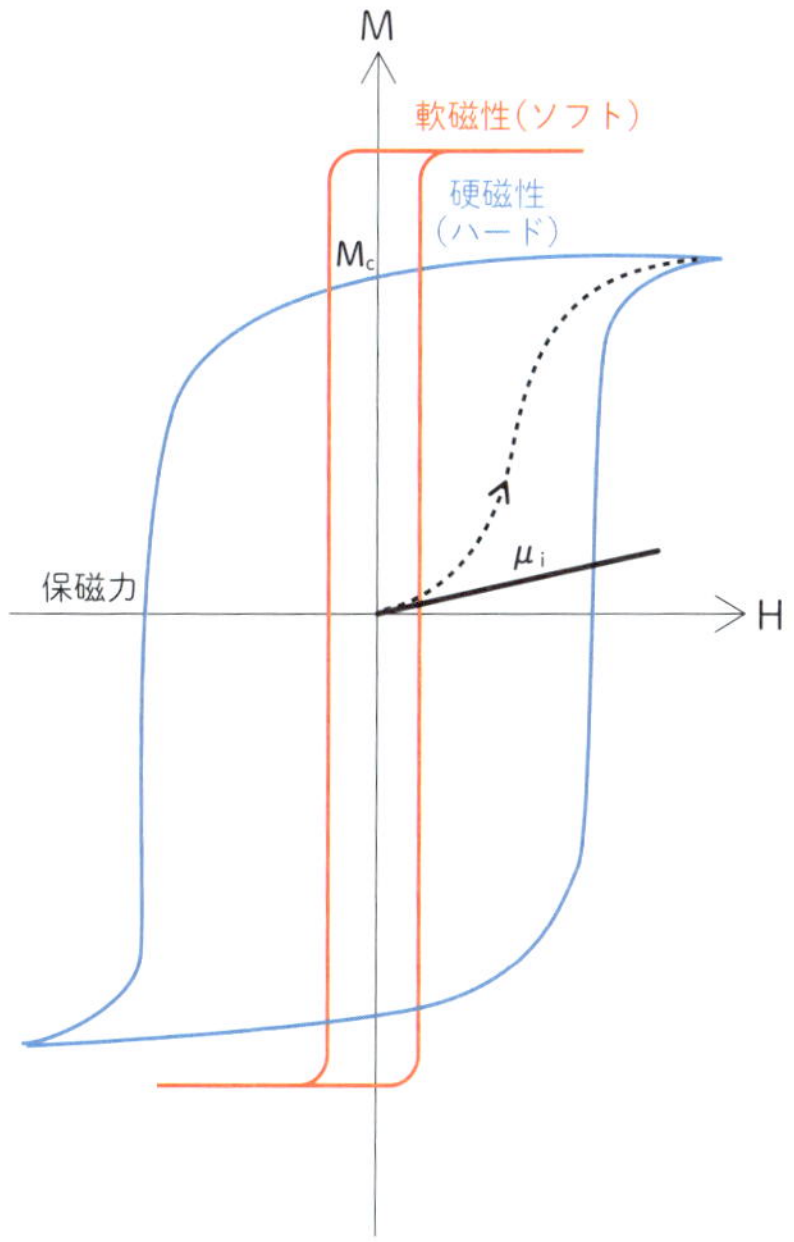

8 「相分離」で強磁性を包むとよい磁石になる

相分離の磁石とは

——アルニコ磁石などの「合金磁石」という言葉が何度か出てきましたが、これはどんな磁石なのですか？

多くの磁石は、鉄やコバルトなどの強磁性元素を多く含む合金磁石でしたね。これまでにも「**合金**」という言葉が何度か出てきましたが、合金とは、どのようなものだと思いますか。

ふつうは「二つ以上の金属が完全に混ざり合っている状態」と考えがちですね。たしかに原子レベルでも完全に混ざり合っているタイプがあります。それは「固溶型」の合金と呼ばれていて、青銅のように加工性に非常に優れた合金の場合です。

2-8-1 相分離とは

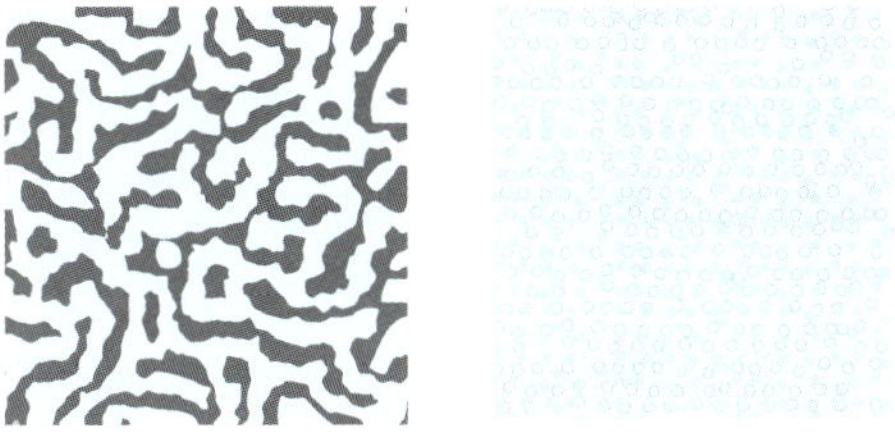

相分離型　　固溶型

水と油のように「全体が二つに分かれる」わけではなく、図のようにまだら状態になる。これは金属の割合によっても形が変わり、磁石の性能にも影響を与えてくる

しかし、完全に混ざり合った状態で使う金属材料は少なく、金属に強度を持たせるためには溶けない金属を混ぜて、溶けきれなくなった元素が第2相として微細に分散していることが多いのです。つまり、合金といっても、本当は2相に分かれていることが多い。そのようなものを「**相《そう》分離型**」の合金と呼んでいます。

実は、1931年にできた三島徳七のMK鋼（MK磁石）あたりからの合金磁石は、ずっと「相分離」を利用して保磁力を出すのによい組織をつくってきました。中でも、アルニコ磁石や東北大学の金子秀夫らによって開発された鉄・クロム・

コバルト磁石は相分離を利用した代表的な合金磁石です。

たとえば、鉄、クロム、コバルトからできた合金を750℃以上に加熱すると、鉄、クロム、コバルトが均一に混ざった合金ができます。これを一気に冷やすと、低温でも均一な状態を保つことができますが、その温度をまた500℃程度まで上げると、「コバルト・鉄」の強磁性相と、クロムの多い「クロムリッチ（rich）」な非磁性相の二つの相に分かれます。これが「**相分離**」です。

なお、今後、「**リッチ**（rich）」という言葉がときどき出てきますが、「**その元素の濃度が高い場所**」という意味で使っています。

相分離シミュレータで見る

相分離については、とてもよくできたシミュレーションソフトがあるので、これを使って見てみましょう。このソフトは名古屋大学の小山敏幸教授がこの物質・材料研究機構（NIMS）に在籍していた頃につくられたものです。

最初は、鉄とクロムの二つが均一に混ざった状態です。これを原子が動ける温度にまで加熱すると、図2-8-2に示すように「鉄リッチな相」と「クロムリッチな相」に分かれていきます。図の黒い部分は鉄、水色の部分はクロムです。

2-8-2 強磁性材料を非磁性材料が包み込む

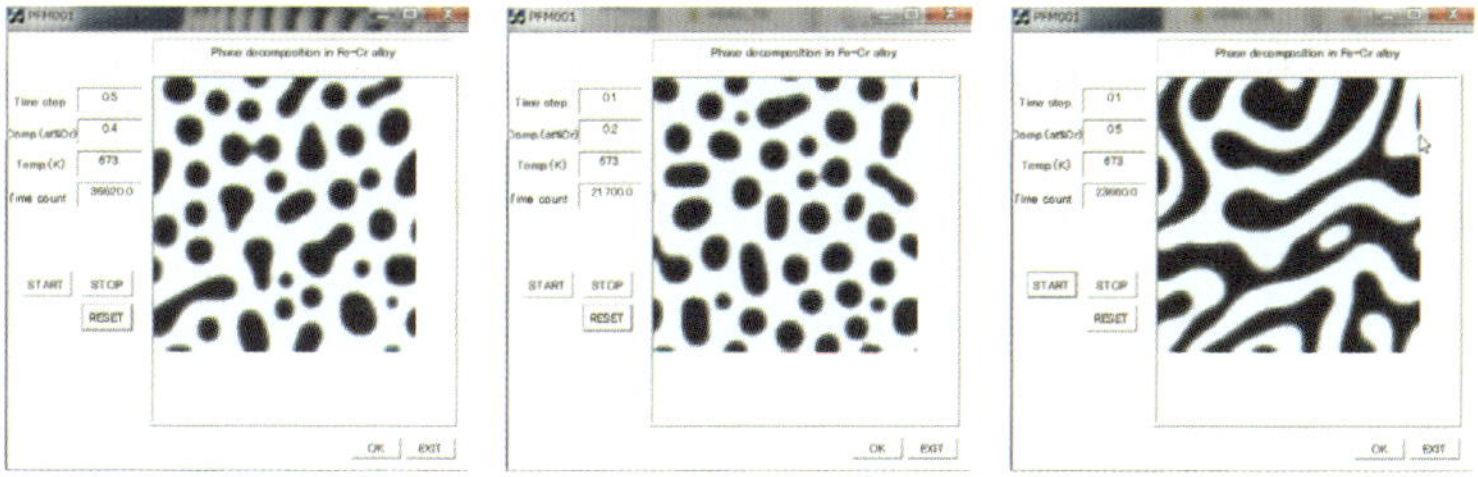

① ② ③

――あの～、「層」ではなく「相」と書くのですか？

「層」というとケーキのミルフィーユのような「層」になっていることをいいますね。地層というときも、二つの土（固体）の区分けの部分が「層」です。

同じ元素からできた合金でも、構造や濃度の違う「相」ができます。たとえば、コバルトとクロムの2元素からできる合金ではコバルト濃度の高いものから、hcp-Co、CoCr、bcc-Crという三つの構造と組成の異なる合金ができます。これらを「**相**」と呼んでいます。同じ、コバルト－クロムの合金でも組成や温度によって二つ以上の相ができてくるのが普通です。これらの相の形状をどうやってコントロールして、強さや磁気特性を出すかというのが材料づくりの醍醐味です。

図2－8－2の画像を見ると、水色部分のクロムが、黒い部分の鉄を包み込んでいますが、鉄のような「伸長

した強磁性材料を非磁性材料で包むと、保磁力が上がる」ことがわかっています。①の画像は「鉄60％・クロム40％」の場合です。②のようにクロム濃度を20％に下げた場合、その分だけ鉄の量が増える（鉄80％）ので保磁力が上がります。逆に、③のように鉄とクロムが50％ずつになると、全部つながってしまうため、クロムが鉄を包み込めなくなり、保磁力が弱くなります。

ということは、長く伸びた強磁性相をクロムできれいに包むような組織をつくってあげるとよい磁石になる、ということです。

強磁性の材料を非磁性の中に浮かべる

包み込まれた強磁性相の「形」が相分離型の磁石の保磁力には重要になります。強磁性相が丸く包まれるよりも、長く伸びて包まれている（伸張粒子）ほうが棒磁石と同じ効果をあげやすくなります。なぜなら、長手の方向に磁化されやすく、その垂直方向には磁化されにくいという性質が出てくるためで、このために磁化の方向が変わりにくいという性質＝保磁力が出てくるのです。このように「強磁性の形を棒状にする」ことで、保磁力を上げる上で大切です。

このような磁石の代表例が「鉄・クロム・コバルト合金（Fe-Cr-Co）」とアルニコ磁石

です。アルニコとは「アルミニウム・ニッケル・コバルト」の略称で、この名前からすると鉄は入っていないように見えますが、鉄も50％ほど入っています。

図2-8-3のアルニコ磁石の例を見ると、「鉄・コバルト」の多い強磁性の領域が、非磁性の「ニッケル・アルミ」の多い領域（ニッケル・アルミのリッチ相）に取り囲まれた格好になっています。このように、「強磁性の島を非磁性相の海に浮かべる」（上図）よう

2-8-3 鉄を非磁性のアルミで囲む

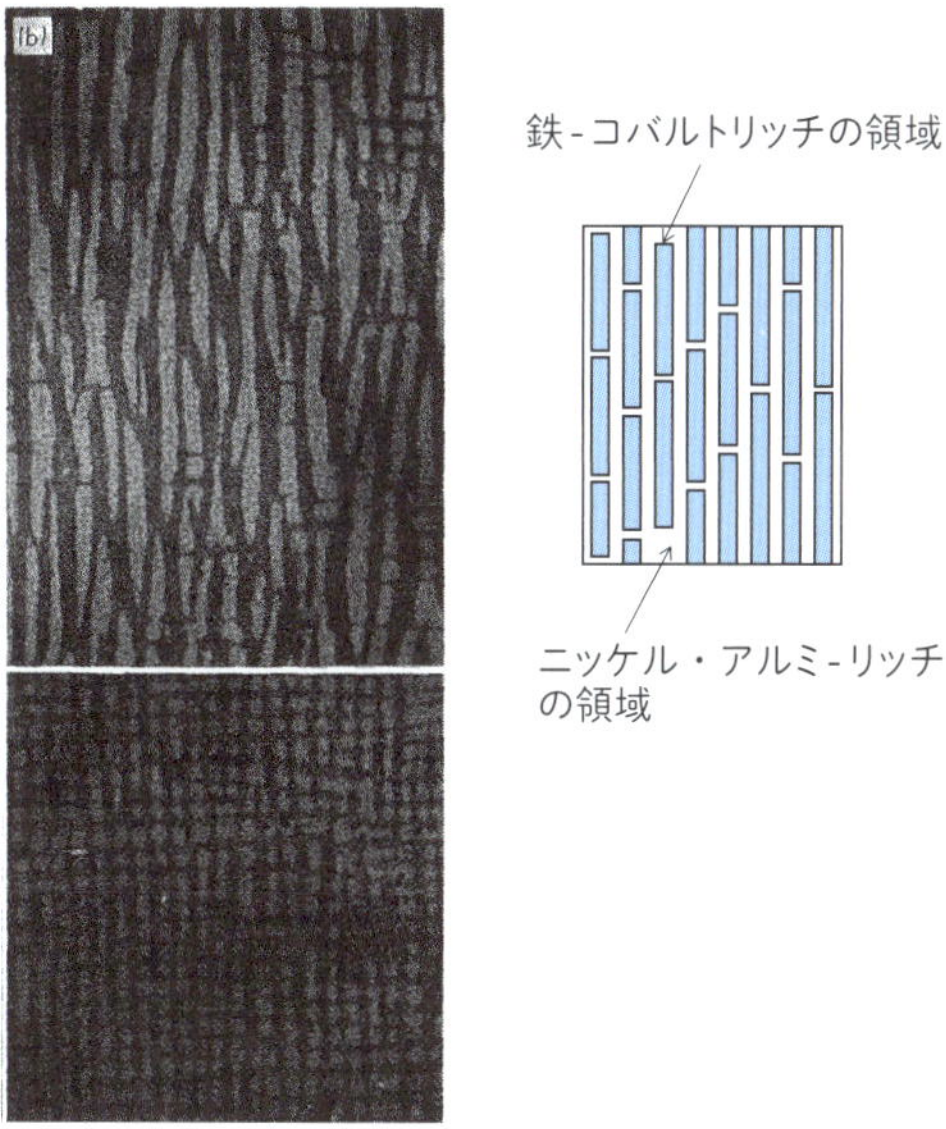

断面（上）および平面（下）から見たSEM像。鉄-コバルトのリッチな強磁性相が針状に伸びていることがよくわかる
“Trans. JIM” (15, 371, 1974) 371-377, Yoshiro Iwama and Masaharu Takeuchi

にすると、保磁力が出てきます。

　このような伸張した強磁性相が非磁性相に分散されて出てくる異方性を「**形状磁気異方性**」と呼んでいます。形状磁気異方性は強磁性相の磁化の半分であることが知られています。ですから、磁化が強磁性相中で最も高い「鉄65コバルト35」合金を非磁性相に埋め込んで非常に細長い針状にしても、その保磁力の上限は0・3テスラ程度です。そのため最大エネルギー積（ＢＨ）はせいぜい１００Ｋジュール（／㎥）ぐらいまでで、それを大きく超える性能が出ません。これがＫＳ鋼、ＭＫ鋼、アルニコ磁石など、合金磁石の限界です。アルニコ磁石は１９６０年ぐらいから50年間というもの、エネルギー積がまったく伸びていません。

9 相分離を利用した希土類の「いいとこ取り」戦略

帯に短し、たすきに長し……を逆利用

いま、「相分離タイプはせいぜい100Kジュール（/㎥）まで」といいました。ただ、例外もあります。それが希土類磁石で相分離を活用したケースです。サマリウム・コバルト磁石（サマコバ磁石）の例で話をしてみましょう。

まず、サマリウム・コバルト磁石には「1－5系」と呼ばれる（$SmCo_5$）の組成のものと、

「2－17系」と呼ばれる（Sm_2Co_{17}）の組成のものがあります。「1－5系」の「サマリウム・コバルト5」（$SmCo_5$）は磁気異方性が非常に高い磁石、つまり保磁力の高い磁石ですが、磁化は残念ながら高くありません。

その次に登場したのがSm_2Co_{17}という「2－17系」の磁石です。こちらのほうは逆に、磁化は高いけれども、磁気異方性（保磁力）は高くありません。互いに一長一短です。

そこで、両方のいいところを使おうというアイデアで生まれたのが、「サマリウム・コバルト7・5」という、名前も少し変わっている磁石です。この磁石には非常に多数の元素（サマリウム、コバルト、鉄、銅、ジルコニウム）が入っていますけれども、基本は「サマリウム・コバルト5」と「サマリウム2・コバルト17」の二つの相で、これらが安定に存在できるような温度で合金組成を選んで焼結し、いったん固めたあと、温度を下げていくと分離して、「サマリウム2・コバルト17」と「サマリウム・コバルト5」に分離します。先ほどの「相分離」です。

セルバウンダリという壁で区切る

画像で見ると、50ナノメートル程度の微細なセル（細胞状のもの）が壁（**セルバウンダリ**という）で区切られています。その壁の部分が「サマリウム・コバルト5」で、セルの部

2-9-1 いいとこ取りのパターン

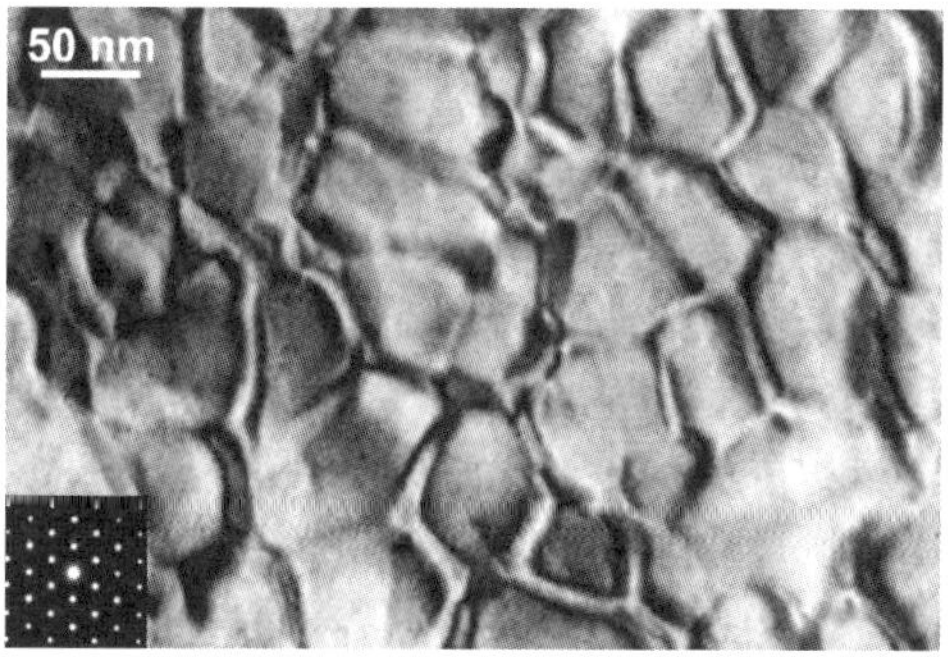

「サマリウム2・コバルト17」と「サマリウム・コバルト5」に相分離する。壁が「サマリウム・コバルト5」で、その中の部分が「サマリウム2・コバルト17」。磁気異方性は壁の部分が強く、磁化は内部が強い

分が「サマリウム２・コバルト17」です。

そして、磁気異方性は壁となっている「サマリウム・コバルト５」のほうが高いので、磁気異方性（保磁力）は「サマリウム・コバルト５」が受け持ち、磁化のほうは「サマリウム２・コバルト17」のほうが高いので磁化はこちらが受け持つという、まさに「いいとこ取りの分担方式」です（図２－９－１）。

磁気異方性（保磁力）……サマリウム・コバルト５

磁化……サマリウム２・コバルト17

こうして、非常にバランスのよい磁石ができたわけです。これが「**ナノコンポジット磁石**（複合的な磁石）」と呼ばれる磁石です。

一つの壁（セルバウンダリ）の大きさを見ると、だいたい50ナノメートルくらいで、ここに磁壁がピン止めされています。このため磁壁は動けず、保磁力が非常に高くなる、というしくみです。

――あれ？　相分離というのは「強磁性のものを非磁性で閉じ込める」と保磁力が上がるという話でしたよね。ここでは二つの材料とも、強磁性なのではありませんか？

その通りです。この磁石は両方ともコバルトが入っていて、強磁性です。希土類のサマリウムも入っています。その違いこそ、同じ相分離であっても、アルニコ磁石と希土類磁石の違いです。

アルニコ磁石の相分離では、中に入っている粒子は強磁性、周りは非磁性の相でした。ですから、磁石としての平均的な磁化は下がってしまいます。それにアルニコの場合、中に閉じ込められた粒子は「鉄・コバルト」などが主成分ですから、磁気異方性（保磁力）は、形状異方性に頼るので非常に低いのです。このため、アルニコ磁石は保磁力もあまり出ませんでした。

保磁力も磁化も高い理想型の磁石

ところで、「サマリウム・コバルト5」（$SmCo_5$）は非常に結晶磁気異方性が高いため保磁力も高く、相分離の形を取らなくてもそれだけで十分な磁石になります。組成から考えると、「サマリウム1：コバルト5」ですから、コバルトが圧倒的に多く、コバルト濃度は6分の5＝83％程度ありますが、それでも少し磁化が足りません。欲をいえばもう少し磁化を高めたいところです。

一方、「サマリウム2・コバルト17」（Sm_2Co_{17}）のコバルト濃度はさらに高く、19分の17＝90％近くになります。コバルトは強磁性の元素ですから、コバルトの濃度が高い分だけ「サマリウム・コバルト5」よりも磁化が高くなるわけです。

トータルとして、保磁力のほうは「サマリウム・コバルト5」が担い、磁化のほうは「サマリウム2・コバルト17」が担当するということで、保磁力も磁化も高い理想的な磁石ができたというわけです。

この研究に大きく貢献されたのが、前にもお話しした俵好夫さん、つまり俵万智さんのお父さんです。

図2－9－2の画像（上）は、その「サマリウム・コバルト7・5」という磁石の原子の内部を電子顕微鏡で見たものです。この磁石はサマリウム、コバルト以外にも微量の鉄、さらには鼻薬にもならない程度の銅、ジルコニウムが入っていて、「サマリウム2・コバルト17」が主相、つまりそれが壁の中に入り、もう一つの「サマリウム・コバルト5」が壁（セルバウンダリ）となります。

画像の中で「Z-phase（ジルコニウム相）」と書かれた板状の線が横に走っているのは、

2-9-2
「サマリウム・コバルト7.5」の主相と壁、ジルコニウムのリング

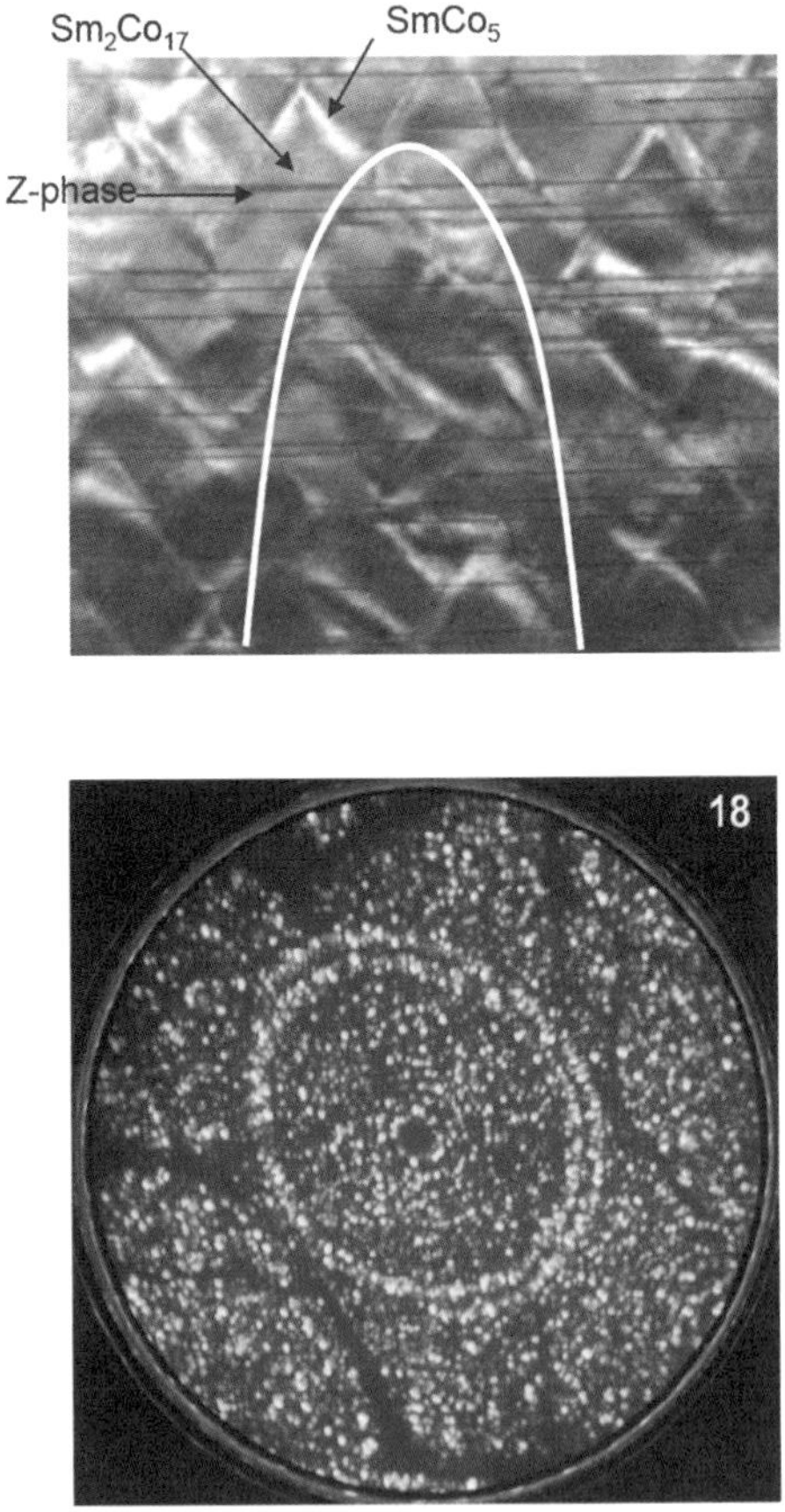

ジルコニウムを含んだ析出物で、すべてきれいに見えています。みごとな出来映えです。

図2-9-2の上の画像を電解イオン顕微鏡（Field Ion Microscope＝FIM）という装置で見たのが下の画像です。電解イオン顕微鏡というのは針状の試料（画像の白線部分）をつくって投影して見ますから、「サマリウム2・コバルト17」（Sm_2Co_{17}）や、暗く見えている「サマリウム・コバルト5」（$SmCo_5$）、リング状のジルコニウム（Zr）が見えます。

これに、あとでお話しする3次元アトムプローブという装置でレーザーをあてて原子を

イオン化させながら、原子を見ていくと左の画像（図2－9－3）のように、サマリウムの豊富な部分（サマリウム－リッチ）、コバルトの豊富な部分が層状構造になっているのが見えます。これによって高い保磁力が出せます。

サマコバ磁石はキュリー温度が高いので、使用温度が上がってしまうような用途に現在でも使われています。ネオジム・鉄・ボロン磁石が発明されるまで、サマコバ磁石は最強の磁石でした。

2-9-3
サマリウムとコバルトの豊富な部分（リッチ）が層状に見える

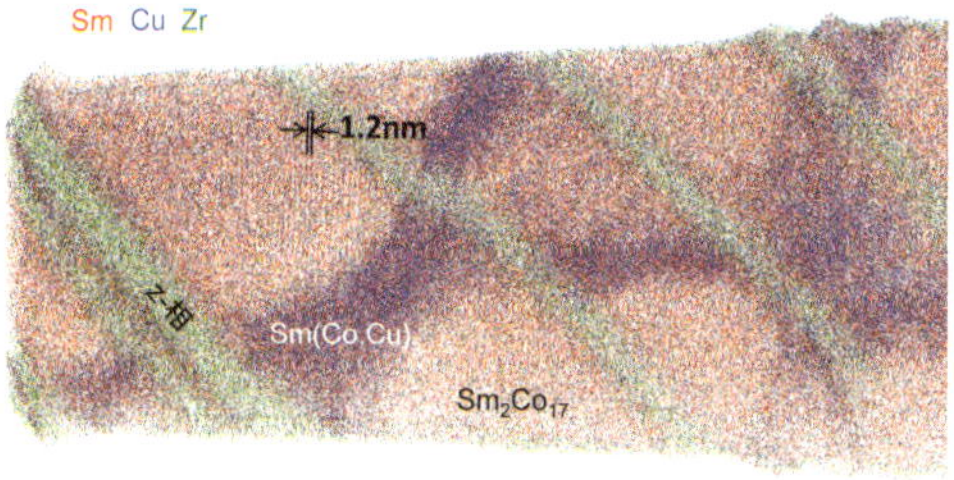

$Sm_2(Co,Fe,Cu,Zr)_{17}$磁石の中の原子の分布。赤はサマリウム、青は銅、緑はジルコニウム原子。銅がセルバウンダリに濃化している。Sm_2Co_{17}相の中の原子面が分解されている

「サマリウム・コバルト」磁石はコバルトが8～9割を占めていますから、非常に大量のコバルトを使います。このため、高価なコバルトから安価な鉄に切り替えて磁石をつくろうという気運が高まり、それで世界中の研究者や開発競争を進める中で、日本の佐川氏がコバルトを使わない「ネオジム・鉄・ボロン」という組合せで強い磁石を開発されたという経緯はすでに述べた通りです。

こうした歴史的な経緯で、サマコバ磁石に対する研究熱は冷めていましたが、最近のジ

スプロシウムの価格高騰により、高温用途のジスプロシウムを大量に含む磁石と競合できるようになってきました。磁化が不足していた分は鉄の量を増やして補う。そのため結晶磁気異方性が下がって、保磁力は少し下がりますが、200℃でジスプロシウムを含むネオジム磁石と同等の保磁力は確保できるわけです。

このような新しい視点に立ったサマコバ磁石が東芝の桜田新哉氏のグループによって開発されて、JR九州に走る電車用のモーターとしてすでに使われているそうです。社会環境が変わると、かつてボツになっていた材料が再脚光を浴びることがあるんですね。

「磁石のキホン」といっておきながら、最後は少しむずかしい相分離の話まで出てきました。次は少しお休みモードで、磁石の基本的なつくり方や用途を見ておきましょう。

3時間目

磁石のつくり方とその応用

1 焼結磁石のできるまで

磁石をつくる場合、その材料も大事ですが、製法も大事です。佐川眞人氏とアメリカのクロート氏が1984年に同時期につくったネオジム磁石は「ネオジム2・鉄14・ボロン1」（$Nd_2Fe_{14}B$）という同じ組成でありながら、磁石の性能では大きく差がありました。それは、佐川氏の場合は「焼結法」でつくり、クロート氏の場合は「液体急冷法」でつくったという違いがありました。

そこでまず、ごく簡単に製法の違いをお話しし、さらに磁石の用途などについても具体的に述べることにしましょう。

①原料を測る

「**焼結法**」によるネオジム磁石のつくり方は次ページの図のように、おおまかに5段階の工程を経ます。最初に、「ネオジム2・鉄14・ボロン1」（$Nd_2Fe_{14}B$）など、つくりたい磁石の組成に合わせ、それぞれの原材料を正確に測り、るつぼに入れます。

②磁石原料を溶融し、冷やす

ネオジム磁石の原料となるのは「ネオジム、鉄、ボロン（ホウ素）、銅、アルミニウム、ジスプロシウム」などです。これをるつぼに入れて、アルゴンガス中で溶かし、鉄板に流し込んで凝固させると、いろいろな方向を向いた結晶からできた多結晶になります。合金は$Nd_2Fe_{14}B$の化合物よりもネオジム量を多く入れていて、大部分$Nd_2Fe_{14}B$の化合物とネオジム濃度の高い相からできています。つまり、153ページの図3-1-2のように磁区の中の結晶方位がバラバラになっているということです。

このままでは「等方性磁石」という磁化の弱い磁石しかできませんし、結晶粒径も大きく、それらがつながっているので、保磁力もほとんど出ません。では、どうするか？

3-1-1 焼結法でネオジム磁石ができるまで

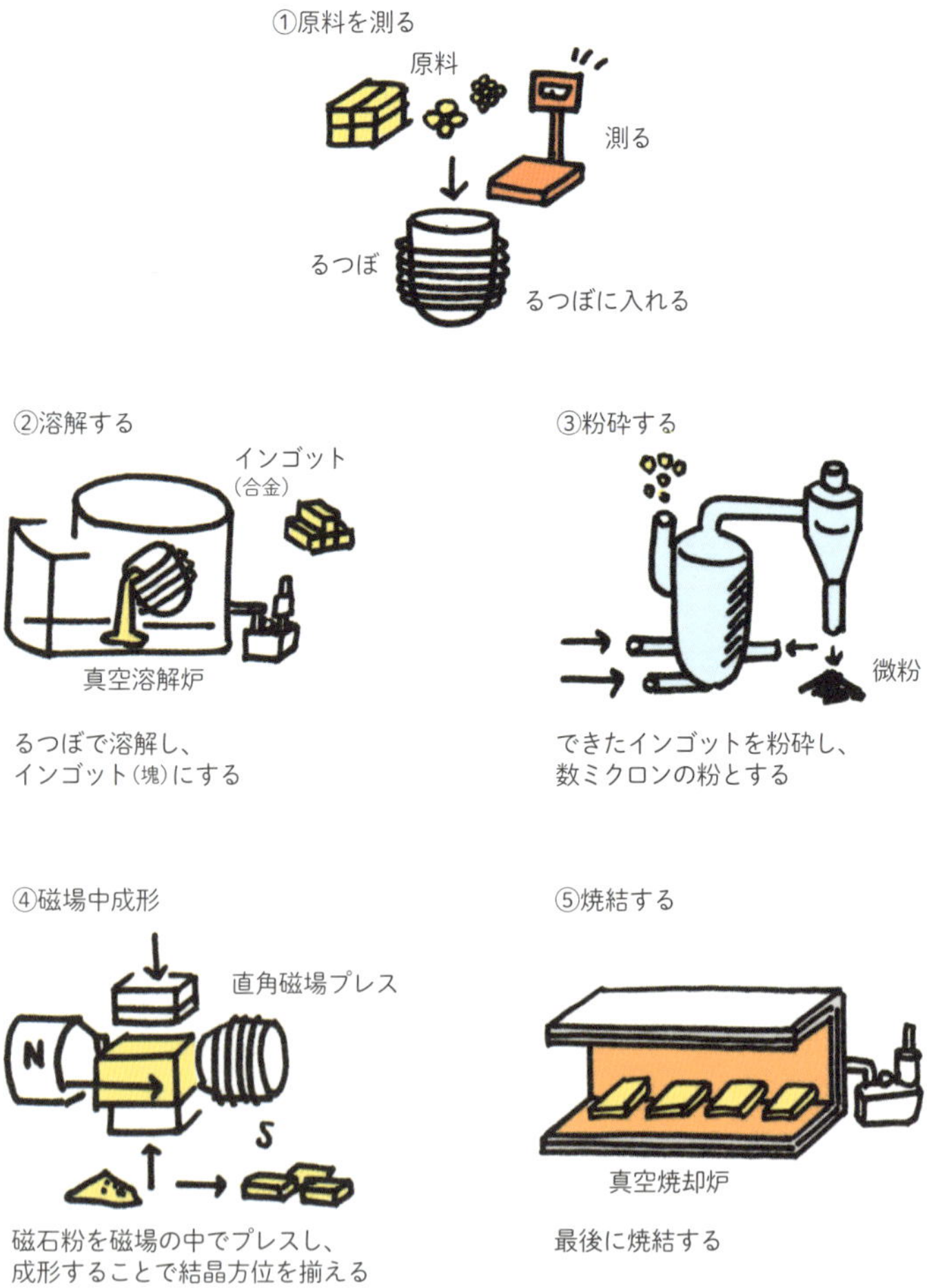
①原料を測る
原料
測る
るつぼ
るつぼに入れる
②溶解する
インゴット
（合金）
真空溶解炉
るつぼで溶解し、
インゴット（塊）にする
③粉砕する
微粉
できたインゴットを粉砕し、
数ミクロンの粉とする
④磁場中成形
直角磁場プレス
N
S
磁石粉を磁場の中でプレスし、
成形することで結晶方位を揃える
⑤焼結する
真空焼却炉
最後に焼結する

③粉砕する

磁性が一定の方向を向く磁石、つまり異方性磁石をつくるには、いったん冷えて固まった等方性の磁石に水素を吸わせてボロボロにして、粗粉に砕きます。それをジェットミルという高速の窒素気流中で微粉砕し、目安としては3ミクロン程度の結晶粒にします。

せっかく固まったものをわざわざ砕いて粉にするのは、なぜでしょうか。それは砕いて小さな粉にすることで、それぞれの粉には一つの結晶しか含まれないようになるからです。

3-1-2 最初は等方性で結晶方位もバラバラ

3-1-3 砕くと、一つひとつの結晶粒は一定の磁化方向を持っている

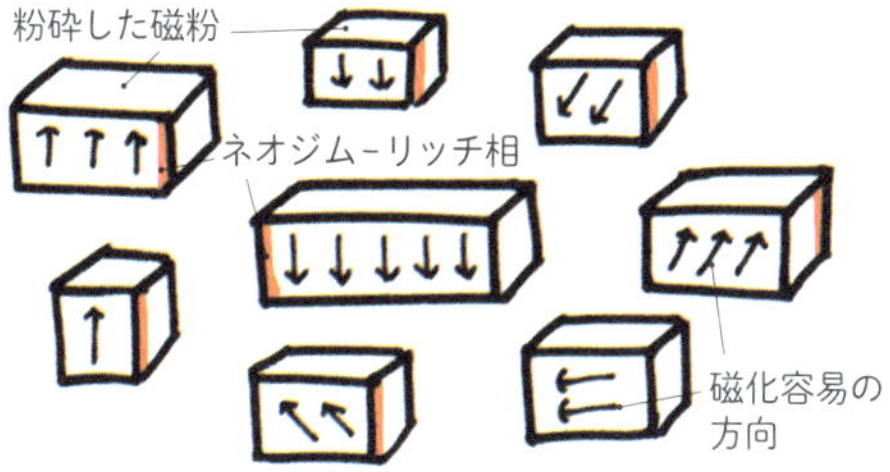

3-1-4 磁場をかけながらプレスする

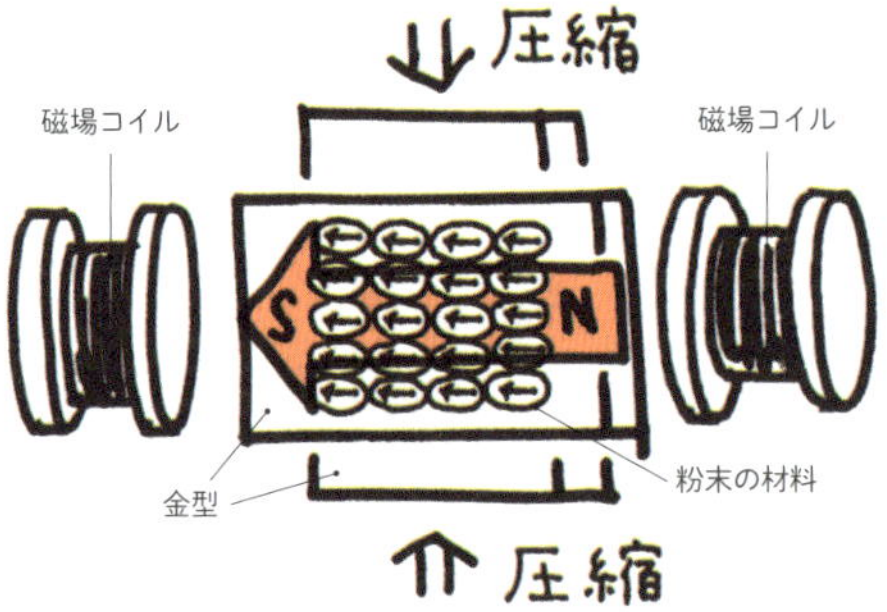

$Nd_2Fe_{14}B$の結晶は、図3－1－3に示すように、結晶の長手方向が磁化されやすい磁化容易軸となっています。この粉を焼き固める前に「一手間かける」ことで、結晶の方位を揃えます。

④磁場中で成形し、磁化の方向を揃える

砕いた材料を磁場中《じばちゅう》成形機という機械で「磁場をかけながら、粉を圧縮（プレス）」します。すると、それぞれの結晶が磁化されやすい方向に向く（配向）ことになります。

⑤焼結する

最後に1150℃～1200℃くらいで焼き固めます。これは粘土を焼き固めて陶器をつくるのと同じ手法で、これが「**焼結**」と呼ばれるプロセスです。

ネオジム磁石の不思議の一つは、粉の状態では保磁力がほとんど出ないのに、焼き固めると高い保磁力が出ることです。これは焼結中にネオジム-リッチ相（ネオジム含有量の豊富な相）が溶け出し、それが結晶と結晶の境界（結晶粒界《りゅうかい》）に広がっていき、ネオジム-リッチ相が入った組織ができます。これによって、結晶方位が揃い、しかも保磁力も高い強力な磁石となります。なお、ネオジムの焼結磁石は、国内では日立金属、信越化学、TDKの3社が生産をしています。

3-1-5 異方性と等方性は一目瞭然

異方性

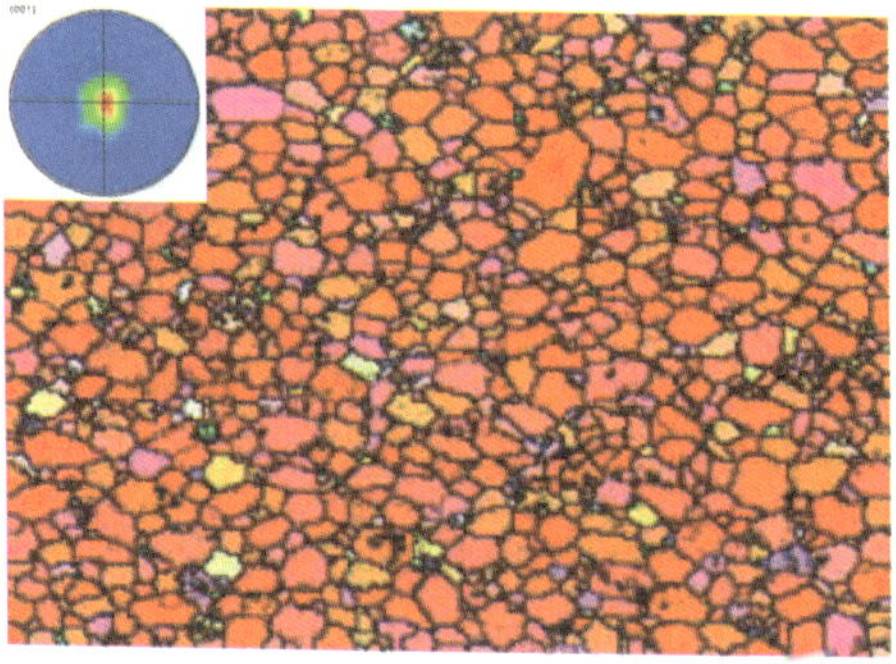

等方性

2 液体急冷〜熱間加工の工程でのつくり方

鋳型を使わず、一気に急冷させる

次に「**液体急冷法**」の話をしましょう。液体急冷の装置（写真）はるつぼに入れた合金を高周波コイルで誘導溶解し、それにアルゴンガスを加圧して、高速で回転する銅ロールに吹きつけて急冷凝固する装置です。溶けた金属がこの回転する銅ロールに吹きつけられると、その接触面から急速に冷却されて、リボン状のものができます。これが液体急冷に

3-2-1 液体急冷装置（右）と溶解・急冷の様子（左）

磁石材料を真ん中の試験管のような器具に入れて高熱で溶かし、それを下の高速に回転する銅のロールで急冷する

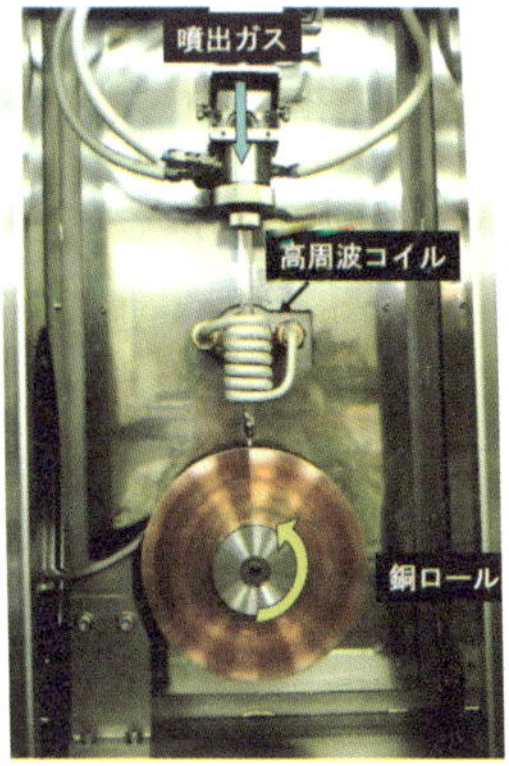

よる製法です。

ふつう、鋳型《いがた》を使う場合には、鋳型に溶けた金属を入れ、その熱は鋳型の接触面を通して少しずつ奪われて低温になっていきます。

また、自動車用のエンジンでは「砂型」といって、砂の中に金属を鋳込んでいます。いずれの方法も、熱伝導が非常に低くて、ゆっくりとしか冷えません。これに対し、液体急冷法では溶けた磁石の合金を高速回転する銅に吹きつけます。銅は電気伝導性がよいため、接触面から急速に冷却されてナノ結晶になったり、組成によっては結晶構造を持たないアモルファスというガラス状の金属になります。

熱間加工磁石の用途は

「熱間加工法」という磁石の製法は、

3-2-2 熱間加工の流れ

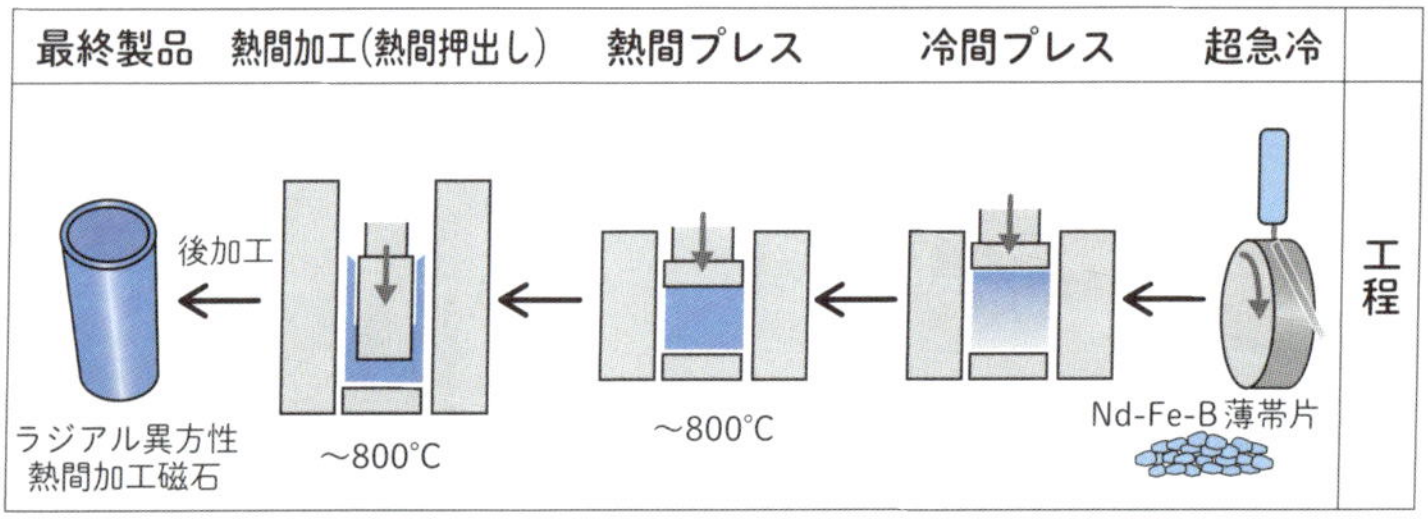

資料出所：大同特殊鋼のHPを参考に作成

1982年にGM（ゼネラルモーターズ）の研究者が提案した方法です。このように原理自体は古くから知られていたものですが、大量生産でビジネスを始めたのは大同特殊製鋼（名古屋）が最初のようです。

熱間加工法では、磁石材料を高温で押し出して「ネオジム2・鉄14・ボロン1」（$Nd_2Fe_{14}B$）結晶を板状に変形させます。この際に、$Nd_2Fe_{14}B$の磁化容易軸が扁平な面に垂直に配向するのです。

この方法ではリング状の形を容易につくることができ、異方性が軸に垂直な方向（ラジアル方向）に向くラジアル磁石の製法として発展しました。ラジアル磁石の用途としては小型モーターがあげられますが、製法をさらに工夫することで板状の磁石もできるようになり、用途も広がりつつあります。

この他にも、微結晶を持つ異方性磁石の製法としては「**HDDR法**」があります。これは水素をネオジム磁石原料に吸蔵・脱離させる方法です。

3 磁石の用途は何か？

自動車は用途でネオジムか、フェライトか

磁石というのは、製品の中に組み込まれて使われる部品ですから、外から見えることはほとんどありません。そこで磁石がどんな製品にどのように使われているのかを見ておくのも、磁石の理解に役立つと思います。

まず、自動車です。1台の自動車には100個以上のモーターが積まれています。ひと

くちに「**モーター**」といってもさまざまで、たとえば、ミラー、サンルーフ、ワイパー、パワーステアリングのような箇所に使われているモーターもあれば、高級車になると、シートを電動で動かすとか、あるいはハイブリッド車、電気自動車のように自動車自体をモーターで動かす駆動モーターまであります。

ワイパーのような部分には大きなパワーは必要ないので、安価なフェライト磁石が使われています。

ネオジム磁石が使われているのは、自動車としてとくに重要な部分です。具体的には自動車を動かす**駆動モーター**、発電機、エアコンのモーター、電気ブレーキ、カーナビ用のハードディスクなどに使われています。

ですから、自動車での磁石の用途は二分されていて、高特性・ハイパワーが要求される箇所にはネオジム磁石、低特性でよい箇所にはフェライト磁石という棲み分けです。一部にはボンド磁石も使われています。

家電製品には「小型化・静音化」で貢献

再生エネルギーを日本が進めていく上では、風力発電は磁石にとっても大きな市場となります。すでにお話ししたように、1基あたり1トンものネオジム材料を消費します。国内では信越化学などが風力発電用の磁石開発に力を入れています。

家電製品でいうと、エアコンのコンプレッサーの直流モーターにネオジム磁石が使われています。希土類磁石の研究で有名なアメリカエイムズ研究所のシュナイダー博士が信越化学の美濃輪《みのわ》武久氏の日本におけるネオジム磁石応用の基調講演を聴いたあとに、「日本

3-3-1
パワーの必要なところにはネオジム磁石を配備

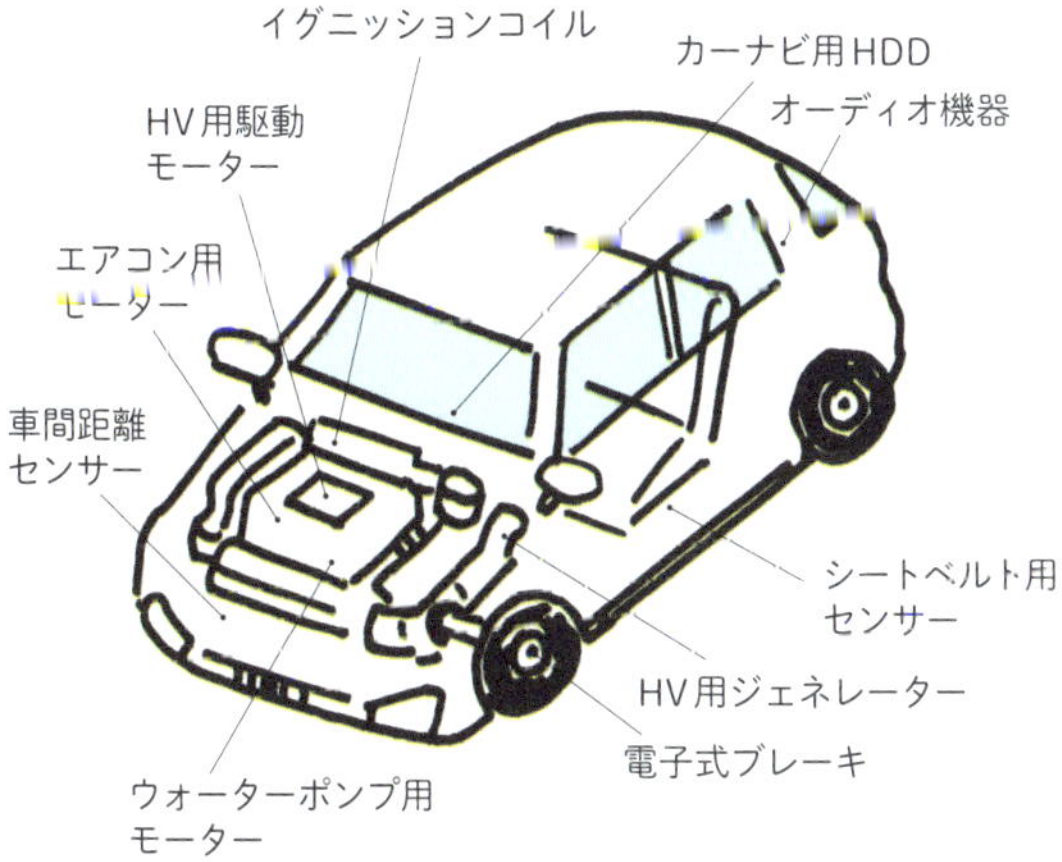

3-3-2 ネオジムを利用したオープン型MRI

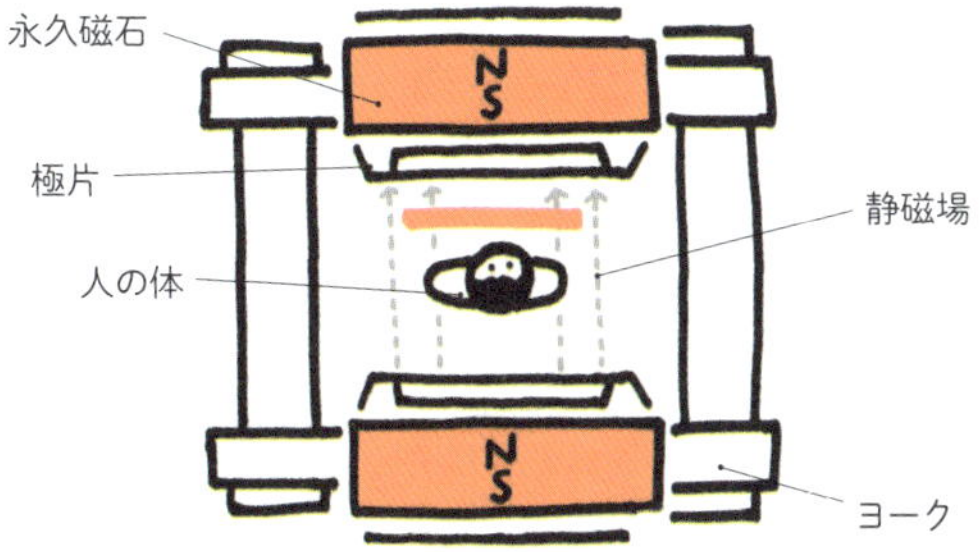

ではエアコンにまでネオジム磁石を使っているのか」と、すごく驚いていたことを覚えています。

アメリカではエアコンのモーターにはその多くにフェライト磁石を使っているため、大きなコンプレッサで騒音を響かせながら部屋を冷やしています。小型・静音という意味でも、ネオジム磁石を使う価値が十分にあります。

HDDのボイスコイルモーター（VCM）には、前にもお話しした通り、ネオジム磁石が使われています。数年前のネオジム磁石の用途別使用量の資料を見ますと、ネオジム磁石（焼結タイプ）の最大の用途はHDDのVCM用でした。これが最近の統計ではハイブリッド車用途などのモーター応用に置き換わっています。他にも、ロボット用モーターが今後、大きく伸びると期待されています。ネオジム磁石をはじめとした高性能磁石の用途、市場はこのように数年で大きく様変わりしているのが実情です。

「ネオジム：ジスプロ」の比率を変えるとどうなる？

――ネオジム磁石の中で使われる希土類の割合も増えてきているのですか？

ネオジム磁石の中での希土類元素の割合（ネオジム＋ジスプロシウム）は33％程度で、これは変わりません。もし希土類元素の割合を増やし、その分だけ鉄の量が減っていくと、磁化が下がってしまいますね。ですから、希土類ばかりを増やしていくわけにはいきません。現在は、この33%の中で、温度特性などを考えて「ネオジム：ジスプロシウム」の量を加減しています。ジスプロシウムが増えれば、その分だけネオジムが減るというわけです。

3-3-3 ネオジムとジスプロシウムの使い分け

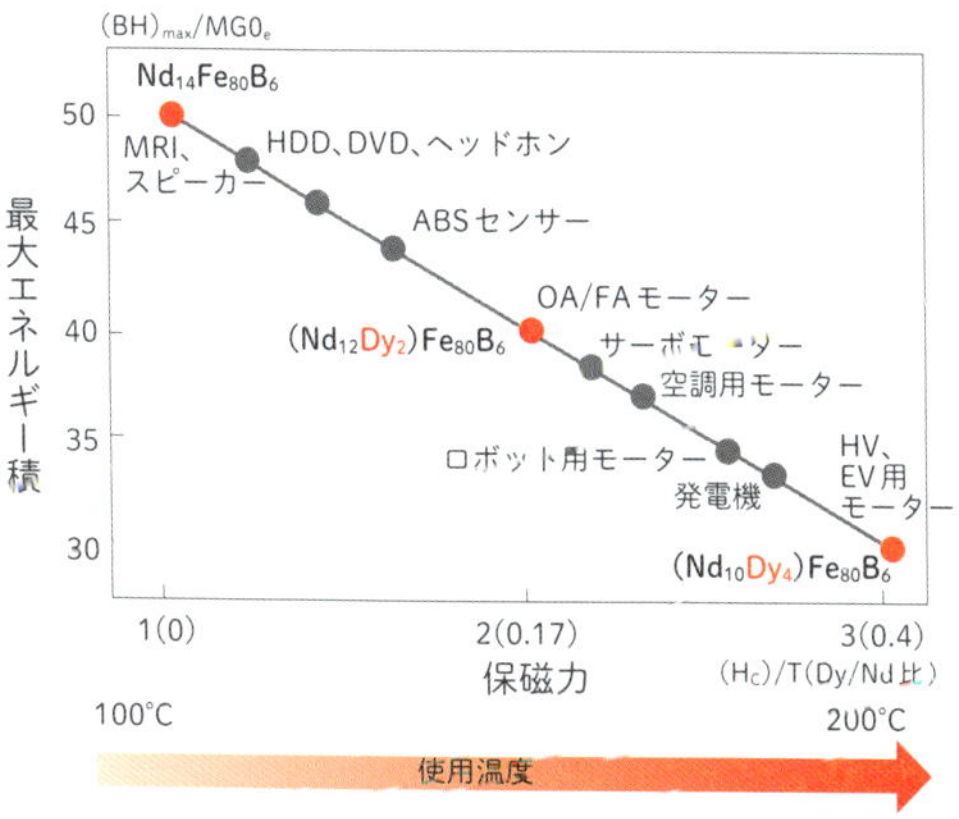

3-3-4 ネオジムとジスプロシウムの比率と性能変化

Mass%（単位）	保磁力（T＝テスラ）	残留磁化（T＝テスラ）	$(BH)_{max}$（kJ／m³）
$Nd_{33}Dy_0$	1.2	1.45	400
$Nd_{22}Dy_{11}$	3	1.1	230
$Nd_{33+a}Dy_0$	>2.5	>1.1	>230

前ページの図3－3－3は、「ネオジム：ジスプロシウム」の比率を変えたとき、磁石の性能がどうなるか、その比較を示したものです。実際にネオジム磁石が使われている応用製品と、希土類の割合（3パターン）との関係を見たものです。グラフのタテ軸は最大エネルギー積、ヨコ軸が保磁力（耐熱温度）を表わしています。

これを見ると、HDDはグラフの左上のほうにありますから、使用する温度環境が高くなく、もともと大きな保磁力を必要としないので、ジスプロシウムの使用量も少しで済みます。ですから、数年前にジスプロシウムなしでHDDに使える磁石というのが、TDKから発表されましたね。

3－3－4の表を見ると、ジスプロシウムの量が少ないほうが最大エネルギー積も大きい（400）けれど、逆に保磁力で見ると、「ネオジム：ジスプロシウム＝2：1」のときが3テスラで最大となることがわかります。そのネオジム磁石がどのような環境で使われるか、あるいはどのような機能・性能が求められるかによって、希土類元素の割合はケースバイケースです。

4 トランスには なぜ軟磁性材料を使うのか？

鉄はパワーのある強磁性材料ですが、軟磁性なのですぐに磁化反転します。その弱点ともいうべき「軟弱な性質」を逆に利用しているものがあります。それが「**トランス**」です。トランス（transformer）は「変圧器」ともいわれて、交流の電圧を「6600ボルト→100ボルト」のように自在に変換できる装置ですね。

鉄の軟磁性をトランスがどのように利用しているのか、それを知るために、まずは「**磁束密度**」について少し説明しておきましょう。

以前、「電磁石の場合、電流を流すとその周りに磁界が発生する」といいました。この磁界を人間が利用しようとしたとき、人間が利用できる磁界のことを「磁束密度（B）」と呼んでいます。

実際に磁界（H）があったとき、どれだけの磁束密度（B）を取り出せるかというと（コイルの中が中空の場合の計算式）、

$$B = \mu_0 H$$

この式で、μ_0は「真空の**透磁率**」と呼ばれる係数で、単位換算のおまじない程度に思っておけばよいでしょう。磁界（H）は電流を流すと発生するので、その単位はアンペア／m、磁束密度はμ_0の単位換算によりテスラになっています。

この式のポイントは「コイルの中が中空の場合」という点です。もしコイルが中空ではなく、「何か」がコイルの中に入っていれば、磁束密度（B）の値は大きく違ってきます。

その「何か」が重要です。

3-4-1
磁界の一部を磁束密度として取り出すには？

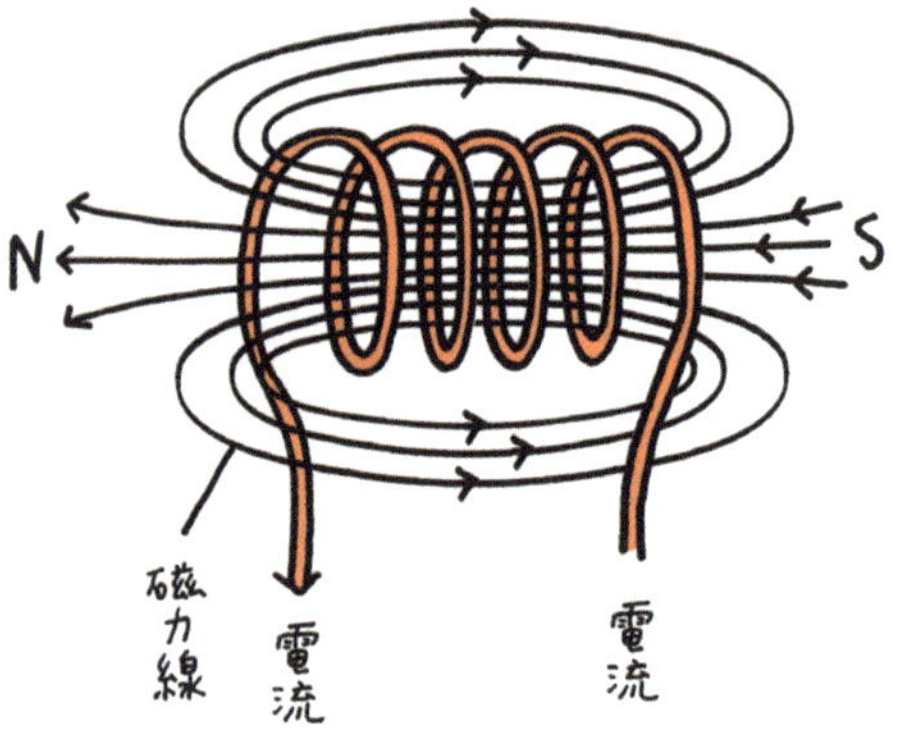

3-4-2 磁石をコイルでグルグル巻きにすると磁束密度が上がる

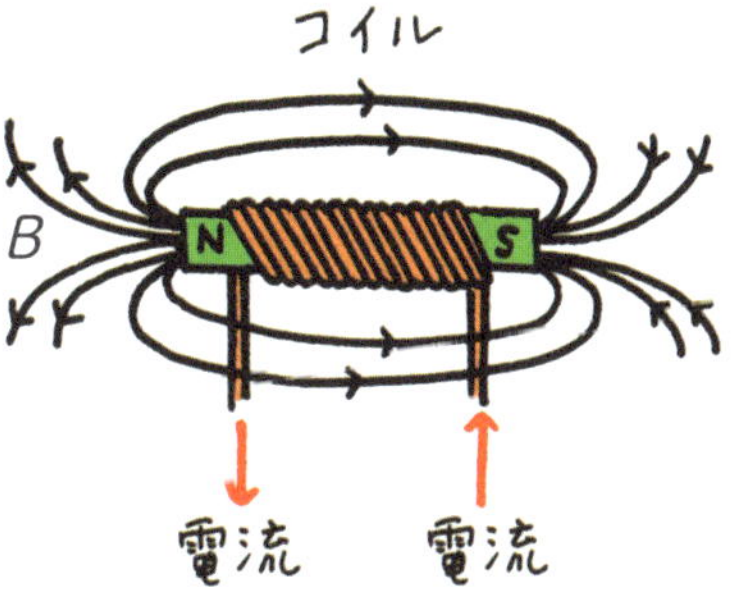

中空のときの磁束密度Bは、

$$B = \mu_0 H \cdots ①$$

中空ではなく、鉄芯が入っているときの磁束密度Bは、

$$B = \mu_0 (H + M) \cdots ②$$

② > ①

トランスの仕事と磁束密度との関係

コイルの中に入れる「何か」――それが「**鉄芯**」です。鉄芯は軟磁性のため、外部からの磁界ですぐに磁石になります。この場合、電磁石が発生する磁界によって鉄芯も磁化されます。鉄芯の持っている磁化をMとすると、先ほどの式は、

$$B = \mu_0 (H+M)$$

と変わります。ここでMの大きさが重要です。追加された鉄の磁性は非常に強いため（強磁性）、全体として強い磁束密度を取り出すことができます。これがトランスに鉄芯を使っている理由です。

もう一つ、軟磁性材料をトランスに使っている理由があります。それは「交流」です。

図3－4－3を見てください。これがトランスのしくみで、「変圧器」の名前通り、1次コイル、2次コ

3-4-3
1次コイル、2次コイルの巻き数で電圧を自在に変換

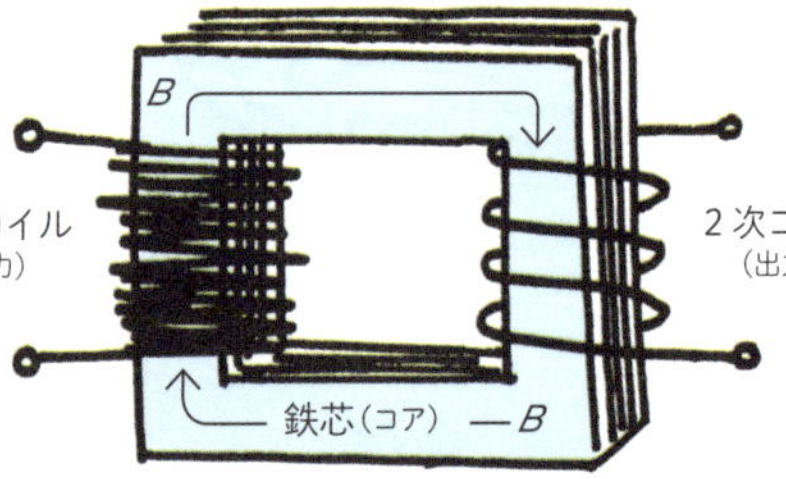

100(V):10(V)=100回:10回

イルによって電圧を変換するもので、「コイルの巻き数の比率」で決まります。たとえば、100ボルトの電圧を10分の1の10ボルトに落としたければ、上の比率計算から、1次コイルの10分の1の巻き数でコイルを巻くだけです。

これは1次コイルに電圧がかかると磁界が発生し、磁界が発生すると2次コイルに電圧を発生させるというしくみです。実は、このしくみは直流ではうまくいきません。1次コイルに直流が流れ、大きな磁界が発生しても、次に磁界を2次コイルに電圧として伝達できないからです。

なぜなら、図3-4-4の右図のようにコイル内で「磁石を抜き差し」する場合は電流がコイルに流れますが、磁石を入れたままじっとしていると電流が流れません。「磁気→電気」は磁気の大きさではなく、「磁気の変化」を感知して電気に変換しているからです。

これが交流だと、どうでしょうか。1次コイルからは電圧が1秒間に50回(東日本)、あるいは60回(西日本)のサイクルで変化し、それによって磁界も大きくなったり、ゼロに

なったりします。この「磁界の変化」こそ、電気に変化し、2次コイルに電圧が発生する源です。そのためには、コイルの中に鉄芯を入れておく必要があります。なぜなら、鉄芯は軟磁性の材料であり、外部の磁界によってすぐに変わる軟弱者だからです。これはモーターでも同じことです。

ところで、電柱を見上げると、大きなバケツのような機械がついていますね。あれが柱状トランスです。

私たちの生活を支える電力は、送電ロスを考えて超高圧で送られてきます。発電所では27万5000～50万ボルトという超高圧で送り出され、

3-4-4 直流では「電気→磁気」で止まってしまう

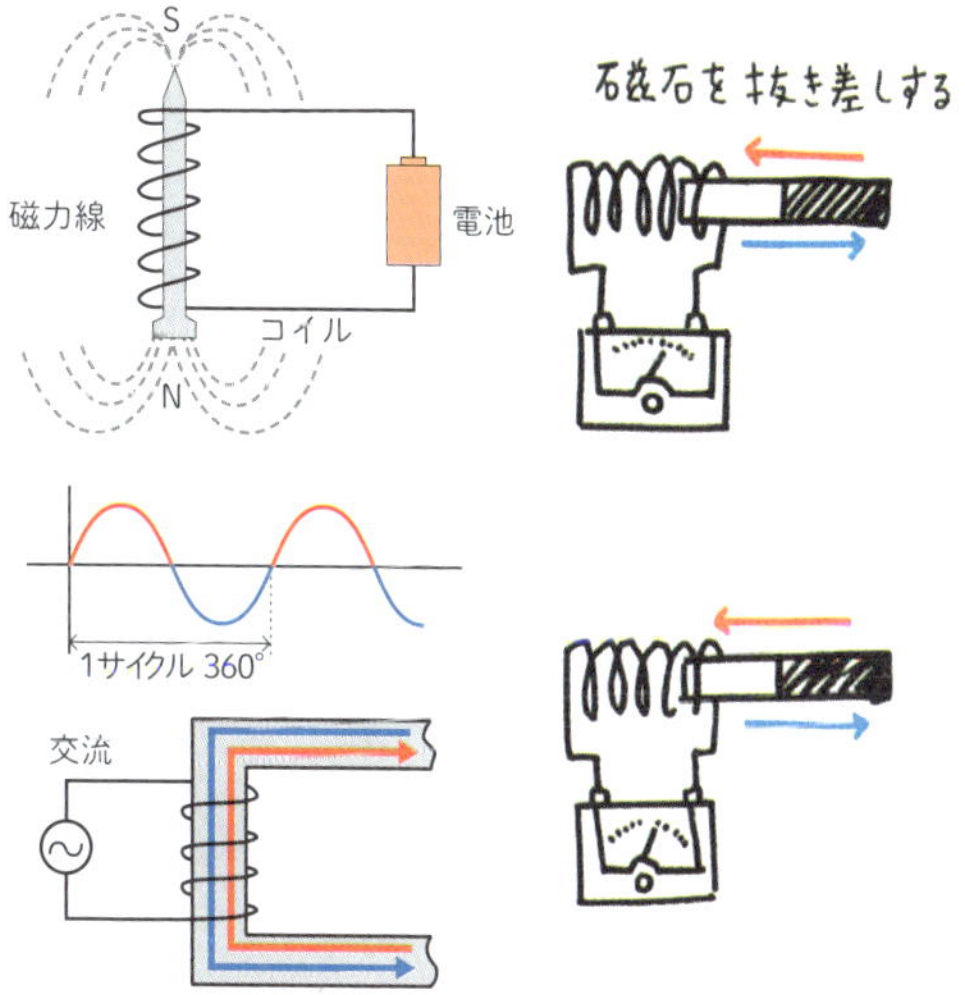

3-4-5
電柱にあるトランス
（柱状トランス）

3-4-6 発電所から家庭に電気がくるまで
——トランスが大きな電圧を適切に下げてくれる

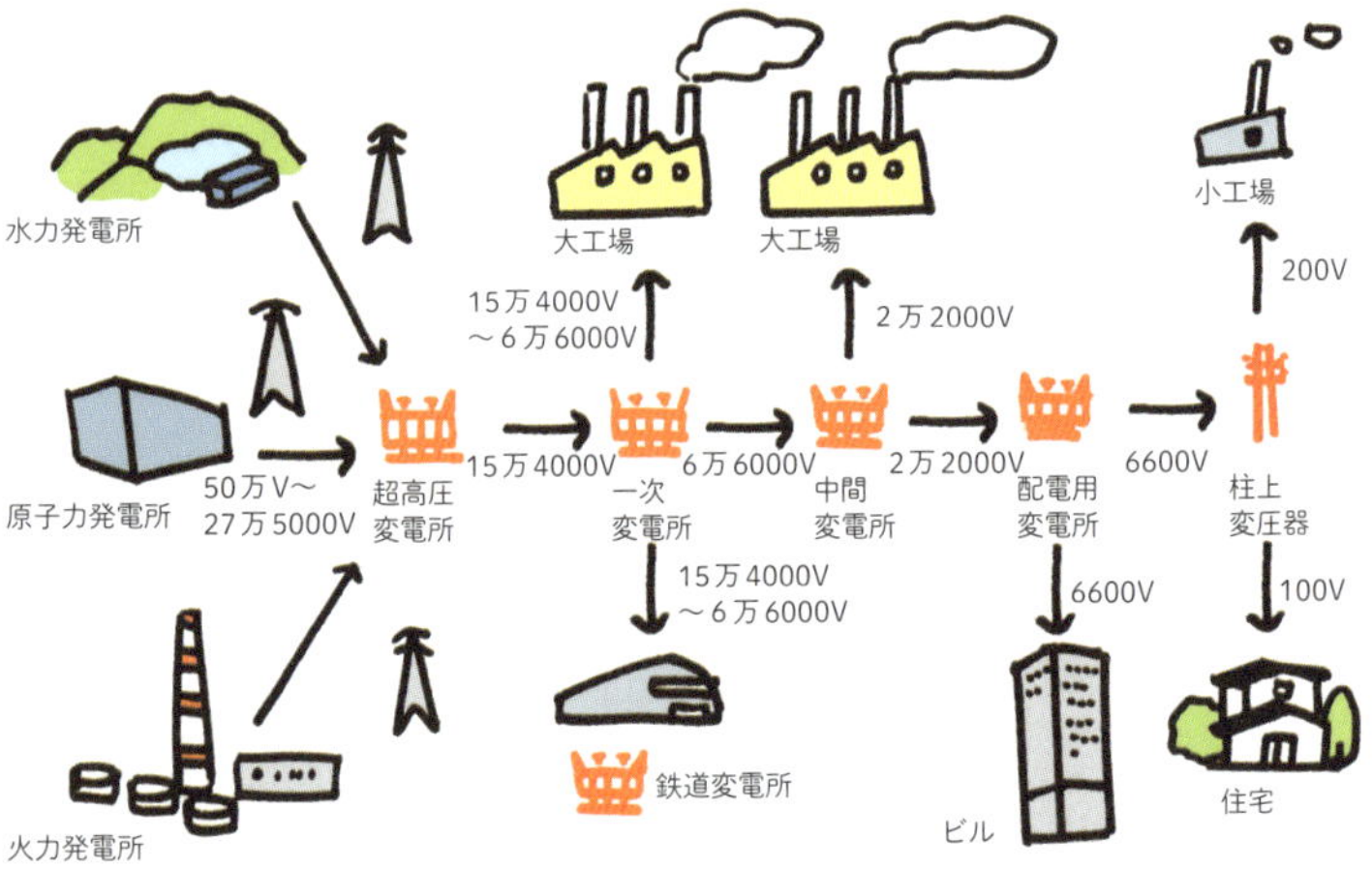

途中の各変電所で、15万4000ボルト→6万6000ボルト→6600ボルト→100ボルトのように電圧をどんどん下げています。

たとえば、6600ボルトで来たものを100ボルトにするには、「66：1」の割合でコイルを巻けばよいのです。

そもそも電力は軟磁性の鉄芯を使った発電機でつくられ、やはり軟磁性の鉄芯を使った各地の変電所でトランスにより変換され、私たちの家に送電線で送り届けられています。軟磁性の鉄芯がその仕事を果たしているのです。

5 モーターは二重の磁石でできている

永久磁石＋電磁石

鉄のような軟磁性材料の利用は、トランスだけでなくモーターでも行なわれています。モーターは外側の固定子「ステイター」、内側の回転子「ローター」という二つの部分から成っています。ローターとは「ローテイト」、つまり「回転する」という意味からつけられた名前で、その外部をステイター、つまり静止するものが取り囲んでいます。この

モーターは、

・電磁石＋鉄（軟磁性材料）

・永久磁石（硬磁性材料）

の二つをうまく組み合わせています。

まず外側のステイター部にはコイルを巻くことで、ステイターを電磁石にしています。そのコイルの中央部分には軟磁性の鉄芯が使われ、電磁石のパワーを最大限にしています。トランスで見た「$\mu_0(H+M)$」の式ですね。

さらに、内側のローターと呼ばれる回転部分には永久磁石が埋め込まれています。

ですから、モーターというのは、

・内側で回転するローター（硬磁性＝永久磁石）

・外側で固定されたステイター（軟磁性＝電磁石）

の「二重の磁石」でできているといえます。

どちらも磁界を発生させてくれる装置です。図3-5-1のモーターの場合は、内側にあるローターには永久磁石のS極、N極を互い違いになるように埋め込んであります。

ローター部分の磁石の取りつけ方にもいろいろな工夫があります。ハイブリッド車やエアコンなどに使われているモーターは、磁石が板状になっている平板磁石と呼ばれているものです。

ちなみに、動くおもちゃで使われている小型モーターはローターが電磁石、ステイターが永久磁石という構造になっています。

電磁石は外側のステイター部分にあります。ですから、このステイター部にコイルを巻き、電流を流すことで磁界をつくります。

3-5-1
「電磁石＋永久磁石」でモーターはできている

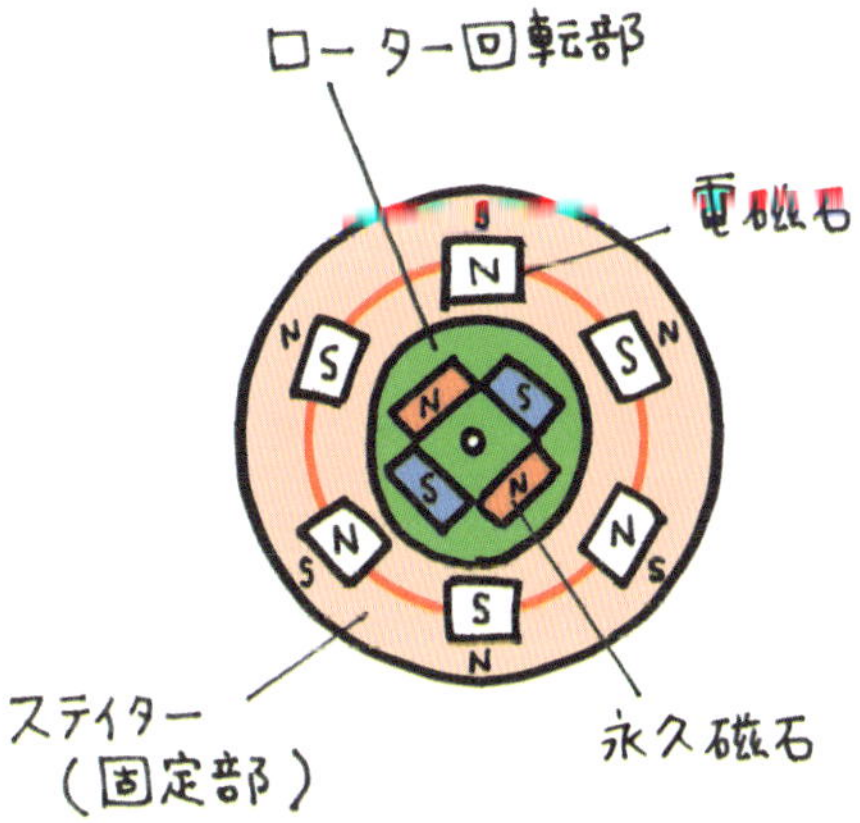

3-5-2 ハイブリッド車に使われる「平板磁石」

平板磁石IPMモーター

ローターの内部に電流を流すのはたいへんなので、永久磁石を埋め込んでおきます。外側で電流を流して、内側の永久磁石をクルクル回し、その中央につけたシャフトでタイヤを回して自動車を動かす、というわけです。

自動車メーカーでは、永久磁石を使わない誘導モーターの研究もしていますが、そうなると内部のローター部分も軟磁性材料にしてコイルを巻き、ブラシで電流を流さなくてはいけません。けれども、現在のこのような方式であればローター部分に電流を流す必要がありません。

結局、どちらのほうが効率がよく、しかも小型化ができるのか、という判断です。

4時間目

さまざまな磁性をうまく利用して使う

1 磁性の4タイプ
強磁性、常磁性、反強磁性、フェリ磁性

材料の内部を「磁性」という視点から見ていくと、「強磁性、常磁性、反強磁性、フェリ磁性」の4つがあります。また、内部に何ら磁性を持たず、外部の磁界からもまったく影響されない材料は一般的には「**非磁性体**」と呼ばれています。

「強磁性」の元は「交換相互作用」にある

最初はやはり、「**強磁性**」からご説明しましょう。強磁性の材料の特徴は、磁気モーメ

ントがきれいに同じ方向を向くことです。「鉄、ニッケル、コバルト」の三つが強磁性の材料だと何度も強調してきましたが、なぜ一方向を向くかというと、「原子が持つスピンが互いに平行になろう」とする力が働くためです。これを「**交換相互作用**」と呼んでいて、強磁性の材料では交換相互作用が強く働き、同一方向に磁気モーメントが並ぶ結果、非常に高い磁化を生み出すのです。

4-1-1 磁性の種類は4つに分けられる

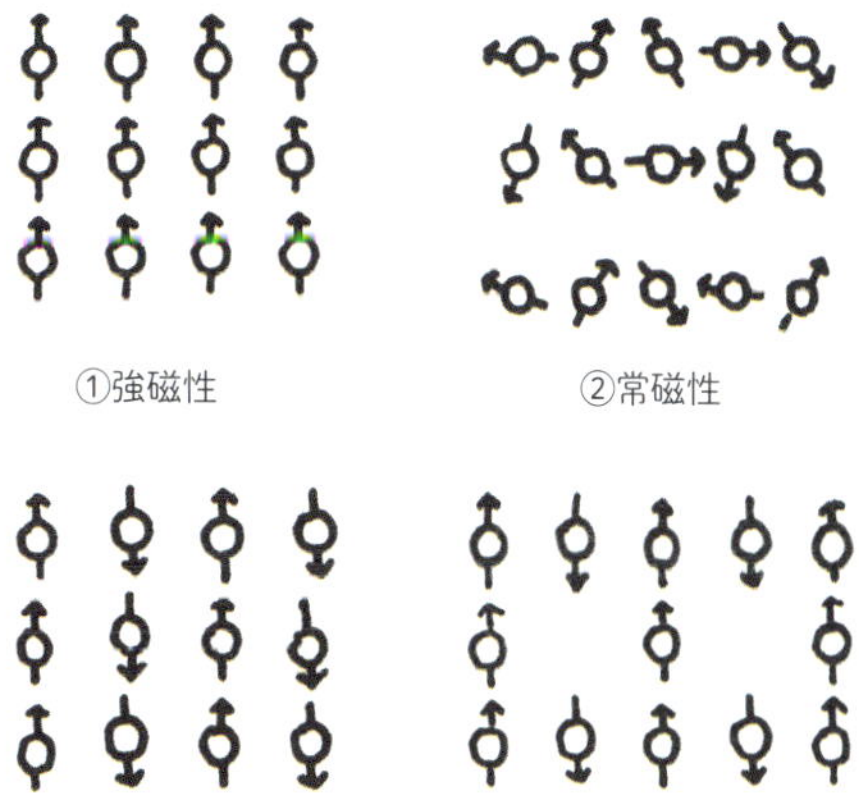

①強磁性　②常磁性　③反強磁性　④フェリ磁性

——「鉄、ニッケル、コバルトが強磁性」ということでしたが、この三者にも強さの差はあるのですか。

もちろんです。強磁性金属の磁化の強さを数字で表わすと、次ページの表4-1-2のようになります。

鉄が圧倒的に強く、コバルトがそれに次いでいます。コバルトは価格が高いので、磁石として使うには鉄を含む合金で使うのが最適です。

4-1-2 鉄＞コバルト＞ニッケルの順で強磁性

	M_s（MA／m）	$\mu_0 M_s$（T）
鉄（Fe）	1.71	2.15
コバルト（Co）	1.44	1.81
ニッケル（Ni）	0.49	0.61

「常磁性」は向きがバラバラ

二つめの「常磁性」とはどんなものでしょうか。強磁性の場合、原子のスピンが同じ方向を向くような強い交換相互作用がはたらいていました。

しかし、この相互作用が小さく、しかもスピンが熱でバラバラに向くような場合、外部磁界に対するスピンの配向が非常に弱くなります。このような性質を「**常磁性**」と呼んでいます。

反強磁性とは？

三つめが、反強磁性です。これは「マンガン、クロム、イリジウムマンガン（合金）」などが該当し、「隣り合う原子の磁気モーメントが逆向きになる」という、非常におもしろい特徴を持っています。反強磁性体では隣り合う原子にスピンを反平行に配列させようとする「負の交換相互作用」が働くためです。常磁性では磁気モーメントがバラバラな方向を向く結果、磁化が打ち消し合ってゼロとなりました。反強磁性では隣り合う磁気モーメントの列が反対側を向く結果、すべて打ち消し合って磁化はゼロとなります。磁石にも当然ながら、くっつきません。

このように、常磁性と反強磁性の材料は性質は違いますが、生活感覚ではどちらも磁化されない材料であり、見た目は「非磁性体」として扱われています。

——反強磁性って、おもしろい性質ですね。でも、見た目は常磁性と同じく、磁石としては使えないわけですね。

そうですね、「反強磁性は磁石としては使えない」と思ってしまうでしょうね。実はそうでもないのですよ。反強磁性のこの風変わりな性質をうまく使いこなしているのがハードディスクドライブ（ＨＤＤ）のヘッドへの応用です。強磁性体と反強磁性体を重ね合わせることで、強磁性体の磁化の向きを固着できるという性質があり、それがＨＤＤに使われています。これはあとで見ることにしましょう。

鉄は軟磁性という弱点がありましたが、その性質をうまく利用したのがモーターやトランスでしたね。それと同様に、反強磁性も使いようなのです。

フェリ磁性——保磁力とは何ぞや？

最後は「**フェリ磁性**」です。フェライト磁石という磁石がありました。製鋼の工程で生まれる副産物を使えるので、非常に安価な磁石だといいましたが、そのフェライト磁石はまさにフェリ磁性です。磁化を持ち、結晶磁気異方性もソコソコに高いので、磁石になる十分な素質を持っています。なお、フェリ磁性は外部磁界がかかったときの磁化される挙動を見ている限り、強磁性と何ら区別できません。

フェリ磁性は反強磁性に似ていて、隣り合う列のスピンが逆になっています。けれども、反強磁性のように同数のスピンではないため、互いに打ち消し合っても全体としては磁界が出てきます。

フェライト磁石に使われている化合物や酸化物は、すべてフェリ磁性の材料です。たとえば、Fe_2O_3（鉄が2、酸素が3）という酸化物もフェリ磁性です。

ただ、フェリ磁性はいまも述べたように、お互いに打ち消し合う部分が大きく、このため外に対して高い磁化を得ることは困難です。

フェライト磁石が「最大エネルギー積で40Kジュール（／㎥）程度で低い」といった話をしましたが、もし、フェライト磁石の磁性がもう少しよくなれば非常に安価な磁石だけに、磁石の世界の地図を塗り変える可能性もあります。
現在は「安価で低性能なフェライト磁石、高価で高性能なネオジム磁石」で棲み分けています。

——たとえ性能が低くても、フェライト磁石の大きなものをつくればパワーアップし、ハイブリッド車の駆動モーターに使えませんか？ 価格も安いし。それならジスプロシウムの添加も不要ですよね。

4-1-3
ネオジム磁石（左）と
フェライト磁石（右）の吸引力

たしかにジスプロシウムは不要ですね。ただし、大きなことを忘れています。ネオジム磁石を使用する最大のメリットは、強力な磁石を使うことによって、モーターや発電機を「小型化できる」点です。
巨大なフェライト磁石をつ

くれば、モーターはつくれますが、磁石の体積が大きくなりモーターも大きく、重くなるだけです。車体からハミ出すようなモーターをつくったとして、そんなモーターに意味があるかどうか。その点を考えないといけませんね。

2 HDDは磁石の塊だ！

ミニ磁石がいっぱい詰まっているHDD

――この研修の最初に「たくさんの磁石がHDDに使われている」ということだったのですが、先ほどの「反強磁性」の性質がHDDに使われていると聞いて興味を持ちました。どのように使われているのですか？

そうですね。反強磁性というのは、「隣り合ったスピンが逆を向く」もので、結果的に磁化はゼロとなります。ですから「役に立たなそう……」という印象のある材料です。マンガン、クロム、イリジウムマンガンなどが反強磁性の代表的な材料だといいました。

この反強磁性の材料が大活躍するのが、HDDの世界です。

4-2-1 HDDには磁石がいっぱい

上図の①の部分はプラッタと呼ばれる円形の磁気ディスクで、10ナノメートル（nm＝10^{-9}m）程度の柱状のナノ磁石がディスク表面にぎっしりと詰まっています。この磁石はCo－Cr－Pt（コバルト・銅・白金）の合金でできていて、磁化は面に垂直方向で、上か下に向いています。この磁化の上下でデジタル信号の0と1を記録しています。

②がヘッド部（磁気ヘッド）で、ディスク部分が高速回転しているとき、ヘッドがデータをディスクに書き込んだり、ディスクからデータを読み込んだりします。これを数ナノ

メートルのサイズの素子を使って、数ナノメートルの磁石に読み・書き・再生をさせるわけですから、まさに神業です。

③の丸い部分。ディスクの真ん中にありますが、これが**スピンドルモーター**と呼ばれ、ここにネオジム磁石が使われています。ただし、このネオジム磁石はボンド型の磁石（ネオジムボンド磁石）であり、比較的性能の低いもので十分です。ボンド磁石は磁石粉をプラスチックと混ぜ合わせて固化したものです。

ヘッドの位置決めをしているのが④のアクチュエーターで、ここには高性能な正真正銘のネオジム磁石（焼結法）が使われています。

図4-2-2はヘッドの先端部を拡大したもので、「**面内記録方式**（水平記録）」と呼ばれる磁気記録方式の例です。ヘッド部にはリングとコイル（ミクロの電磁石）があり、そのコイルに電流をか

4-2-2 面内記録方式の構造

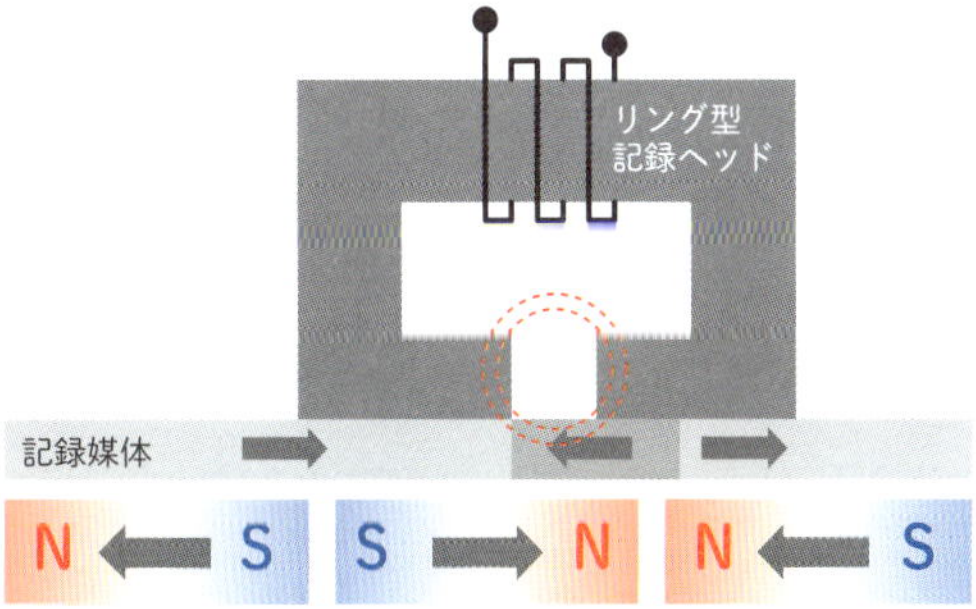

けることで、高速回転しているディスク上にある非常に小さな磁石（ナノ磁石）に磁界をあて、「NSNN……」のように極性を書き込んでいきます。それをコンピュータが「0・1」信号として受け取るわけです。それが書き込みヘッドの仕事です。

データを読み取る場合はどうしているのでしょう？　データを書き込まれたナノ磁石は、ディスク上で高速回転しています。この回転によって磁界が発生し、漏れ出てくる「NSNN……」という磁化信号をセンサーがキャッチし、それを電圧に変えます。実は、この再生ヘッドのセンサー役として、先ほど質問のあった反強磁性のイリジウムマンガン合金が使われているのです。

GMRヘッドに「反強磁性」を活用

さて、この面内記録方式では膜の上に微小な磁石がついていて、水平方向に「NSNN……」と書き込んでいたのですが、徐々に記録密度も伸び悩んでいました。

そこで2005年、東芝が世界に先がけて「面内記録方式」に替わる「**垂直磁気記録方式**」を採用したことで、その後、一気にこの垂直方式が普及しました。垂直磁気記録方式は岩崎俊一（現、東北工業大学理事長）氏が1977年に提案したものですから、実用化までにほぼ30年かかったことになります。

4-2-3 垂直磁気記録方式の構造

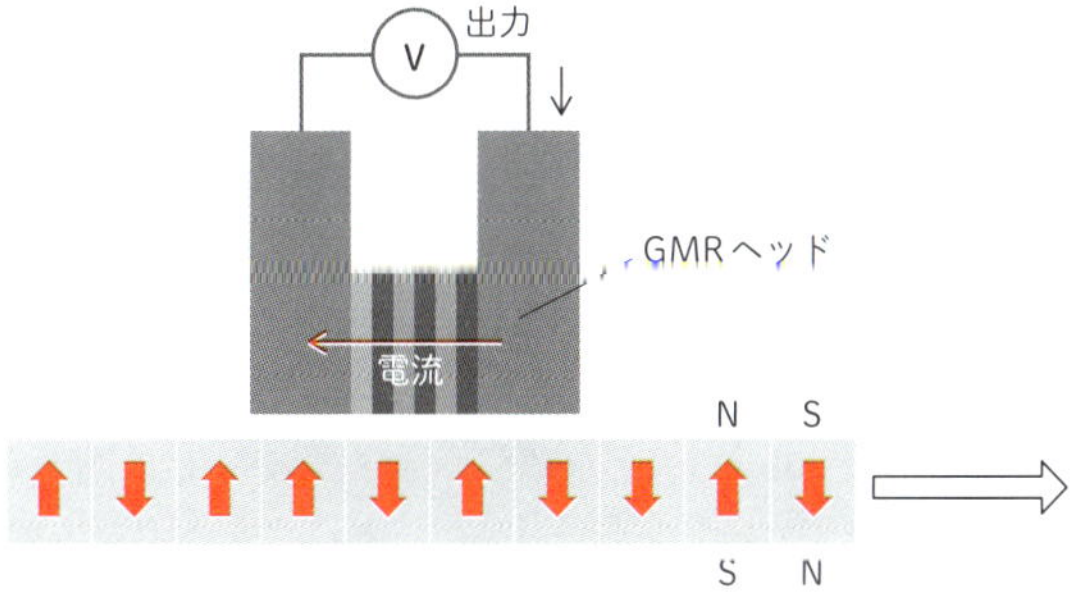

いま説明した面内記録方式には、一つの弱点がありました。記録密度を上げるために磁石の間隔を狭めていこうとすると、隣り合った磁石同士の間に反発力がはたらき、それによって磁力も弱まる、というものです。しかし、垂直磁気記録方式ではその心配がなく、安定してHDDの大容量化を進めることができます。

その垂直磁気方式で「センサー」として使われたのが、**GMRヘッド（巨大磁気抵抗ヘッド）**で、その再生ヘッドに反強磁性の材料が使われています。このGMRヘッドは、微弱な磁界を巨大な磁界（Giant）に変換して検出するという仕事をし、そのことで高性能で感度の高いセンサー素子として利用することができます（図4－2－3）。

GMRヘッドの発見はアルベール・フェール（仏）、ペーター・グリュンベルク（独）の二人による業績で、2007年にはノーベル物理学賞を受賞しています。ノーベル賞の受賞理由として、GMRヘッドがHDD

の大容量化に貢献したことだとありましたが、HDDをここまで発展させるにはネオジム磁石の存在なしにはとうてい不可能であったことも強調しておきたいですね。

垂直磁気記録が実用化された当時の磁気記録密度は1平方インチあたり150ギガビット程度でしたが、現在は800ギガビット程度にまで伸びています。このような高密度磁気記録にはGMRヘッドにかわり、トンネル磁気抵抗素子（TMR）が使われています。

反強磁性を利用したスピンバルブ

――面内方式にも、垂直方式にも、再生ヘッドに「反強磁性」が使われているということでしたが、具体的にどう使われているのですか？

そうですね、ではGMR再生ヘッドの**スピンバルブ**という素子で少し説明しておきましょう。

スピンバルブは、「反強磁性」の層（図4-2-4の①）を土台にして、その上に「強磁性・非磁性・強磁性」のサンドイッチ組織を一つにした4層構造のものです。

二つの強磁性の層が平行になると、電子が簡単に行き来できるので、電気抵抗がストンと落ちます。つまり、「磁界が変わると、電気抵抗が変わる」わけで、それがセンサーの役目を果たします。

ここで、二つの強磁性の層のうち、一つの層の磁界は常に一方向で固定している必要があります。

図4-2-4の4層構造を見てみると、下から順番に、「①反強磁性（土台）、②強磁性、③非磁性（銅）、④強磁性」の4層サンドイッチ構造をつくっています。

センサーとして使うときには、いちばん上にある④の強磁性体の磁化の向きだけが変わ

4-2-4 スピンバルブの4層構造

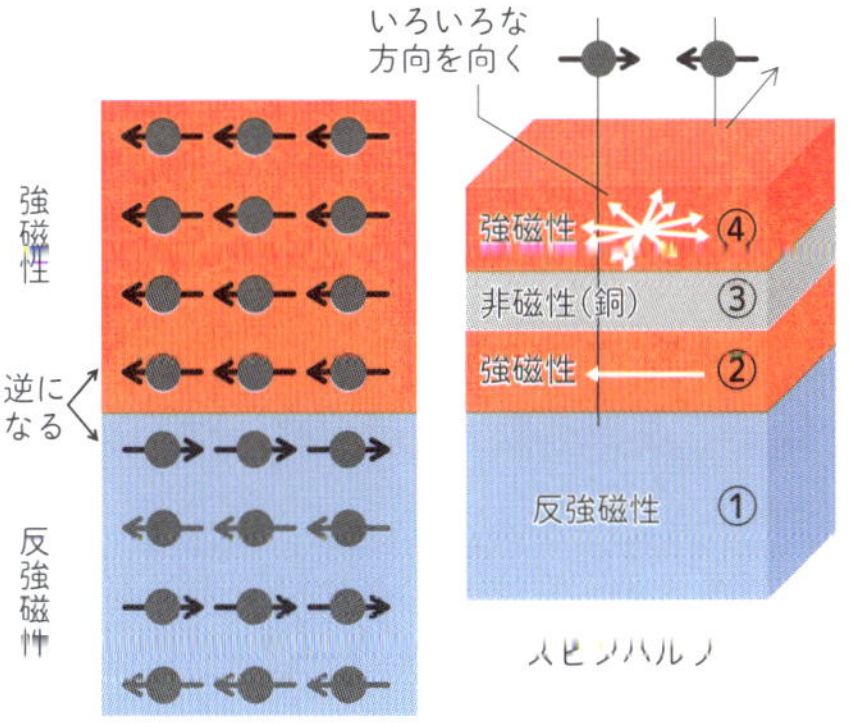

4-2-5
異なる方向で抵抗が高まり、同方向で抵抗が下がる

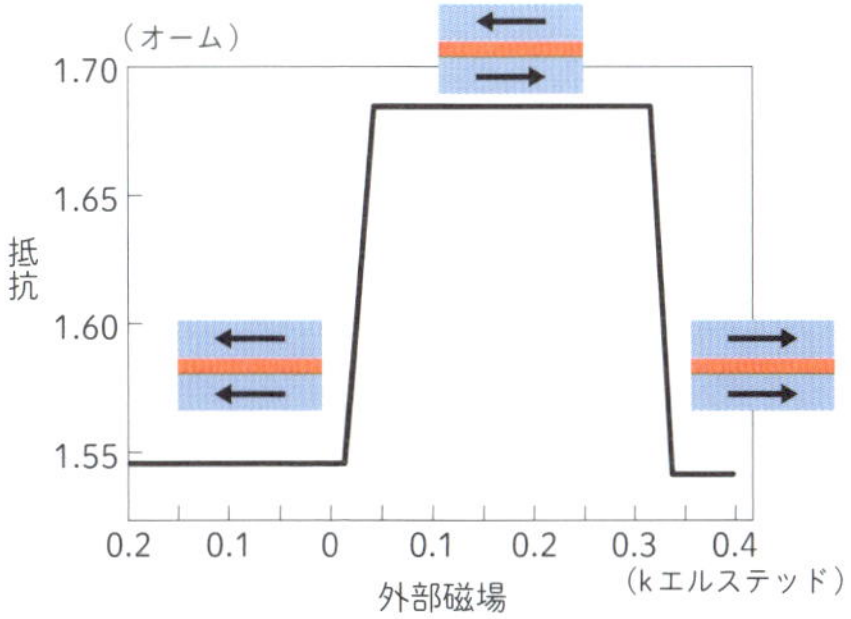

ります。自由に変わるので、フリー層と呼んでいます。というのは、外部から磁界をかけて、磁化の向きを自由に変えたいためです。

一方、②の強磁性体の磁化はしっかりと固定し、一方向に向いてもらいます。ピン止めしたように止まっているので、ピン層とも呼んでいます。

では、どうすれば②の強磁性体を一方向に「固定」しておけるでしょうか。つまり、大きな磁界が外からかかっても磁化の向きを変わらないようにするには、どうしたらよいかということです。

そのために、②の土台として、①に反強磁性体を使うのです。反強磁性体は、きれいに逆向きに並んでいる性質がありました。最後の層が図4-2-4の左図のように右方向を向いているとすれば、その上の強磁性体は左に向いているはずです。そうすると、強磁性層の磁化はすべて同じ方向を向こうとしますので、下に反強磁性の層があるために、強磁性体の方向を固定することができます。

このように、「**強磁性の磁性の向きを固定する役目**」を反強磁性層が果たしているのです。

さまざまな材料の中には「使えない！」と思ってしまう性質のものもありますが、このようにうまくその性質を利用すると、その材料を活かすことができます。

3

1・5ミリの隙間を滑空するジェット機？

ディスク面の構造を見てみる

ざっとHDDのディスク面などを見てきたので、次に電子顕微鏡で円板状のディスクがどのような層でできているかを見てみましょう。1枚目の画像（図4-3-1）はディスクを上から平面的に見たもので、コバルト合金の粒子が見えます。1個の粒子サイズは6ナノメートル程度です。

4-3-1 ディスクの平面画像

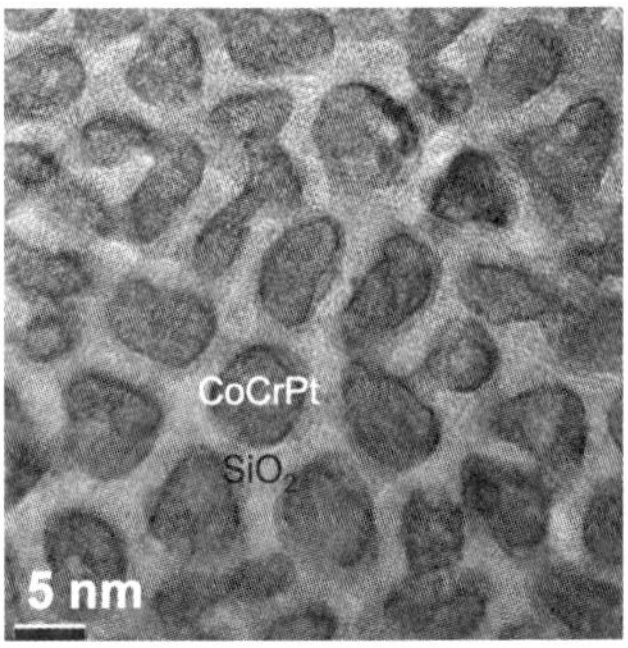

コバルト合金の粒子（6nm程度）が見える

4-3-2 ディスクの断面画像

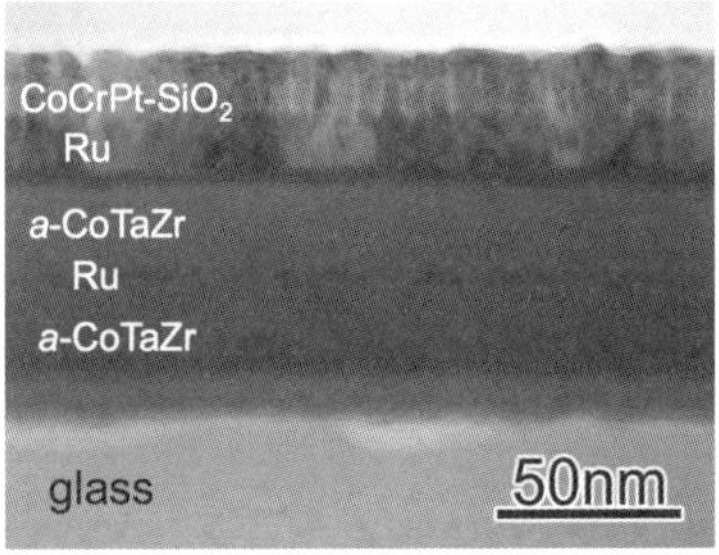

アモルファスの「Co-Ta-Zr」の上にルテニウムRuの縦長の板状構造を利用して「Co-Cr-Pt」合金を板面に平行に積層し、結果として結晶容易軸がディスク面に垂直になる

2枚目の画像（図4-3-2）がディスクの断面図で、軟磁性材料の層の上に磁石であるコバルト合金のナノ粒子を酸化物で分断して成長させます。

2・5インチのHDDの場合、ガラス基板の上にアモルファスの薄いタンタル層をつけ、その上にルテニウム（Ru＝原子番号44）の層を27ナノメートル程度の厚みで積んでいます。

――ルテニウムという元素をつける理由は何でしょうか？

いい質問ですね。ルテニウムは少し縦長の構造（HCP構造）を持っています。このため、原子が細密に詰まった面がルテニウムの板面に平行になるように成長する性

4-3-3 ネオジム磁石によって「5nm」の精度が保たれている

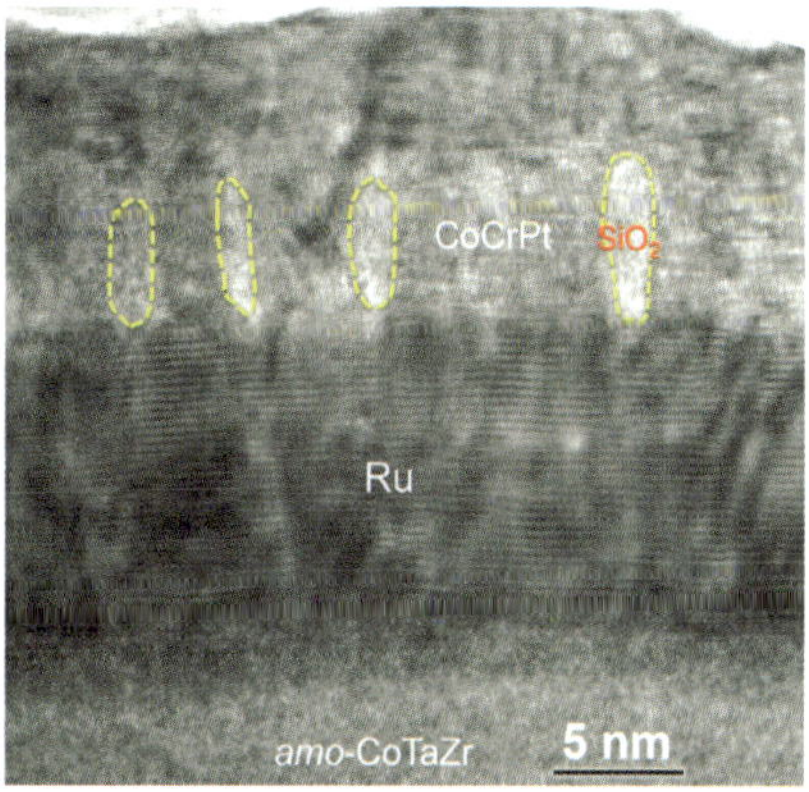

質があります。そうすると、その上に積まれるCo－Cr－Pt（コバルト、クロム、白金）の合金の細密面も板面に平行に成長し、縦長のHCP構造の結晶磁化容易軸がディスクの面に垂直になります。少し複雑な話だったかもしれませんが、結論からいうと、「ディスク面に対して磁化が垂直に向くようになる」ということです。

ルテニウムは、白金と同様に非常に高価な貴金属です。現在の磁気記録媒体のルテニウム層厚は20ナノメートル程度ありますので、かなりの消費量です。このルテニウム層を安価な元素に変えるのも、希少金属の使用量を減らす重要な研究です。

このようにハードディスクでは、ナノスケールでさまざまな層を制御しています。

3枚目の画像（図4－3－3）は2枚目の画像をさらに高分解の電子顕微鏡で見たもので、これで5ナノメートルサイズです。

さて、そのすぐ上を磁気ヘッドが飛んで、データを読み書きしています。このディスク

4-3-4
ヘッドとディスクとの空きは、ジャンボジェット機が1.5ミリ間隔で滑走路を飛んでいるようなもの

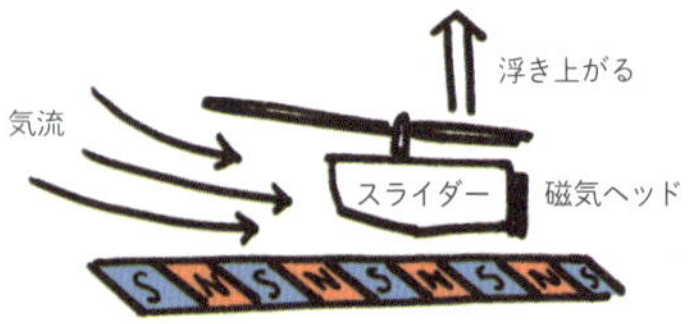

ディスクの高速回転で空気の流れをつくり、磁気ヘッドを浮き上がらせる「神業」を成し遂げている

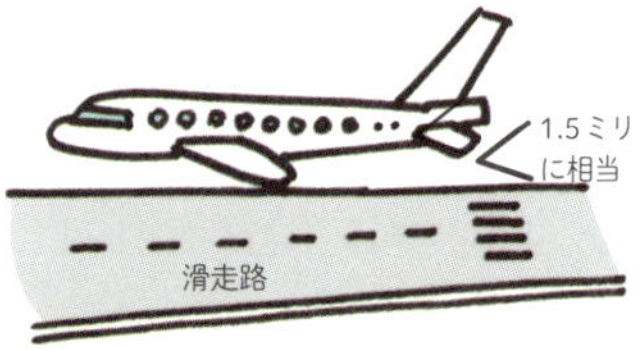

HDDの神業をジャンボジェット機にたとえると、滑走路との間隔を1.5ミリで飛ぶことに相当する

とヘッドとの間隔、いわば隙間はどのくらいあると思いますか。

ジャンボジェット機と成田空港の関係で表わすと、1・5ミリという驚異の薄さに相当します。ヘッドを少しでも狂わないよう精密に動かすためにもネオジム磁石が役だっています。

驚異のフライングヘッド

――ネオジム磁石による正確なコントロールは別として、1・5ミリというのは、何のことを指しているのでしょうか?

HDDというのは、ヘッドがディスクの上を飛びながら書き込み、読み込みをして

いるわけですが、これが驚異的な技術なのです。よくたとえに使われるのがジャンボジェット機の例です。

ヘッドというのは、いわばディスクの上を飛んでいます。このため、別名**フライングヘッド**と呼ばれています。このフライングヘッドから磁界が発生して、ディスク上のナノ磁石をSN、NSに書き換えています。磁石から漏れる磁場を再生ヘッドの磁気センサーで電圧に変換して読み取っているわけです。

そして、ディスクとヘッドの関係をボーイング747（ヘッド）と成田空港（ディスク）にたとえると、ジェット機が滑走路との間をわずか1・5ミリの超スレスレで飛んでいることになります。

ディスク表面がいかに平坦でないといけないか。滑走路のアスファルトの表面は実際には凹凸がありますが、1・5ミリの間隔ではそんなことは許されません。石ころ1個落ちていても、ヘッドがクラッシュすることになります。その意味では、HDDで使われているナノテクノロジーを結集した技術は驚きです。

Column

磁石との関わりは？

――休憩時間に入ったので、ちょっと個人的なことをお聞きしたいのですが、先生はなぜ磁石に興味を持たれたのですか？

元を正せば、音楽好きが高じてテープレコーダーの磁気にも関心を持ったのが、私の磁石研究への出発点です。磁気テープには酸化物の粒子が塗布されています。

中学の頃から音楽が好きだったので、オーディオ製品に興味を持っていました。当時、カセットテープレコーダー全盛の時代でしたが、ノーマルテープよりもハイポジテープがよいとか、メタルテープを使うと原音に忠実だといった広告や雑誌の記事を読んでいました。

ノーマルテープには酸化鉄の磁性粉が使われ、ハイポジにはクロムの磁性粉（後にコバルト）、メタルには酸化していない（磁化の高い）鉄粉が使用されていました。

TDKの製品の広告には「磁化曲線」と呼ばれるグラフが描いてあって、テープの上に微細な酸化物の強磁性体を並べた写真があり、私はそういうものを見ながら育ったのです。これが磁性材料に初めて興味を持ったきっかけで、大学では、通信工学を志すために東北大学を選びましたが、インフルエンザの高熱に浮かされながら受けた入試の成績がイマイチで、なんと金属系の専攻に振り分けられてしまいました。

「まあ、金属でも有名だから、いいかっ」ていう感覚で入学し、材料の授業を取っているうちに、「材料もおもしろいやん」というわけで、材料の勉強に励んだわけです。ところが、4年生の研究室配属のときに、興味のあった磁性材料の研究室は人気が高く、配属はくじ引きになるというのです。しかも外れた場合、当時まったく興味のない化学系の研究室に回ることになっていました。『化学は絶対あかん』ということで、クジに運を委ねる勇気がありませんでした。

もう一つ、その研究室を諦めた隠れた理由があります。研究室に入った学生はどこかの女子大学から合コンの話を持ってこなければいけないという伝統があり、「それは絶対ムリ」と思って諦めました。

そこで、基礎を勉強しておけば、将来つぶしがきくだろうと思い、金属物理系の研究室に進むことにし、そのまま大学院にも上がって磁石には関係のない研究をしていたのですが、ずっと磁性材料には興味を持っていました。

アトムプローブとの出会い

大学院に進んでから、偶然、アトムプローブという装置を使って金属を原子レベルで解析するという、当時としては目新しい分野を手がける機会を得ました。その頃、アトムプローブは世界でも3台程度しかなく、いつかは自分でもその装置をつくりたいと考えていました。ただ、つくるといっても当時でさえ億単位の研究費が必要です。

そんなとき、うまい話が舞い込んできました。東京大学・物性研究所の桜井利夫という先生が私をペンシルベニア州立大学（通称、ペン・ステイト）に行けるよう、手配してくれたのです。

アトムプローブは1968年にペン・ステイトのE・ミュラー教授によって発明されたもので、ペン・ステイトはアトムプローブ生誕の地です。発明当時は個々の原子の飛行時間をオシロスコープで計測していたので、文字通り「原子探査（アトムプローブ）」といった装置でした。桜井利夫先生はペン・ステイトで学位をとり、日本の物性研究所（東京大学）に戻ってこられていた方で、ご自身でもアトムプローブをつくられ、専門の表面科学の研究に使われていたのです。

磁性研究に没頭！

ペン・ステイトに留学してからは、アトムプローブで金属材料のナノスケール解析に毎日没頭し、その後、カーネギーメロン大学に移ったところ、ちょうど同大学では磁性材料センターで、磁気記録に関する研究が進んでいました。そこで私もようやく磁性材料の研究をスタートさせることができたというわけです。岩崎俊一先生が提唱された垂直磁気記録の研究が盛んになっていた頃でもあり、コバルト・クロムの磁気記録媒体の解析研究も始めました。コバルト・クロムはハードディスクの記録層ディスクに使われている材料です。

当時、アメリカでは日本の磁気記録研究が注目されていて、日本の磁気関係企業の研究者のセミナーが開かれたり、日本語の磁気記録関係の論文が英訳されたりしていました。アメリカの研究者が日本の研究の情報を真剣に収集していた時代です。

この研究では電子顕微鏡を使い、プロセス条件によって大きく変わる磁気記録媒体の微細構造を観察していました。同じ材料であっても、プロセスを変えることで磁気媒体の特性が大きく変わります。こうして、微細構造と磁気特性の関係を調べあげ、特性を向上させるにはどうすればいいか――というおもしろいテーマに日夜没頭していました。磁性材料の研究は非常に楽しかったですね。

日本へは東北大学の金属材料研究所の助手として採用されて戻ってきました。実は、私をペン・ステイトに紹介してくれた桜井先生が東北大学の金属材料研究所の教授として移られていて、私を呼び戻したのです。

金属材料研究所に移ってからの私の最初の仕事は、アトムプローブを立ち上げること。何もないところにアトムプローブをつくり、それを使って金属材料の研究をしようと心に決めていたからです。休憩時間もそろそろ終わりなので、アトムプローブについては、またあとでじっくり見ることにしましょう。

5時間目

究極のネオジム磁石づくりに挑戦する！

ネオジム磁石をつくるには「隠されたレシピ」があった？

——「ジスプロシウムを使わないネオジム磁石」の開発競争が鎬《しのぎ》を削っていて、その話をしていただけるので期待していますが、その前に「これまでのネオジム磁石のつくり方」そのものを教えていただけませんか。

配合通りでは、ネオジム磁石はつくれない？

5-1-1 組成は$(Nd_2Fe_{14}B)$で間違いなし、のはずだが……

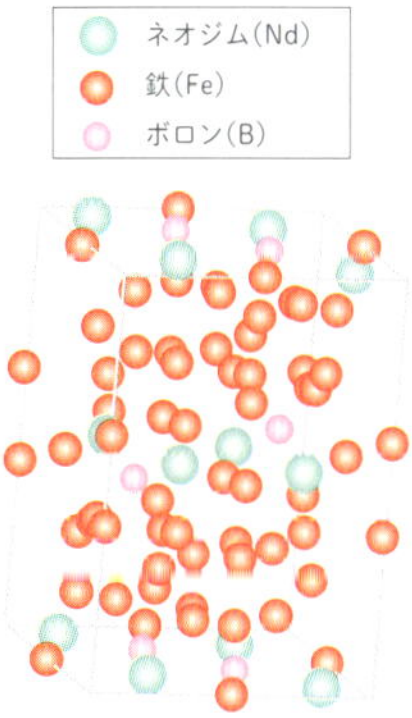

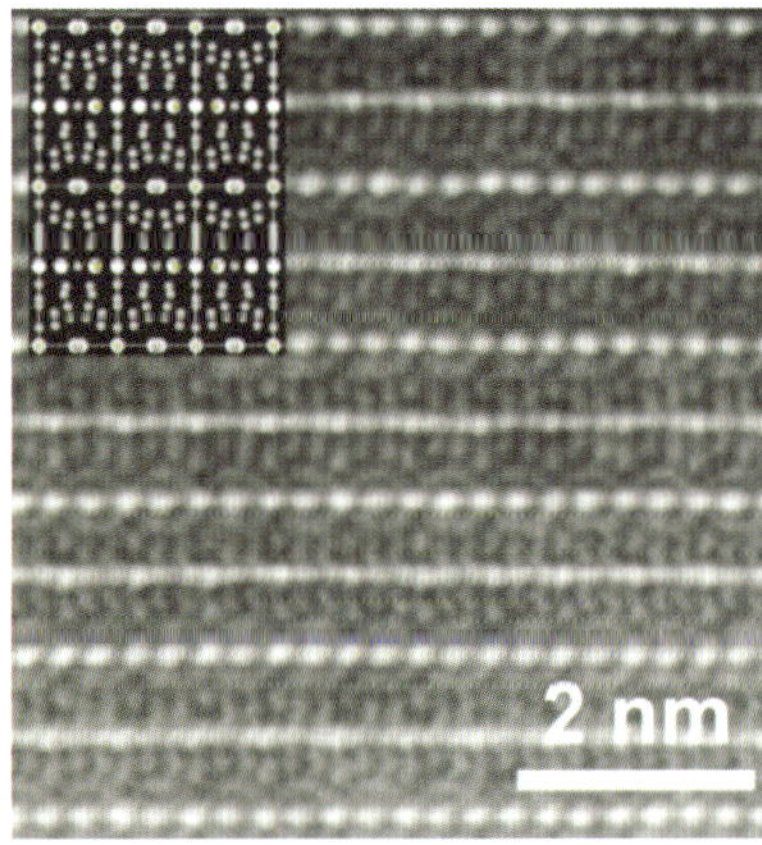

前にざっと、焼結法などの話はしましたが、ネオジム磁石そのもののつくり方についてお話しすることにしましょう。

ネオジム磁石には、磁化の向きが一方向に揃った「異方性磁石」と、どの向きから使っても同じように使える「等方性磁石」の2種類があります。ハイブリッド車のエンジンなど、高い特性を必要とする磁石はもっぱら異方性磁石で、その代表である焼結法によるネオジム磁石の主成分は、何度も説明してきた「ネオジム2・鉄14・ボロン1」$(Nd_2Fe_{14}B)$という割合の化合物です。

ところが……、です。この成分組成で材料を混ぜ、溶かして合金をつくっても、保磁力はまったく出ません。保磁力ゼロです。だから磁石にはなりません。おかしな話ですね、ネオジム磁石の化合物の成分通りにつくっているのに、磁石にならないというのは……。どう思いますか？

――何か、それ以外の「隠し味」があるのではないですか？　金や銀を入れるとか。

いや、たしかに、史上最強のネオジム磁石を構成する化合物の組成そのものは、「ネオジム2・鉄14・ボロン1」で間違いありません。その化合物の構造を前ページ図5－1－1に示しておきます。

単位となるのは「正方晶」と呼ばれる結晶で、その中に72個の原子が含まれています。底面に「ネオジムNd、鉄Fe、ボロンB」を含む原子層があり、その次におおまかにいうと3層の鉄Feだけで構成される層があります。その上にまたネオジムNd、ボロンB、鉄Feを含む層があり、これが周期的に積層していきます。

この単位結晶中の原子比が「ネオジム：鉄：ボロン＝2：14：1」になっています。この組成の合金を溶かして固めると、合金すべてが$Nd_2Fe_{14}B$という化合物で構成されることになります。ところが、不思議なことに、これでは保磁力がゼロになってしまうという話なのです。

電子顕微鏡で「保磁力の出ない原因」を探る

この保磁力をどうやって出すか、それが磁石づくりのおもしろいところです。

焼結磁石に衝撃を与えて破断させた面を走査型電子顕微鏡（SEM＝Scanning Electron

5-1-2 走査型電子顕微鏡で見た（$Nd_2Fe_{14}B$）

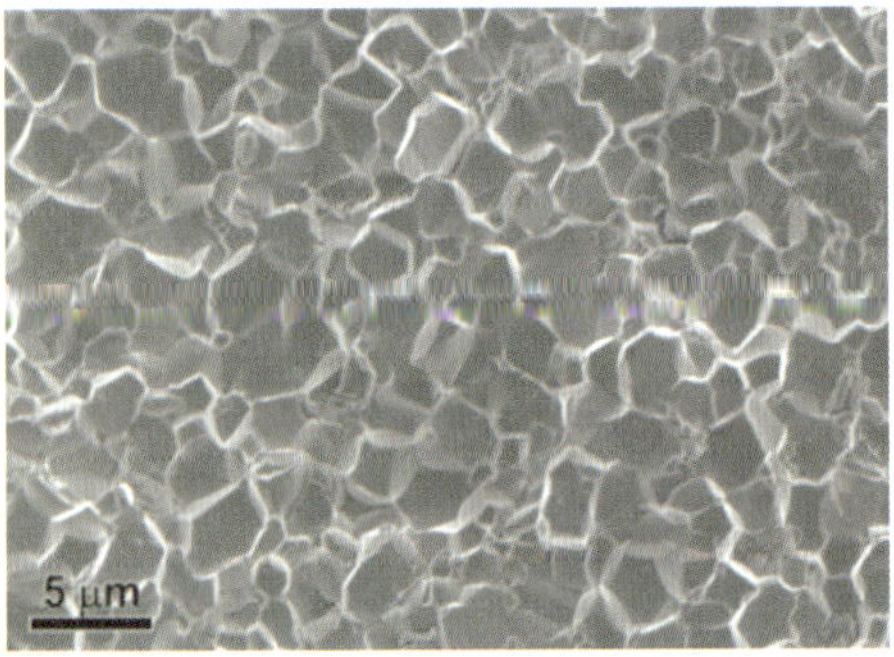

5-1-3「結晶粒界」の相にこそ、
ネオジム磁石の秘密が隠されていた

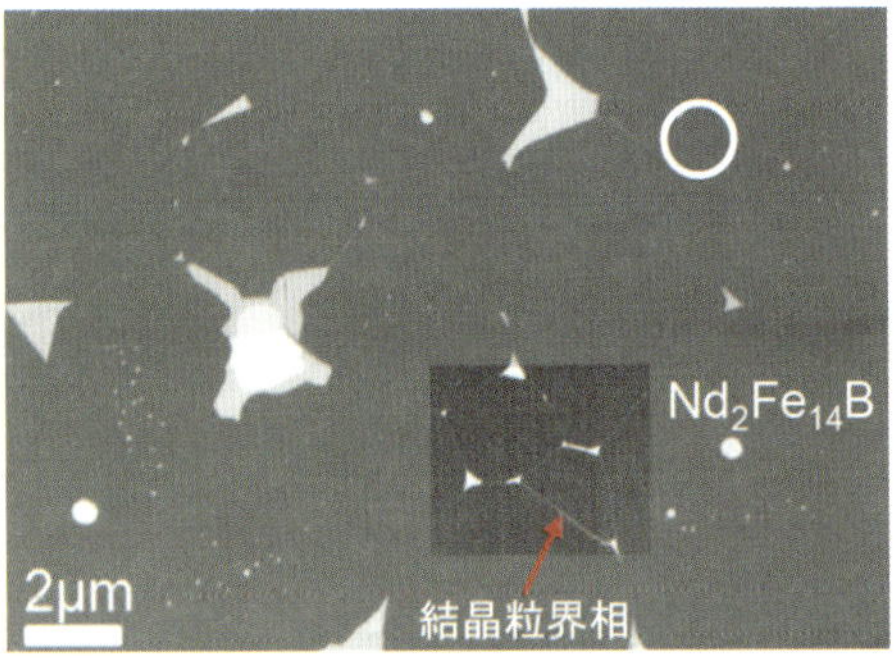

Microscope）で見た像が図5－1－2です。表面に粒子が見えますね。これは焼結磁石が無数のミクロサイズの結晶からできていることを示しています。このような微細な結晶を固めてつくることによって、初めて保磁力が出てきます。では結晶と結晶の間はどのようになっているのでしょうか。

図5－1－3の画像は、先ほどの破断面を平坦に研磨して、原子組成に敏感な像が得られる走査型電子顕微鏡（SEM）で観察した像です。画像のグレーの部分は「ネオジム2・鉄14・ボロン1」（$Nd_2Fe_{14}B$）化合物の結晶です。グレー部分の$Nd_2Fe_{14}B$の結晶と結晶を隔てる界面（境界面）のことを「**結晶粒《りゅう》界**」と呼んでいます。

この画像の一部分のコントラストを強調してみたところ、結晶粒界に沿って非常に明るく見える薄い層があることがわかります。つまり、この粒界に沿ってネオジム（Nd）濃度が少し高くなっているのです。このように、「ネオジム濃度の高い結晶粒界ができることで、初めて保磁力が出てくる」ということがいえます。

結晶粒は多面体の形態になっています。このため、それら結晶で空間を埋めようとすると、必ず隙間ができますね。これを「**結晶の3重点**」と呼んでいます。このような3重点では明るく見える相が観察され、その中にもさらに明るく見えている部分、少し暗い部分があるのがわかります。

レシピにはない「ネオジム－リッチ相」の秘密

――「明るく見える部分」、というのが怪しいですね。

その通りです。明るく見えるということは、これらの領域でネオジム濃度が高い（リッチ）ということです。このことから、これらは「**ネオジム－リッチ相**」と呼ばれてきました。何だか、いいかげんな呼び方ですが、それらの正体がよくわからなかったので、そのように呼びはじめたわけです。現在はこれらのネオジム－リッチ相には金属のネオジム（Nd）だけでなく、ネオジムの酸化物、ネオジムの硼化物《ほうかぶつ》で構成されていることがはっきりわかってきています。硼化物とは、ホウ素（ボロン）との化合物のことです。

結論からいうと、いくらレシピ通りに「$Nd_2Fe_{14}B$」でネオジム磁石をつくっても、保磁力がゼロなので、磁石にはなりません。では保磁力を上げるにはどうするか――実は、このネオジム－リッチ相こそ、ネオジム磁石に保磁力をもたらす源泉だったのです。それは私たちの研究から明らかになってきました。

ネオジム－リッチ相はグレー部分よりもネオジムの量が多いのですから、ネオジム磁石を焼結法でつくるときには、本来のネオジムの分量（$Nd_2Fe_{14}B$）よりも「少し多めにネオジムを入れておく」必要がある、ということです。「$Nd_2Fe_{14}B$」の配合通りでは、結晶粒界にネオジム-リッチ相が形成されないので強い磁石にはなり得ません。

「ネオジム２・鉄14・ボロン１」を単純に百分比で表わすと、「ネオジム12％、鉄82％、ボロン６％（合計で１００％）」程度になります。そこで、ネオジム量を少し増やして、

①ネオジム12％、鉄82％、ボロン６％

↓

②ネオジム14・5％、鉄77％、ボロン６％

の割合にします。ネオジム濃度を上げた分、鉄の濃度を少し落としておきます。全体では2・5％ほど不足していますが、それは微量の「アルミ、銅」を加えるためです。私たちがよくいっている「鼻薬《はなぐすり》」で、それこそ「隠されたレシピ」だったのです。

ネオジムは酸化されやすいので、意図的に加える元素の他に酸素も入っています。また磁場中で結晶が配向しやすいように炭素も潤滑剤として加えています。

磁化の方向を揃える

5-1-4 ジェットミルで窒素を混ぜながら撹拌粉砕

5-1-5 小さな白っぽい部分が「ネオジム-リッチ相」

こうして、まずは②の組成で合金（インゴット）をつくります。そうすると、この合金のネオジム比率は①のネオジム比率よりも過剰ですから、「ネオジム2・鉄14・ボロン1」（$Nd_2Fe_{14}B$）の濃度の相から弾き出された「ネオジム-リッチ相」が結晶粒界や3重点などの隙間に流れ込んできます。

この②の合金に水素を吸わせます。すると体積が増えるだけでなく、合金の塊はボロボロの粉に変わり果てます。そしてある程度まで小さくなったものをジェットミル（図5-1-4）という装置に入れ、高速回転している窒素のジェット中に入れて、さらに粉砕するのです。すると非常に微細な粉ができます。このとき問題になってくるのが、酸素も混じることです。この点はあとで話しますので、ちょっと覚えていてくださいね。

図5－1－5の画像はその微粉を走査型電子顕微鏡（SEM）で見たものです。薄いグレーになっている部分が、「ネオジム2・鉄14・ボロン1」（$Nd_2Fe_{14}B$）の組成で、白く小さく見えているのが過剰なネオジムによってできた「ネオジム－リッチ相」の部分です。

この段階では、まだ外部から磁界をかけていないため、図5－1－6のように磁化の方向はバラバラ（等方性）です。そこでこの粉に対して外部から電磁石を使って大きな磁界をかけて粉を固めると、②のように磁性が一方向に向き、大きな磁化を発揮します。

「ネオジム2・鉄14・ボロン1」（$Nd_2Fe_{14}B$）の結晶は先ほどお見せしたように正方晶の構造を持っています。自然においた状態ではこの結晶の長手方向に磁化が向きやすくなります。つまり、結晶に外部から磁界をかけると、この自発磁化が磁界に平行になるように結晶は向くわけです。

このように、材料には磁化しやすい方向があって、それが磁化容易軸です。このことは前にも少し説明しましたね。

そして、このように外部から大きな磁界をかけて磁界の方向を揃えたものが異方性磁石です。磁石から大きな磁気エネルギーを得ようとするならば、このように結晶の方向を配向させた異方性磁石をつくる必要があります。

図5－1－6の①のような方向の揃わない磁石を磁化曲線で表わすと、しっかり立った曲線ではなく、ヨコに寝た形のダラダラした曲線（ヨコ幅の広い曲線）になります。タテ

軸方向に短いので、残留磁化（Mr）も上がりません。これが等方性磁石の磁化曲線です。

高性能な磁石にするには残留磁化の高さ（Mr）が必須ですが、この段階で外部から磁界を加えて粉を固めると、②のようにそれぞれの結晶の磁界が一方向に向き、大きな磁化を発揮します。

5-1-6 異方性と等方性

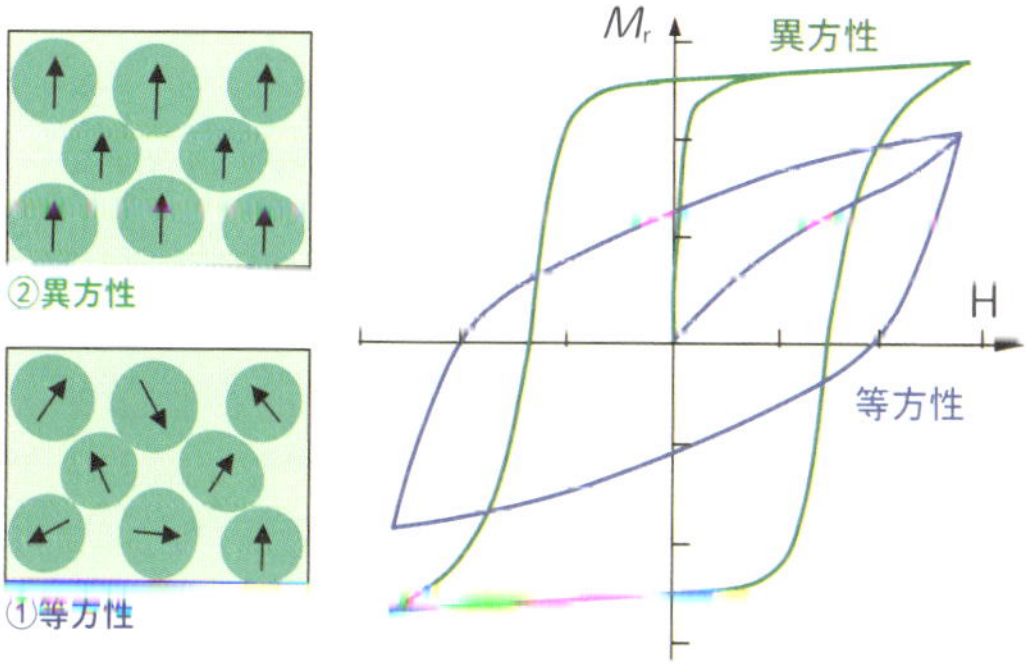

5-1-7 磁粉を炉に入れて焼結する

真空の焼結炉

こうして磁化させた磁粉を炉に入れて焼結すると、しっかりと焼き固めた磁石ができます。これが史上最強と謳われた「ネオジム磁石」です。1・4テスラのネオジム磁石はわずか1センチ角の立方体で、なんと5～6kg程度のものまで持ち上げることができます。

この強力な磁石の中に小さな結晶があって、その表面を磨き、走査型電子顕微鏡で見てみると、ネオジム‐リッチ相に加えて、結晶粒界相が見えてくるのです。

2 3ミクロンの壁を乗り越える新しいアプローチ

1ミクロンの磁粉をつくった！

ネオジム磁石を1984年に開発された佐川眞人氏（現、インターメタリックス社）は現在、私同様、「ジスプロシウムを含まないネオジム磁石」の開発に取り組んでいて、その過程で1ミクロン（1000ナノメートル）の結晶粒からなるネオジム磁石づくりに挑戦されています。それが図5－2－1の左の画像です。

5-2-1 インターメタリックス社の超微結晶ネオジム焼結磁石

インターメタリックス社の1ミクロンの結晶粒の磁石

市販の焼結磁石

――なぜ、1ミクロンの結晶粒の焼結磁石をつくろうとしているのですか？

そうですね、1ミクロンというより、「3ミクロンの壁」の話をしておく必要がありますね。

図5-2-2のグラフを見てください。ヨコ軸は磁粉の結晶サイズ、タテ軸は保磁力です。そこでネオジム磁石の磁粉のサイズ、そのときに得られた保磁力をそれぞれグラフにプロットしていくと、直線が見えてきます。ただし、グラフのヨコ軸は対数目盛になっていますのでご注意ください。

これを見ると、磁粉の結晶粒径が小さくなればなるほど（グラフの左に行けば行くほど）、保磁力も比例して上がっていくことがわかります。右下から左上へと直線的に上がっていることが一目瞭然です。

では、磁粉をとことん小さくすれば性能が上がっていくのかというと、そうはうまくいきません。図に示すように、3ミクロン以下になってくると、結晶粒径をいくら小さくしても保磁力は1・7テスラ以上に上がらず、大きく下がってしまうことが知られていました。磁石の研究開発において、乗り越えられない「3ミクロンの壁」が存在していたのです。

5-2-2 3ミクロンで保磁力が伸びなくなる？

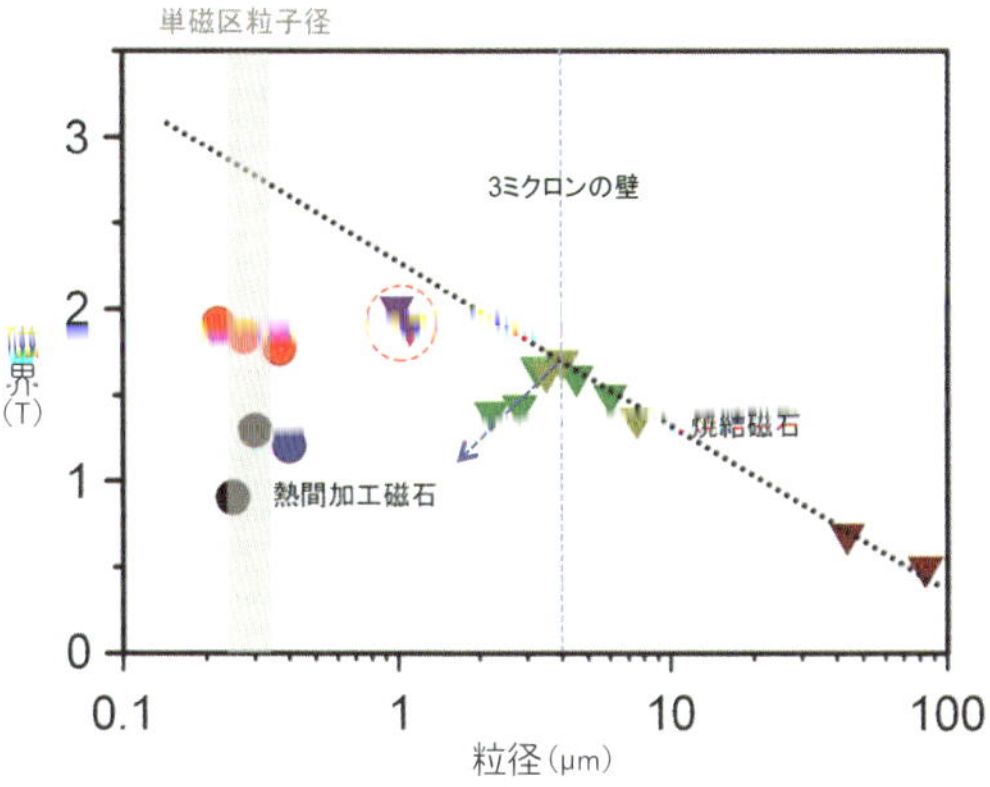

3ミクロンのナゾを解明する

そこで私たちは先ほどのアトムプローブだけでなく、走査型電子顕微鏡（SEM）、さらには透過型電子顕微鏡（TEM＝Transmission Electron Microscope）などを使って、「**なぜ3ミクロンよりも粒径を小さくすると、逆に保磁力が下がっていくのか**」を徹底的に追究し、原因の解明に成功しました。

結論からいうと、「**ネオジム合金粉の酸化**」が保磁力の向上を阻止していたのです。磁粉が3ミクロンよりも小さくなると、焼結法のジェットミルという粉をつくる工程で余分に仕込んでいたネオジムが酸化してしまいます。先ほど、「ちょっと覚えておいてくださいね」といっておいたことです。

焼結磁石のネオジム‐リッチ相の一部はネオジムの酸化物ですが、一部は金属のまま3重点に残っていなければならないのです。金属ネオジムが結晶粒界にネオジムを供給するためです。

ところが、ネオジムが酸化してしまうと、結晶粒界へのネオジムの供給源がなくなり、結晶粒が直接接触してしまいますので、それが磁石の保磁力を下げてしまうことがわかりました。

そこでインターメタリックス社では、プレス加工のない新しい焼結方法を開発し、磁粉に酸素が結びつかないように低酸素のアルゴン雰囲気中で磁石を製造したわけです。これによって結晶粒径が3ミクロン以下になっても酸化しない工夫を施し、結晶粒径が1ミクロンでも保磁力が落ちず、従来の1・7テスラを超える2テスラという大きな磁力を得られたというわけです。

――大きな成果ですね。ということは、自動車会社の懸案だった、ハイブリッド車などに使える駆動モーター用のネオジム磁石（ジスプロシウムを使わない）**ができた、ということですか？**

いえ、まだ保磁力が足りません。ネオジム磁石の最終的なターゲットは、ハイブリッド車、電気自動車用の「高性能駆動モーターに使える磁石」です。駆動モーターには、磁石の保磁力は2テスラどころか、最低でも2・5テスラ、私としてはできれば3テスラを達成したいと考えています。

ですから、2テスラは一歩前進ではあっても、ゴールとはいえません。ただ、焼結法の新しいプロセスによって、「3ミクロンの壁」を越えはじめたことは確かです。この超微結晶焼結磁石に少しジスプロシウムを入れると保磁力は大きく増加しますので、省ジスプロシウムには役立っています。有力な方法の一つだと考えています。

動きはじめた「1ミクロンの次」

佐川氏も「1ミクロンの次」を考えています。それは結晶粒のサイズを0・5ミクロン程度の結晶粒径にすることで、それによって保磁力もさらに上げていこうという考え方です。

ただ、問題が二つあります。一つには、焼結して0・5ミクロンの結晶組織にするということは、実際には一つの粉のサイズを0・3ミクロン程度にまで小さくする必要がありますから、製造自体、ますますむずかしくなることです。

二つめの問題として、焼結法で結晶粒径を小さくしていく方向は、別の難点が待ち構えていると思っています。それは、やはり酸素の混入です。もともと、ネオジムをはじめとする希土類元素は「反応性が高い」という特徴があります。「反応性が高い」というのは、平たくいえば「酸素と結びつくと、爆発する危険性が高くなる」ということです。

0・5ミクロンや0・3ミクロンという超微小な磁粉ができたとすると、空気に触れる表面積がそれだけ急激に増えるわけですから、工場で安定して量産していくには乗り越えなければならない壁がたくさんあるように思えます。

3 「液体急冷＋熱間加工」の2段階アプローチ法

別のルートからのアプローチ

研究というのは、たとえ到達点が同じだったとしても、そこに至るルート、アプローチはいろいろと考えられるものです。

焼結法でサイズを究めていく方法もありますが、もう他に方法はないものか。何か困難が立ちはだかっても、そのつど「別のルートはないか」と考えてみることこそ、研究をす

5-3-1 熱間加工による組織(左)と焼結法による組織(右)の違い

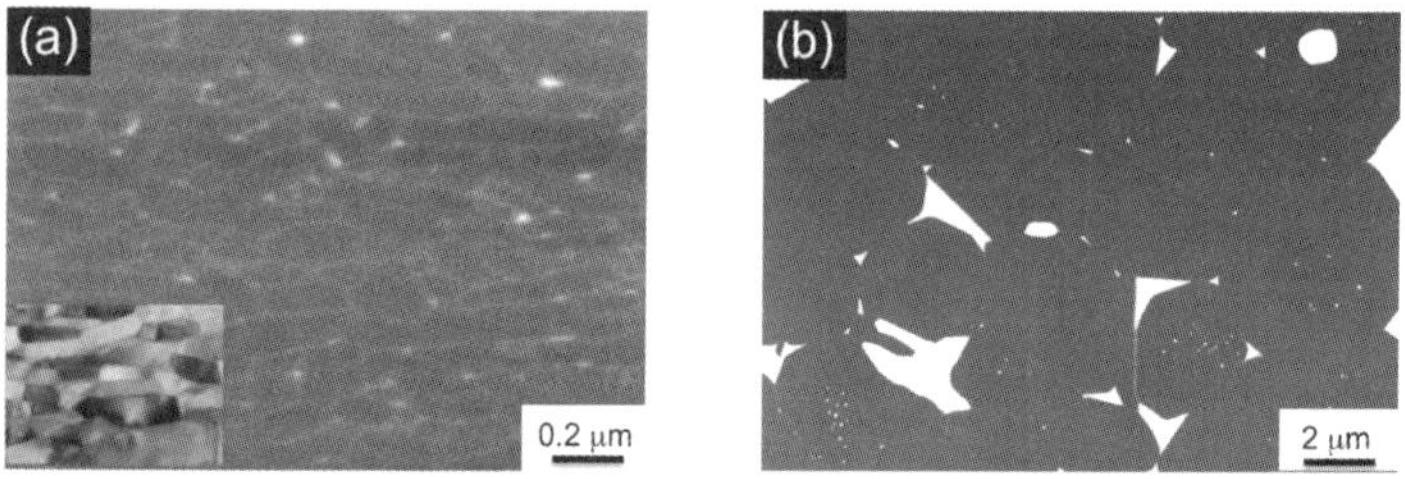

熱間加工磁石　　焼結磁石

る醍醐味の一つです。

私たちはいま、従来の「焼結法」とはまったく別のルート、異なるプロセスを使って、超微細な組織をつくっていこうとしています。図5-3-1の右の画像は通常の焼結法でつくった微細構造磁石(b)で、左の画像が、前に説明した「**熱間加工**」という方法でつくった磁石の組織(a)です。

焼結法の画像のスケールは2ミクロン、熱間加工は200ナノメートルです。1ナノメートル=1000ミクロンですから、熱間加工の画像は0・2ミクロン、すなわち10分の1のサイズで見ていることになります。

液体急冷法で0・02ミクロンを実現

さっそく私たちがアプローチした「**液体急冷法+熱間加工**」という手法をご紹介しましょう。

液体急冷法というのは前にも概略だけは述べましたが、

5-3-2 このカケラの中に
20ナノ程度の微細結晶がぎっしり

磁石にする合金を高温でドロドロに溶かして液体にし、それを急速に冷やします。急冷するには、ドロドロの液体を高速回転している銅のロールに落としてやることで、磁石の合金が急速に冷却され、テープ状の組織ができます。高温の液体が急速に冷やされて固体になるので、この方法を「**液体急冷**」と呼んでいます。

この液体急冷法を使うと、「ネオジム・鉄・ボロン」の合金が急冷された時点で、画像5－3－2にあるようなフレーク状の粉ができます。このカケラ自身は100ミクロンといったレベルの大きさですが、このカケラの中に図5－3－3に示されるような20～50ナノメートルという非常に小さな結晶がギッシリと詰まっています。すなわち、0・02～0・05ミクロンです。

焼結磁石でつくった最も小さなサイズが1ミクロン（1000ナノメートル）でしたから、20分の1～50分の1という小さなサイズです。焼結法では1個の粉が結晶粒になりますから、結晶粒径を小さくしようとすると、粉を小さくしなければなりません。そうするとネオジムの酸化を抑えることが難しくなります。
一方、液体急冷の粉では、1個の粉の中に無数の数10ナノメートルの結晶粒を得ることができます。酸素にさらされるのは100ミクロン程度の粉（画像のカケラ）の表面だけで、内部にある結晶粒界は一切酸素にさらされません。このように粉自体のサイズは大きいので、危険性も減少し、扱いもラクになります。

——たしか、ネオジム磁石には2種類あって、佐川さんの焼結法によるネオジム磁石と、クロートさんのつくった液体急冷によるネオジム磁石がある、と先生はおっしゃいましたね。クロートさんのネオジム磁石は「磁力が弱い」と……いっておられませんでしたか？

その通りです。たしかに、いまご紹介した方法はクロート氏のネオジム磁石の製法です。佐川氏の焼結法による史上最強のネオジム磁石ができたため、クロート氏の液体急冷磁石は粉を樹脂とともに固めるボンド磁石として2番手に甘んじざるを得ませんでした。これはカケラの中の結晶粒の方向がランダムな等方性磁石であるためです。
強い磁石にするには、特定の一方向だけに磁性が揃った異方性磁石にする必要がありました。せっかく0・02〜0・05ミクロンという超微粒子ができたというのに、液体急冷法では磁化の高い磁石をつくれない――これが磁石界の長い間の常識でした。けれども、先ほど、この中には焼結法ではとうてい製造できないようなナノサイズの超微小結晶がギッシリと詰まっている、といいました。もし3ミクロンや1ミクロンどころか、その千分の1にあたる「ナノサイズの粉」の磁化を揃えられるとしたら……。それこそすごい能力を発揮できそうです。放っておくには、実にもったいない。

5-3-3 バラバラな磁性の方向(左)を一方向に揃える(右)

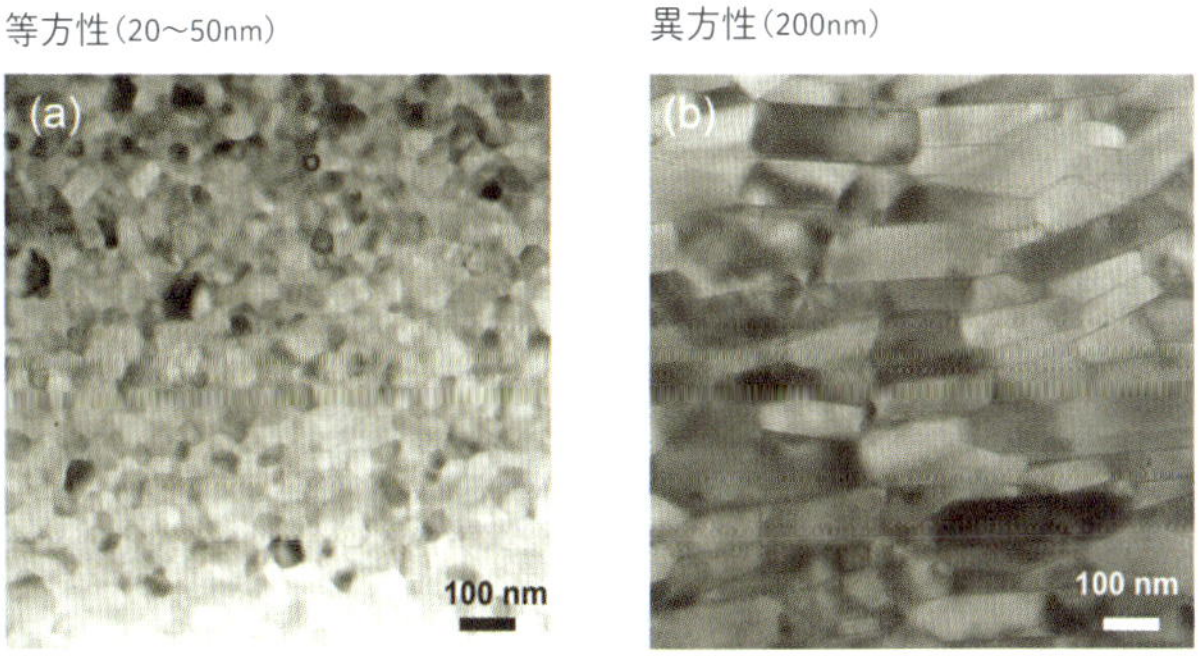

クロート氏を超える！

実は1984年にクロート氏が液体急冷によるネオジム磁石をつくった翌1985年頃、その粉を固めて、熱間加工で押して変形・加工させていくことで結晶の形が変わり、「一方向に磁化できる」という報告がされていました。

図5-3-3には液体急冷直後の粉の中の結晶

5-3-4 残留磁化が1.5テスラ、保磁力も1.25テスラ

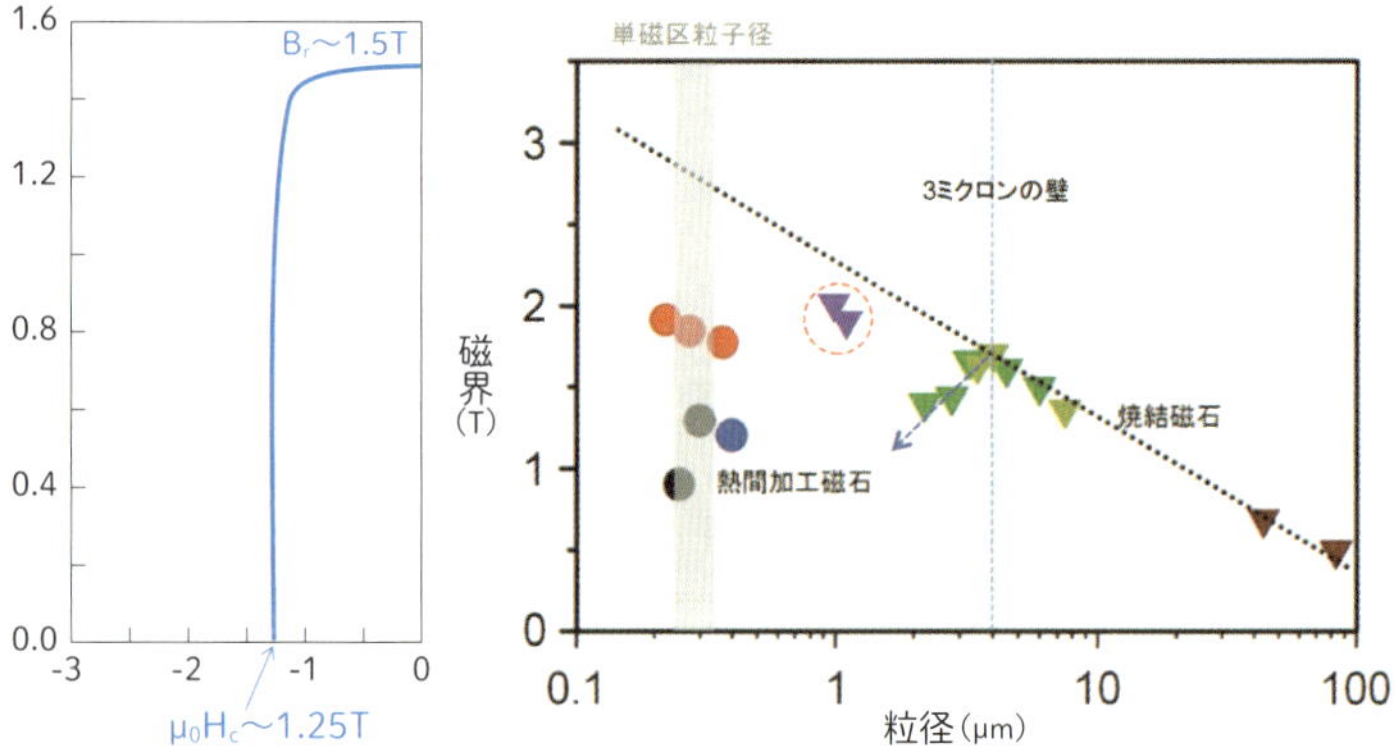

と、熱間加工で変形させたあとの磁石の結晶粒を示しています。熱間加工後に0・02ミクロン程度の扁平な結晶に変形しているのがわかりますね？

このことは文献的には知られていたのですが、すでに焼結法によるネオジム磁石の製造が産業的に進んでいたこともあって、企業では熱心に手がけてこられませんでした。最近になって大同特殊鋼がこの「液体急冷〜熱間加工」の手法でのネオジム磁石の大量生産を開始し、ビジネスとしてスタートさせています。

現在、大同特殊鋼ではこの熱間加工法を使って残留磁化が1・5テスラ、保磁力も1・25テスラまで上がり、現在の焼結磁石とほぼ同程度の特性が出ています。

この「液体急冷→熱間加工」という2

段階の手法を使えば、焼結磁石と同程度のネオジム磁石をつくれるわけですから、焼結法以上に有望です。

なぜなら、結晶粒径の点でいえば、従来の焼結磁石が達成していた1ミクロンを遥かに凌駕する0・2ミクロンを実現し、工夫をすれば保磁力の向上を狙えるからです。また、微細な磁粉を扱う必要もありませんから爆発の危険性もありません。しかも熱間加工法で磁界が一方向に揃っている。

これまでの「液体急冷法では磁化容易軸が揃わない」という弱点を熱間加工法の助けで克服し、強力な磁石をつくることができたわけであり、今後、さらなる期待が持てます。

ただ、1ミクロンサイズの焼結法によるものよりも、すでに性能的に凌駕しているかというと、そこが問題です。現実の保磁力を図5-3-4のグラフで見てみると、インターメタリックス社のつくった1ミクロンサイズよりはるかに小さいサイズを実現しているにもかかわらず、保磁力は1・8テスラ程度しかありません。従来のネオジム磁石(1テスラ)に比べれば大きな保磁力とはいえ、まだまだ壁があるようです。

熱間加工磁石で1・8テスラの保磁力を出すためには、合金濃度をネオジム-リッチな組成にしていかなければならないので、磁化も下がってしまいます。逆にいえば、この低保磁力の原因を追究し理解すれば、まだまだ伸び代があるということです。

4 保磁力をアトムプローブで分析する

なぜネオジム磁石の保磁力はポテンシャルよりも低いのか？

——うまくいきそうで、何かおかしいですね。こういうとき、研究者の人はどのように原因を追求し、打開の方向を見いだしていくのですか？

磁石の性能を根本から引き上げていくには、「弱点を徹底的に洗い出す」ことです。ネオジム磁石の課題は、保磁力が1・2テスラ程度と低いことでした。

$Nd_2Fe_{14}B$化合物の保磁力の理論的な限界値（異方性磁界）は「ネオジム2・鉄14・ボロン1」の場合、およそ7・5テスラ程度とされています。ところが実際につくられている現在のネオジム磁石の保磁力は1・2テスラにすぎず、理論限界の15％程度です。

7・5テスラという保磁力は、10ナノメートル程度の完全な結晶が非磁性相に埋まって、粒子同士に磁気的な相互作用がないと仮定したときの、理論上の上限値です。ただ、この理論は非現実的に単純化されたもので、私たちも7・5テスラまで保磁力を上げられるとは考えていません。それでも理論値の3分の1である2・5テスラまでは達成可能と考えています。その数値であれば、ハイブリッド車や電気自動車の要求にも十分に応えることができます。

焼結法と液体急冷では、ネオジム濃度が15％違っていた！

では、何が原因で保磁力は低下するのか、保磁力を上げるにはどうすればいいのか。それを理解するために私たちが使った方法が、「**マルチスケール解析**」です。

マルチスケール解析とは、「ミクロ、ナノ、原子レベルの3段階」で磁石の中を丹念に見ていき、なぜ保磁力が上がらないのか、その原因を探っていく重要な手法です。

せっかく結晶粒径を飛躍的に小さくできたのに、なぜ保磁力が依然として低いままなのか――それを理解するため、アトムプローブという装置を使って結晶粒界の組成解析を行ない、粒界における希土類の濃度を決めていったのです……。

――話の腰を折ってすみませんが、次のページのグラフの見方がわからないのですが、教えていただけませんか……。

はい、いまから説明します。図5－4－1は液体急冷～熱間加工によるネオジム濃度を見たもので、ヨコ軸が深さ方向（単位はナノメートル）、タテ軸が濃度で、鉄（Fe）とネオジム（Nd）のグラフの間に**結晶粒界**が存在する、というグラフです。ネオジムの濃度はおよそ20％、鉄が80％です。

一方、焼結磁石のほうのグラフ（図5－4－2）を見てください。同じく結晶粒界でのネオジム濃度を調べてみると、これが35％以上もあります。

そうなると、「この差15％こそ、保磁力が伸びない原因ではないか」と推測できます。せっかく0・05ミクロンという超微細な異方性磁石（特定方向にだけ磁化が働く磁石）をつくっても、粒界におけるネオジム濃度が低いために、焼結法による保磁力と大差のないものしかできないのではないか……。

5-4-1 液体急冷〜熱間加工によるネオジム濃度（20%程度）

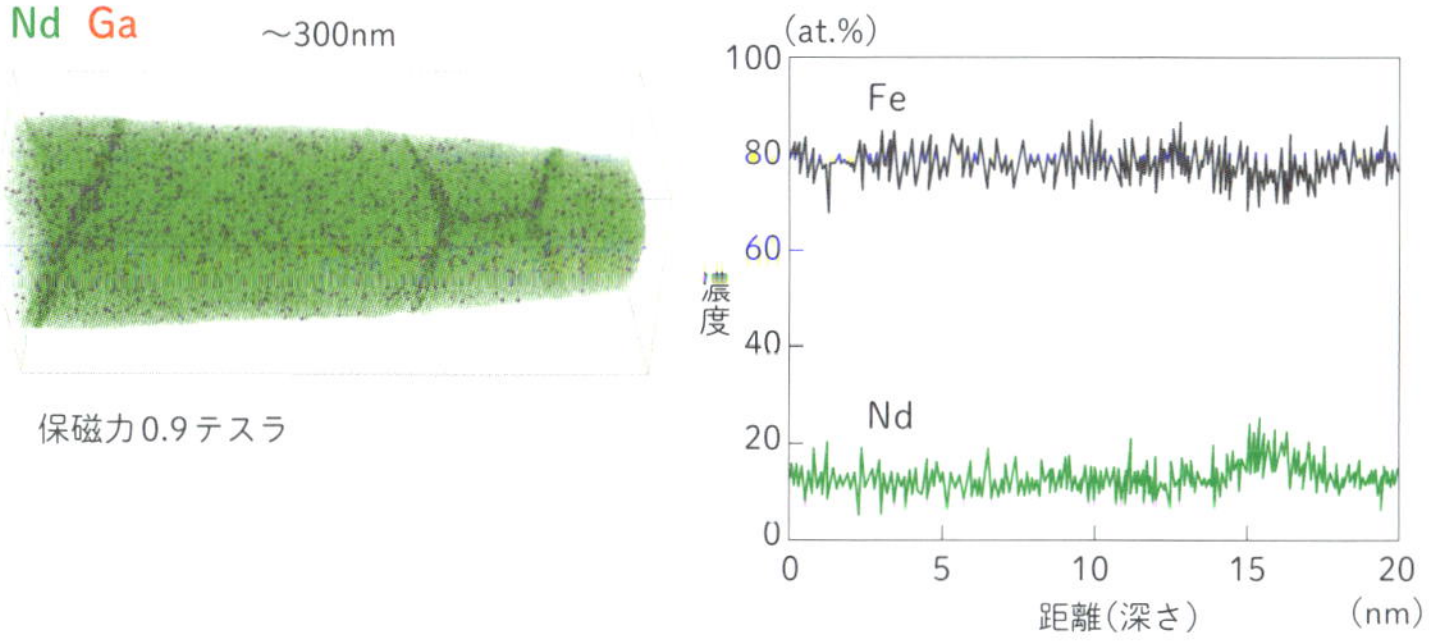

5-4-2 焼結法によるネオジム濃度

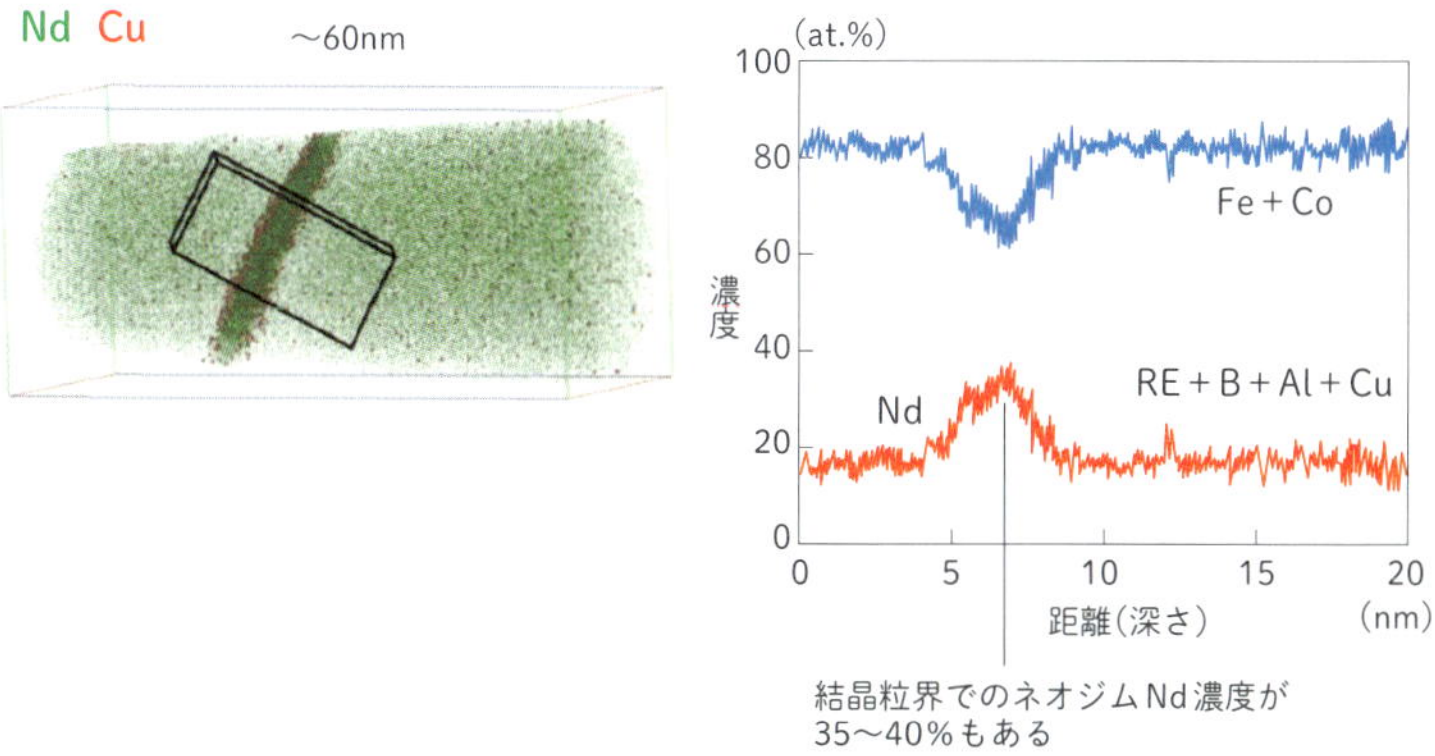

液体急冷法による超微細な結晶粒径のメリットを保磁力向上に結びつけるには、焼結磁石レベルのネオジム濃度（35%）を液体急冷でも粒界に入れていかなくてはいけない、ということです。もっとネオジム濃度を上げていけば、結晶同士の磁気的な結合が弱まり、さらなる高い保磁力が期待されます。

微量の銅のナゾを解き明かせ

もう一つ、焼結磁石の研究をしているときに気づいたことですが、焼結法によるネオジム磁石の中には、非常に微量な銅原子が含まれていることです。銅を微量添加すると焼結磁石の保磁力が高くなるということは、産業界で長年経験的に知られていたことですが、その理由については、私たちのアトムプローブによる研究結果が出るまでよくわかっていませんでした。

図5－4－3は焼結法によるネオジム磁石の模式図です。三つの「ネオジム2・鉄14・ボロン」（$Nd_2Fe_{14}B$）の結晶と、その3重点に存在するネオジム酸化物、金属ネオジムを模式的に示しています。

磁石を焼結した直後というのは、まだ結晶粒界には不連続にしかネオジム－リッチ粒界相が形成されていません（図5－4－3の点線部分）。そして、この3重点の空きスペース

5-4-3 ネオジム磁石の模式図

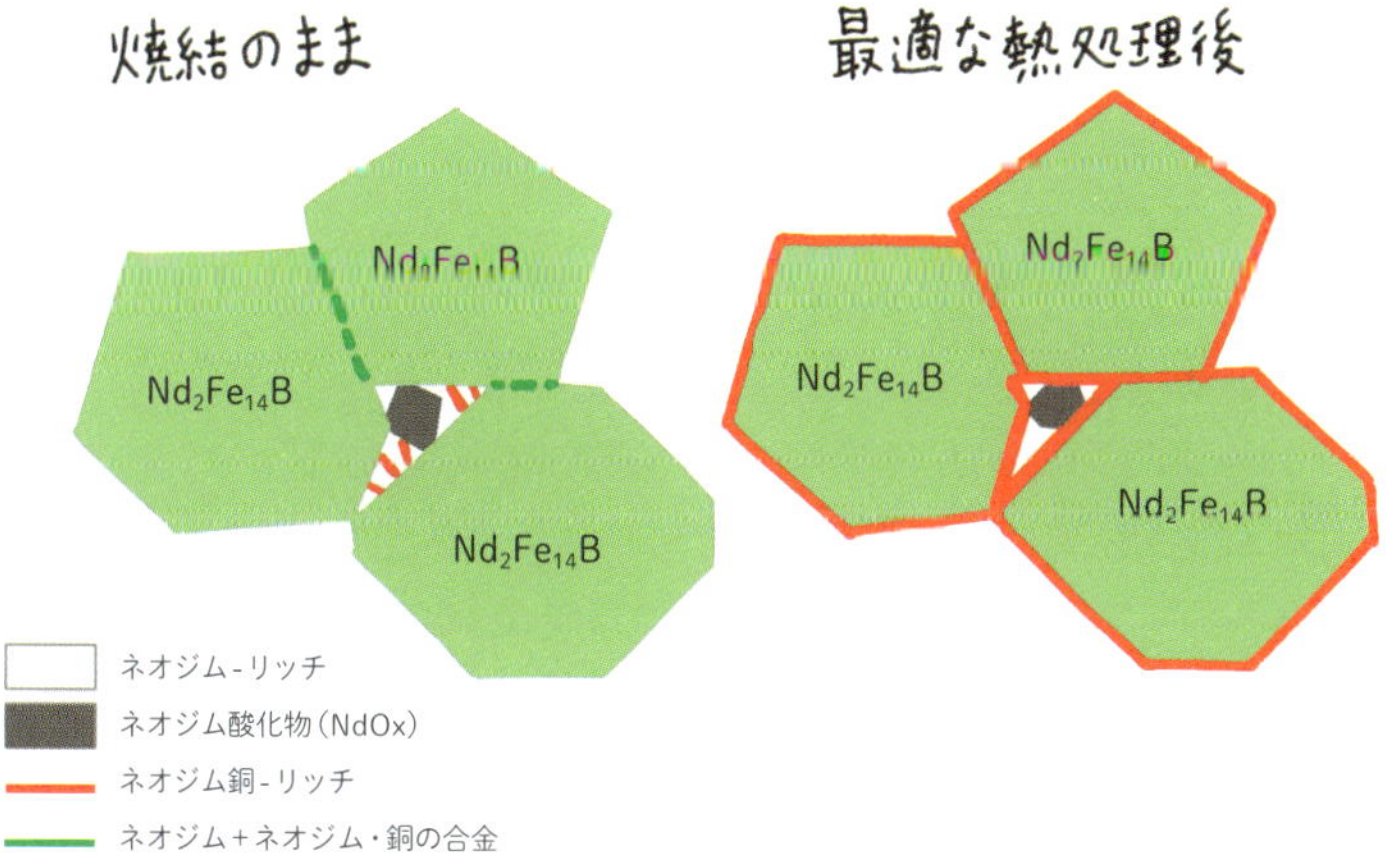

にネオジム金属の余った分が入り込んでいます。白い大きな部分がネオジム金属（ネオジム-リッチ）の占めているスペース、グレーの部分がネオジムの酸化物、細い棒のような形が「ネオジム・銅」合金の析出物を表わしています。

この様子を**状態図（相図）**という、少し専門的なグラフで見てみましょう。図5-4-4のヨコ軸の右側にネオジム100%、左側を銅100%とすると、両者の間で融点がぐっと低くなる地点があります（図の赤丸）。焼結直後に550℃ぐらいで1時間ほど置いておくと、「保磁力が上がる」という現象の鍵は、この状態図にあるように私には思えました。

このとき、どのような変化が起こったかというと、550℃に温度を上げると、

5-4-4「ネオジム・銅」合金の状態図

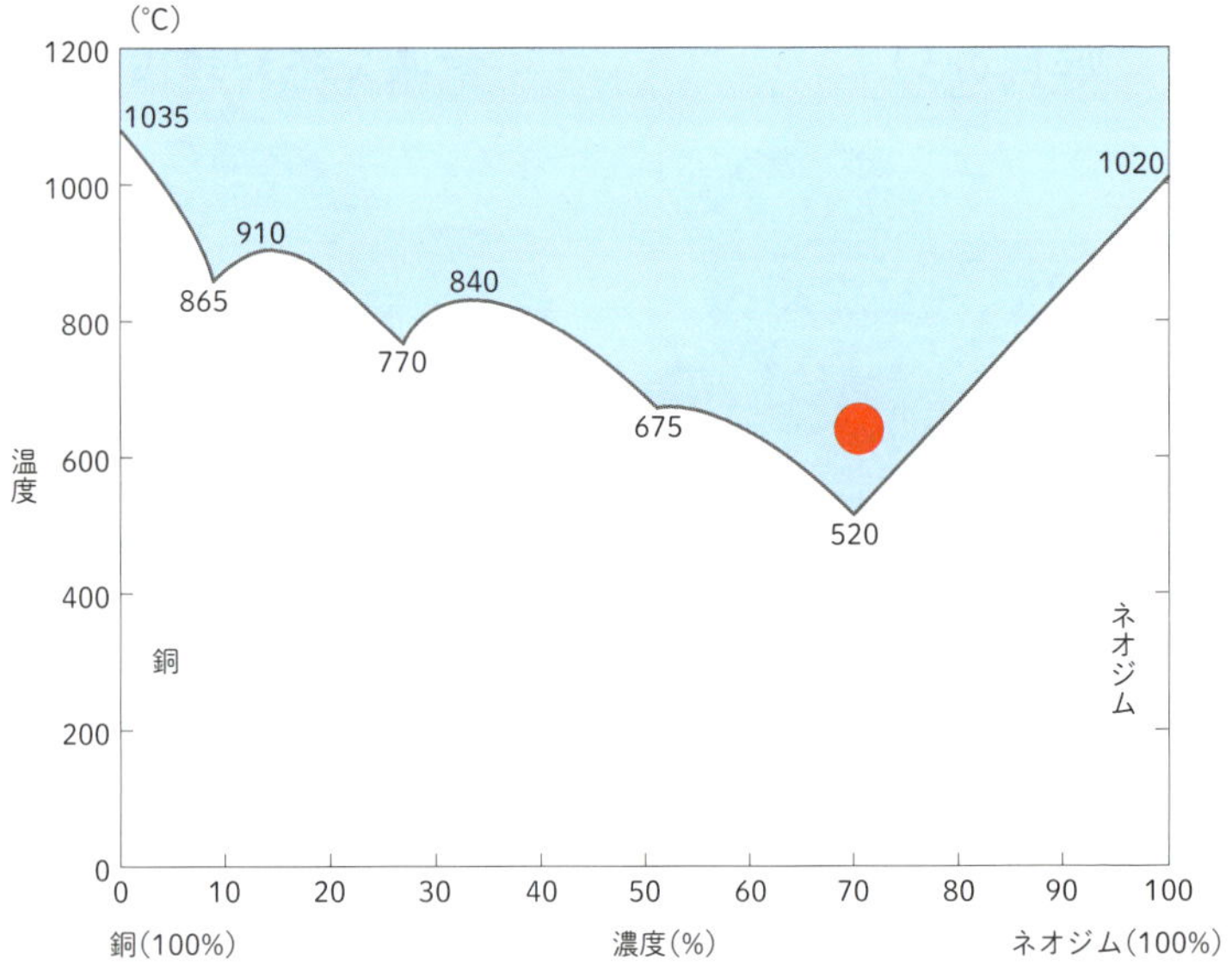

ネオジム金属とネオジム・銅の合金が反応して、液体（液相）になります。液体になったことで、この**二つの溶けた液体が粒界（図5-4-3左の点線部分）に浸透して入り込み、ここで粒界相をつくりあげる**——こういうメカニズムを実験結果に基づいて報告しました。

5

ついにできた！ジスプロシウムフリーのネオジム磁石

結晶粒界にネオジムと銅が浸透していった……

――いまのお話は焼結法のことであって、液体急冷の話とは違うように思いましたが。

はい、その通りです。ネオジム金属とネオジム・銅の合金が反応して、液体（液相）になり、それが粒界（点線部分）に浸透して粒界相をつくりあげるのではないか――この研究はたしかに焼結磁石の話であって、「液体急冷〜熱間加工」の話ではありません。けれども、この焼結磁石のメカニズムから一つのヒントを得ることができます。

つまり、「液体急冷〜熱間加工」でできた0・2ミクロンの超微小な結晶粒径の磁石を使って、「ネオジム金属とネオジム・銅の共晶《きょうしょう》」をつくれば、これまで不可能だった高い保磁力を得られるのではないか、というヒントです。

まず、「液体急冷〜熱間加工」でネオジム磁石をつくります。すでに説明したように、

①液体急冷で、0・2ミクロンの微細な構造
②熱間加工で、磁性を揃える
③残留磁化＝1・5テスラ、保磁力＝1・25テスラ

といったネオジム磁石をつくることができます。

課題は結晶粒界という界面に「ネオジム・銅」を流し込めば、保磁力を上げられるのではないか、ということでした。

——どうやって、そんな狭い領域に必要なものを流し込むことができるのですか？

最初に、ネオジムと銅を高温で溶かし、それを液体急冷で粉にします。いわゆる液体急冷法です。そうすると、「ネオジム金属とネオジム・銅」の合金の粉ができます。

その合金の粉を有機溶媒に入れて混ぜます。次に、すでに「液体急冷～熱間加工」でつくっておいたバルク状（塊の状態）のネオジム磁石をこの溶媒の中に浸けたあと、それを引き出してやると、表面に「ネオジム・銅」の粉が付着しています（図5－5－1の右の画像）。このコーティングされたネオジム磁石を550℃まで熱していきます。すると、表面のネオジムと銅合金が溶け、磁石（バルク）の表面だけでなく内部の結晶粒界にもス～ッと浸透していくわけです。これが「**ネオジム・銅の粒界拡散法**」です。

5-5-1 左の有機溶媒の中に、右の磁石を浸ける

この方法は、2010年に、HDDR法で作製された微結晶を含む磁粉に適応して、その原理を確立していました。ところがHDDR法でつくった磁石の異方性はあまり高くありませんでしたし、それからバルク磁石をつくっても十分に高い保磁力を維持することができませんでした。

けれども、熱間加工法による磁石というのは、きわめて高い異方性を出しますから、そのときの方法を改善しながら同様の実験を続けていました。ハイ

5-5-2 ネオジム磁石の結晶粒界に
「ネオジム・銅」が浸透していくまで

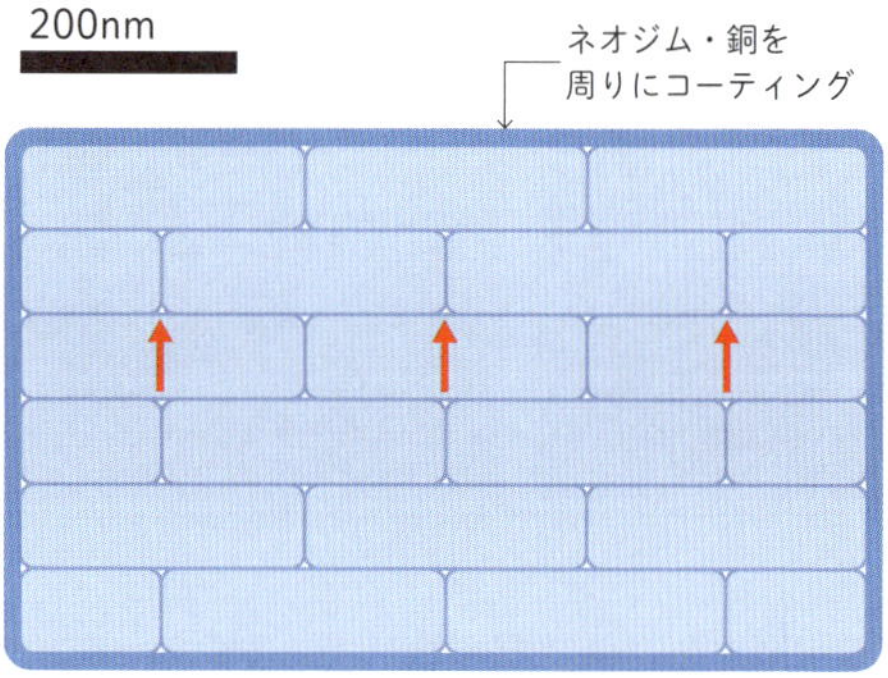

①ネオジム磁石（液体急冷→熱間加工）の断面。
周りをコーティングする

②550°Cに熱すると、コーティングした金属が
ネオジム磁石の中の結晶粒界に浸透していく

ブリッド車に使う14ミリ程度のバルク磁石で試みてみたところ、その厚さでもネオジム合金が奥深くまで浸透していくことを確認しました。それも非常に速いスピードです。今回、その成果を応用したわけです。

一難去って、また一難？

**5-5-3 コーティング処理前（左）と処理後（右）
——磁気的な結合を分断した**

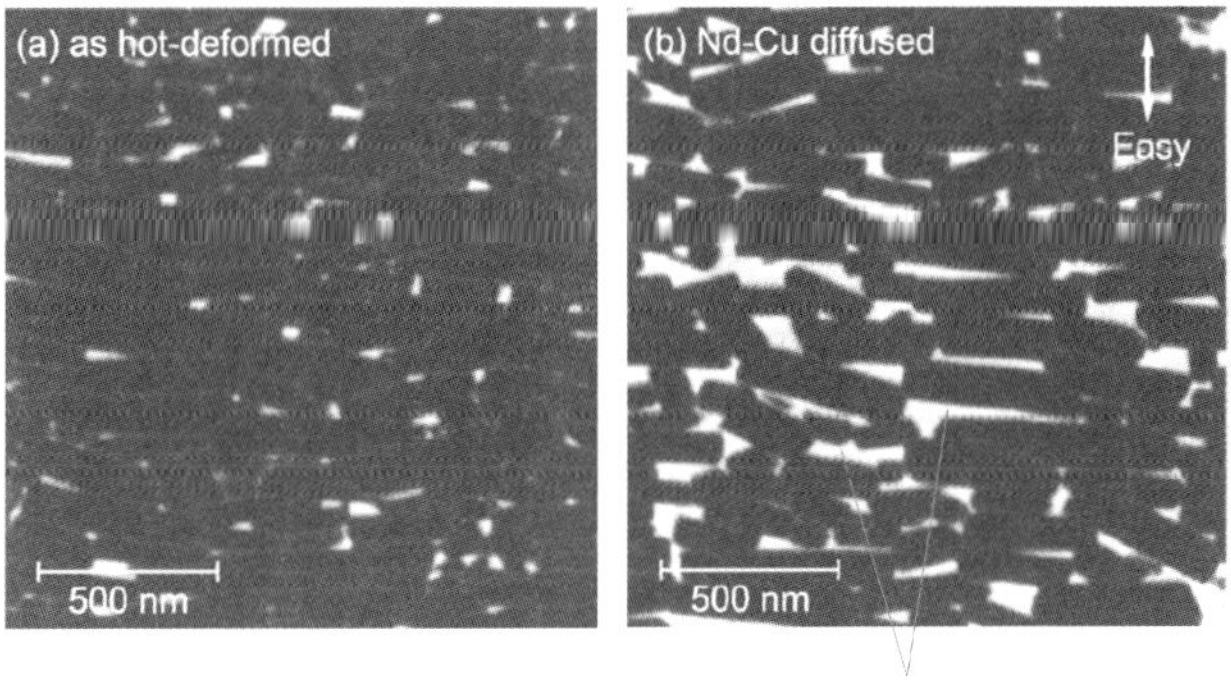

図5-5-3の左が処理前、右が処理後の画像です。
左の画像に比べると、右の画像は白いネオジム-リッチ相がヨコ方向にしっかりと浸透していることがはっきりとわかります。少なくともこれによって、個々の「ネオジム2・鉄14・ボロン1」の磁気的な結合を分断できた、と考えています。しかも、保磁力は1・7テスラから2・2テスラへと著しく増加しました。

ところが、一難去ってまた一難。今度は磁化が1・4テスラから1・25テスラまで下がってしまったのです（図5-5-4）。せっかく保磁力が上がったのに、なぜ磁化が少し下がったのか。

これは簡単な理由です。実は、この方法を使うと、磁石の体積が増えるからです。それもタテ方向にだけ体積が膨張します。図5-5-3の右部分を見るとわかるように、

5-5-4
保磁力は上がったが、磁化は下がった……

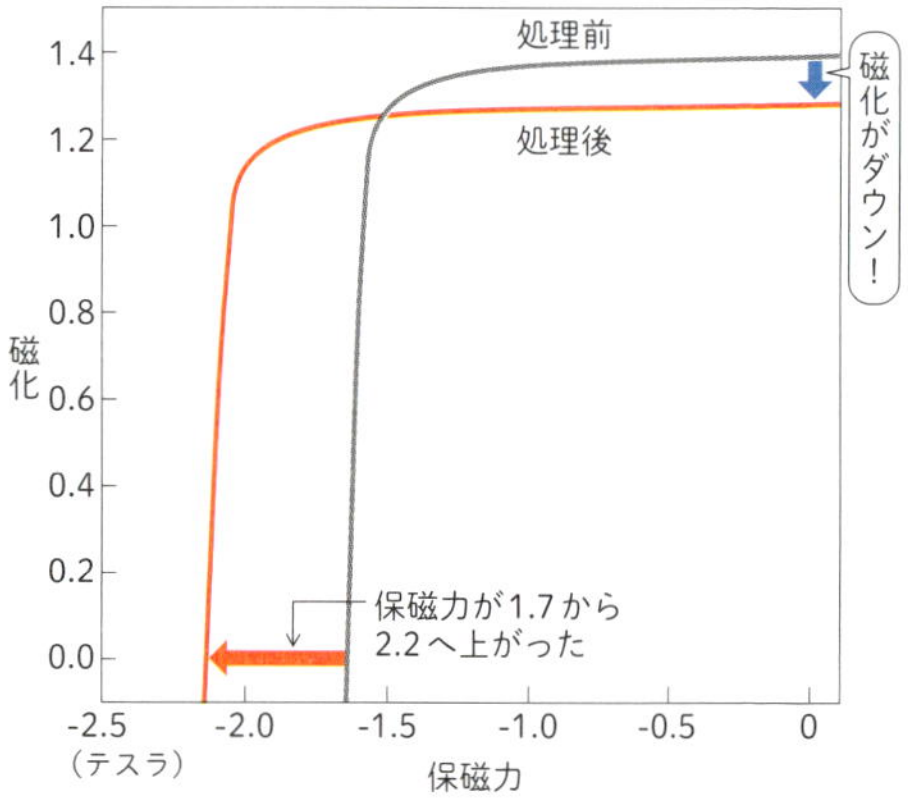

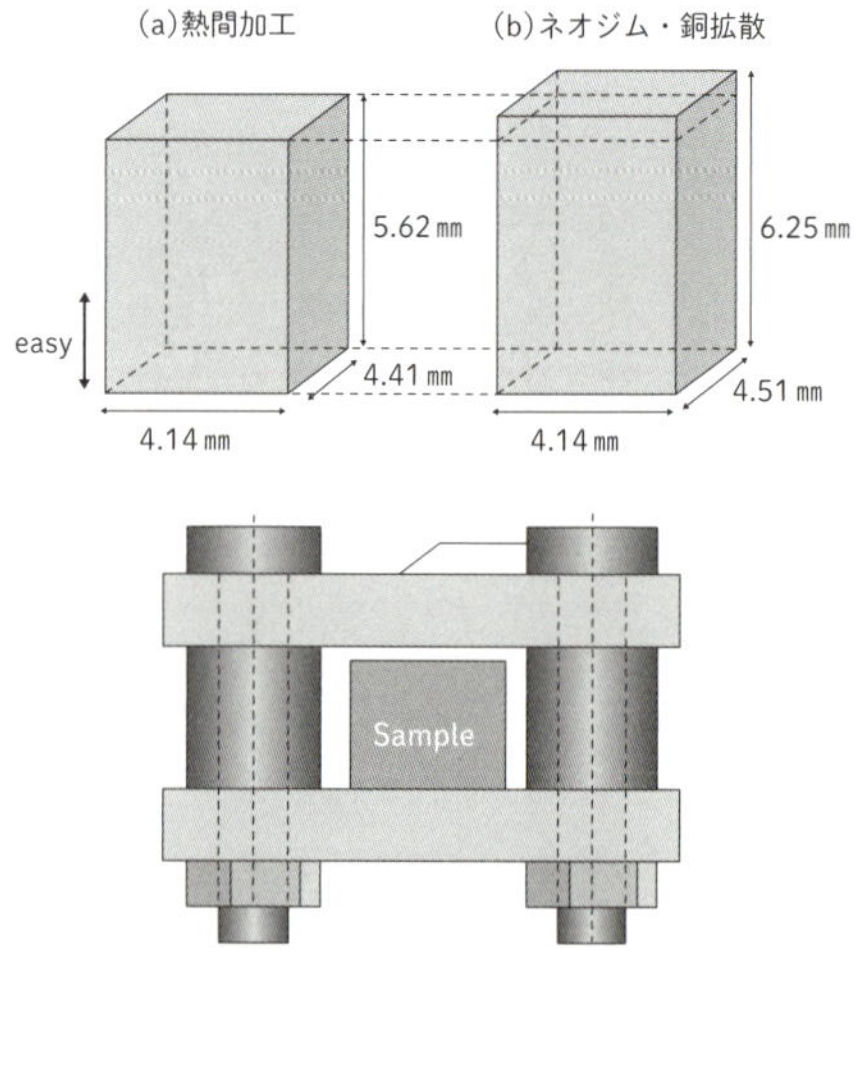

ヨコに白いネオジム-リッチ相が入り込んだ分だけ、タテ方向に体積が増えたわけです。

ネオジムや銅は非磁性の材料ですね。それがネオジム磁石に入り込んできて非磁性の分量が増えた分だけ、磁化が全体として下がったわけです。磁化は、

「磁化＝磁気モーメント÷体積」

なので、全体としての磁気モーメントが変わらず、体積だけ大きくなれば全体としての磁化は下がる、という理屈です。

5-5-5
「液体急冷→熱間加工→拡散法→拘束」で保磁力を向上

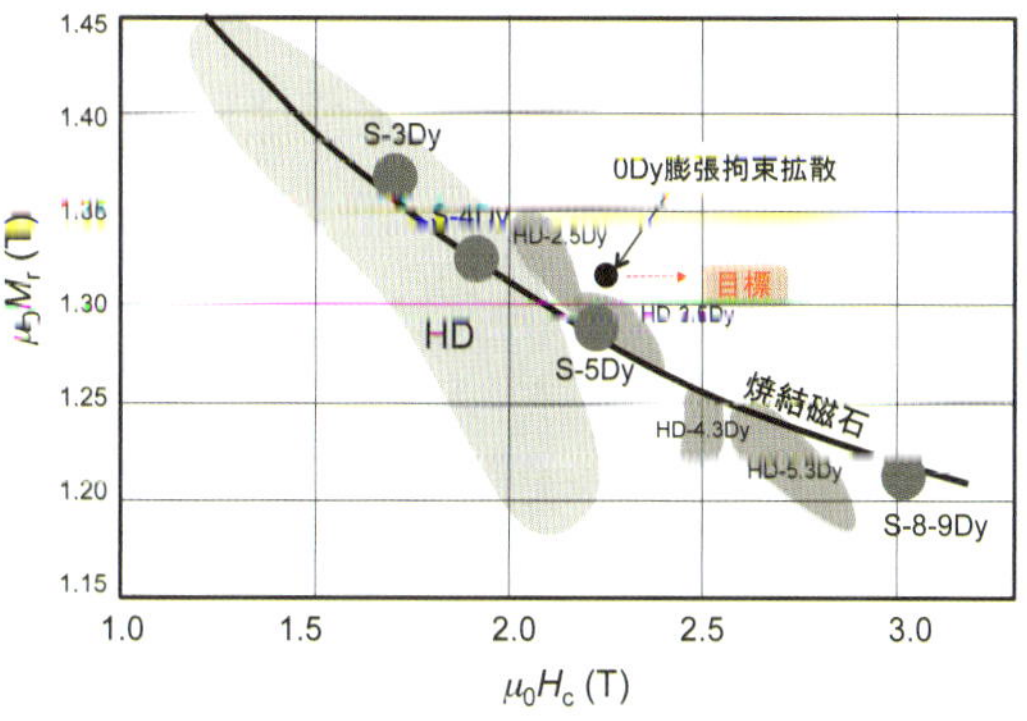

そうとわかれば、磁石の体積が必要以上に膨張しないように、ネオジム磁石の膨張が必要以上に起こらないようにガッチリと拘束してしまえばいいわけです。

すると、磁化の低下を最低限に抑えて、保磁力は1・7から2・2へ上げた磁石づくりに成功しました。一つ、クリアしました。

ここまでの話をまとめておくと、膨張した状態の磁石では、保磁力は2・2テスラまで上がるけれども、最大エネルギー積はジスプロシウムを使った磁石よりも低くなっている。けれども、タテ方向の膨張を押さえることで磁化が上がりましたから、**最大エネルギー積はジスプロシウムを含んだネオジム磁石よりも高くなった**のです。つまり、「残留磁化を維持したまま、保磁力も上げられる」という方法に至りました。

このようにして保磁力の増強された磁石の残留磁化と保磁力を焼結磁石と通常の熱間加

工磁石と比較したのが図5－5－5です。

この保磁力を焼結磁石で達成しようとすると6％程度のジスプロシウムが必要です。また同じような結晶粒径の得られる熱間加工磁石と比較すると、3％ジスプロシウム相当の保磁力で、残留磁化はそれより高いということになります。

ジスプロなしの駆動モーター用磁石に一つのメド

これでゴールか——というと、そうではありません。図5－5－5の赤で目標と示した領域がゴールです。つまり残留磁化を維持したまま保磁力をさらに2・5テスラまで上げることをめざしています。そのために、微細構造のマルチスケール解析と磁気特性を加えて、「どういうときに高い保磁力が出るか」といった分析をすることが必要です。

もちろん、ジスプロシウムは一切使っていませんから、「ジスプロシウムなしのネオジム磁石の誕生」ということはいえますが、保磁力の目標はやはり2・5テスラです。そうなれば、ハイブリッド車のモーターにただちに取って代わることができるからです。

「ジスプロシウムを一切使わないネオジム磁石」がバルク状のもの、それも商用に供するものの開発に一つのメドがついた、といえます。

6

マイクロ磁気シミュレーションで次に進むべき道を見極める

タテには切れているが、ヨコにはつながっている問題点

――「ジスプロシウム不要のネオジム磁石」についてはメドがついてきたということですが、このあと、さらにこの磁石を改良する方法はあるのですか？

そうですね。先ほど「ヨコ方向に白いネオジム・銅が伸びている」と話しましたよね。

それが非磁性相ですから、前に説明した「磁性相を非磁性相で囲む」形になっているわけです。ところが、「ヨコ方向」には切れていませんから、「非磁性相で包む」のが不十分と判断できます。このあたりの解決が次のターゲットになります。

そこで、本当にタテ方向には分断できていて、ヨコ方向にはつながっているのか、まずはそれを確認しなければなりません。

そこで、ネオジム結晶の一つを選んで（図5－6－1の上段中央の画像）、たとえば（b）でタテ方向の位置をアトムプローブで測定すると、ネオジム金属100％とわかります。ここはやはり非磁性相でした。

次に、非常に薄い領域ですが、（C）に対してタテ方向に解析すると、アモルファスの結晶粒界相があって、この中のネオジム濃度は60％ほどありますから、これも非磁性相と考えられます。ですから、「タテ方向に対しては磁気結合（厳密には交換結合）が切れている」と判断してよいでしょう。

ところが、（d）のようにヨコ方向を見ると、ネオジム濃度が30％、鉄が70％もあります。ということは、「ヨコ方向には磁気的に結合している」ということの証拠です。

シミュレーションで「この方向でイケる」と確信する

5-6-1 ヨコ方向にはまだ磁気的に結合している

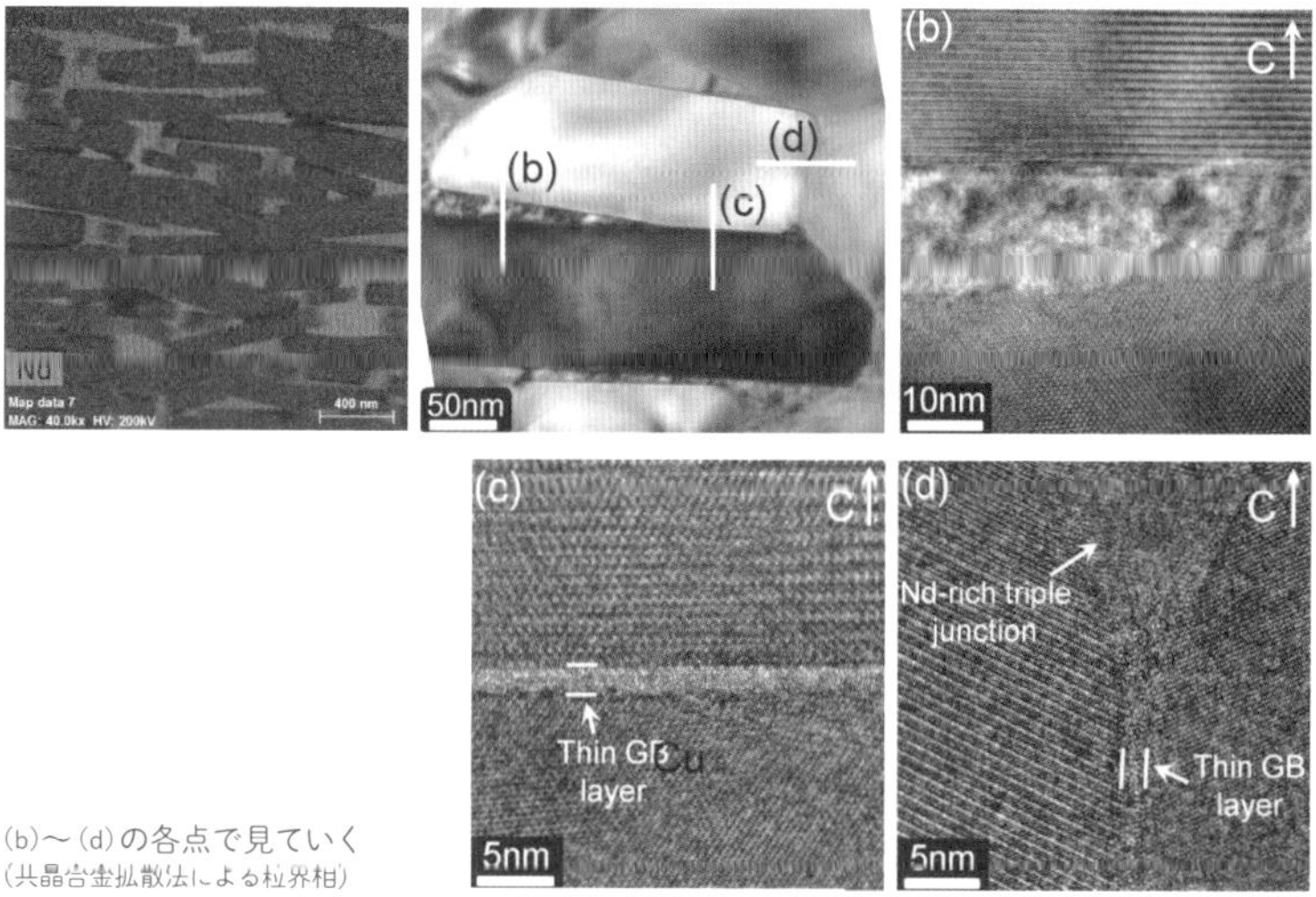

(b)〜(d)の各点で見ていく
（共晶合金拡散法による粒界相）

——あとはヨコ方向の磁気的な結合を切ればいい、ということですね。

たしかにそう推測できるわけですが、まだ現物ができていない以上、確認することができません。そういう場合には、シミュレーションを利用して、その通りか否かを確認してみます。

実は、私たちはこの先の研究を考え、「**マイクロ磁気シミュレーション**」という手法をオーストリアのグループから導入していました。そこでマイクロ磁気シミュレーションの技術を学ぶために研究員をオーストリアに派遣し、研鑽を積んできてもらいました。現在、私たちのグループではこの手法で、できるだけ実際の磁石の構造に近いモデルを使ってシミュレーションをするという研究を進めています。

いままでのマイクロ磁気では、計算量の制約から、小さな磁性体のシミュレーションしかできませんでした。いま、私たちのグループでは、計算の最小単位を2・5ナノメートルとして、0・5ミクロン程度の結晶粒界を持つ磁石のシミュレーションまでできるようになっています。そのためにNIMSのスーパーコンピューターや「京」コンピューターを活用しています。

さて、先ほど画像で見た組織に基づいて、磁石のモデル（図5-6-2のa）をつくり、それで磁化反転のシミュレーションをします。「タテ方向では磁気的な結合が切れ、非磁性になっている」「ヨコ方向にはつながっていて強磁性だ」というパラメータを置き、「ヨコ方向にはつながっていて強磁性だ」ということでシミュレート（c）するわけです。

そこでグラフ（b）を見ると、保磁力はこの段階で3・2テスラまでいっています。この保磁力をさらに高めたいわけです。

そのためには何をすればいいか。いま、ヨコ方向の強磁性の相がつながったままなので、シミュレーション上で組成を変えてしまいます（d）。こうしてヨコ方向も非磁性の相にすると、（b）のグラフから、保磁力が3・5テスラまで上がることがわかります。

この保磁力の値はいろいろな計算上の仮定で変わってきますが、傾向としてはシミュ

5-6-2 実験状況をシミュレーションしてみる

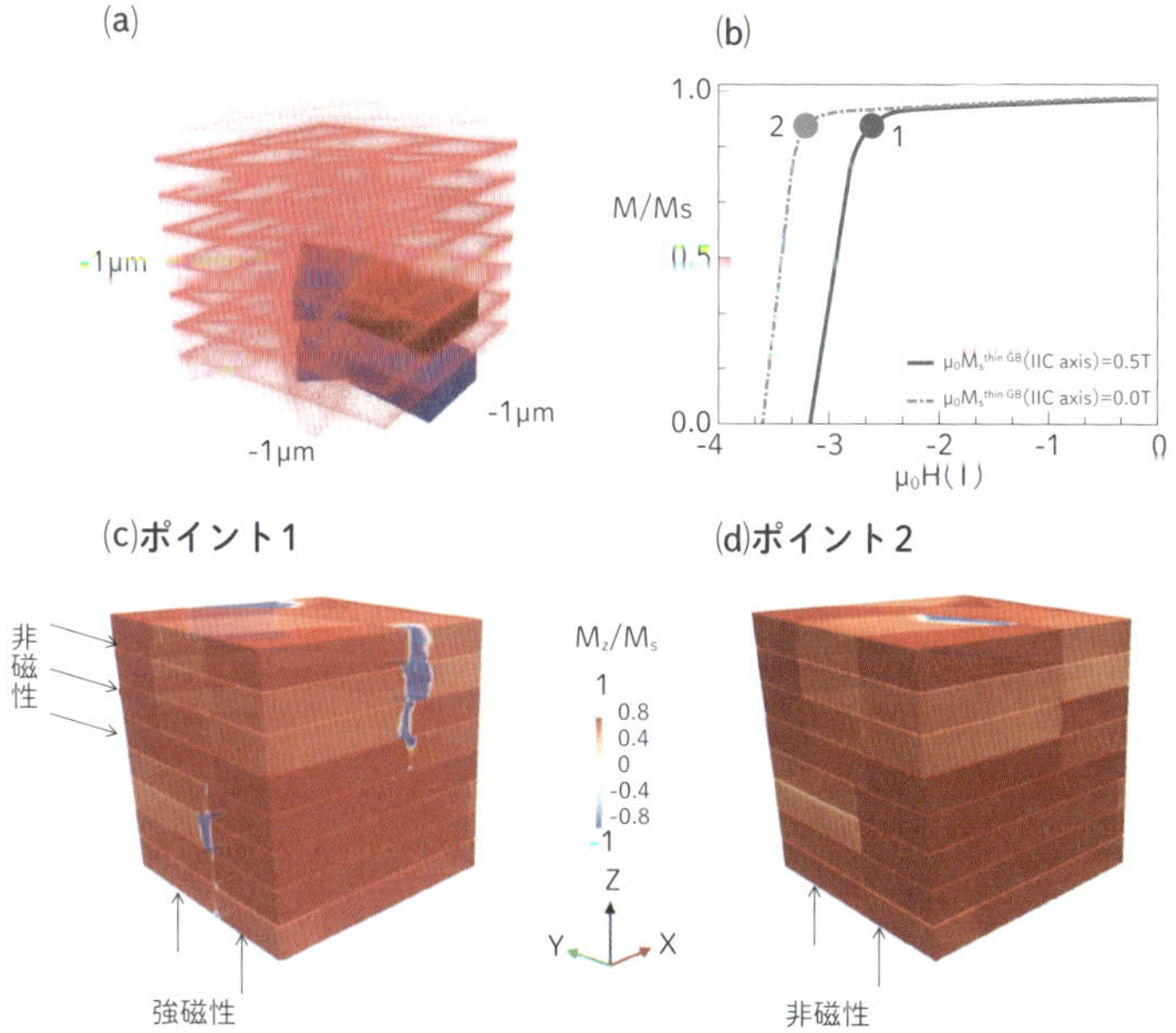

レーションと同じようになると思っています。

——つまり、ヨコ方向も非磁性で分断することで、保磁力はもっと上がる、というメドが立ったのですね。なるほど、シミュレーションって、こんなふうにして使うんですか。

はい、現時点では「ヨコ方向の分断方法」はわからないのですから、実験のしようもありません。けれども、このようなシミュレーションを利用することに

5-6-3 観察データに基づいてモデルをつくる、そのモデルからシミュレーションをする

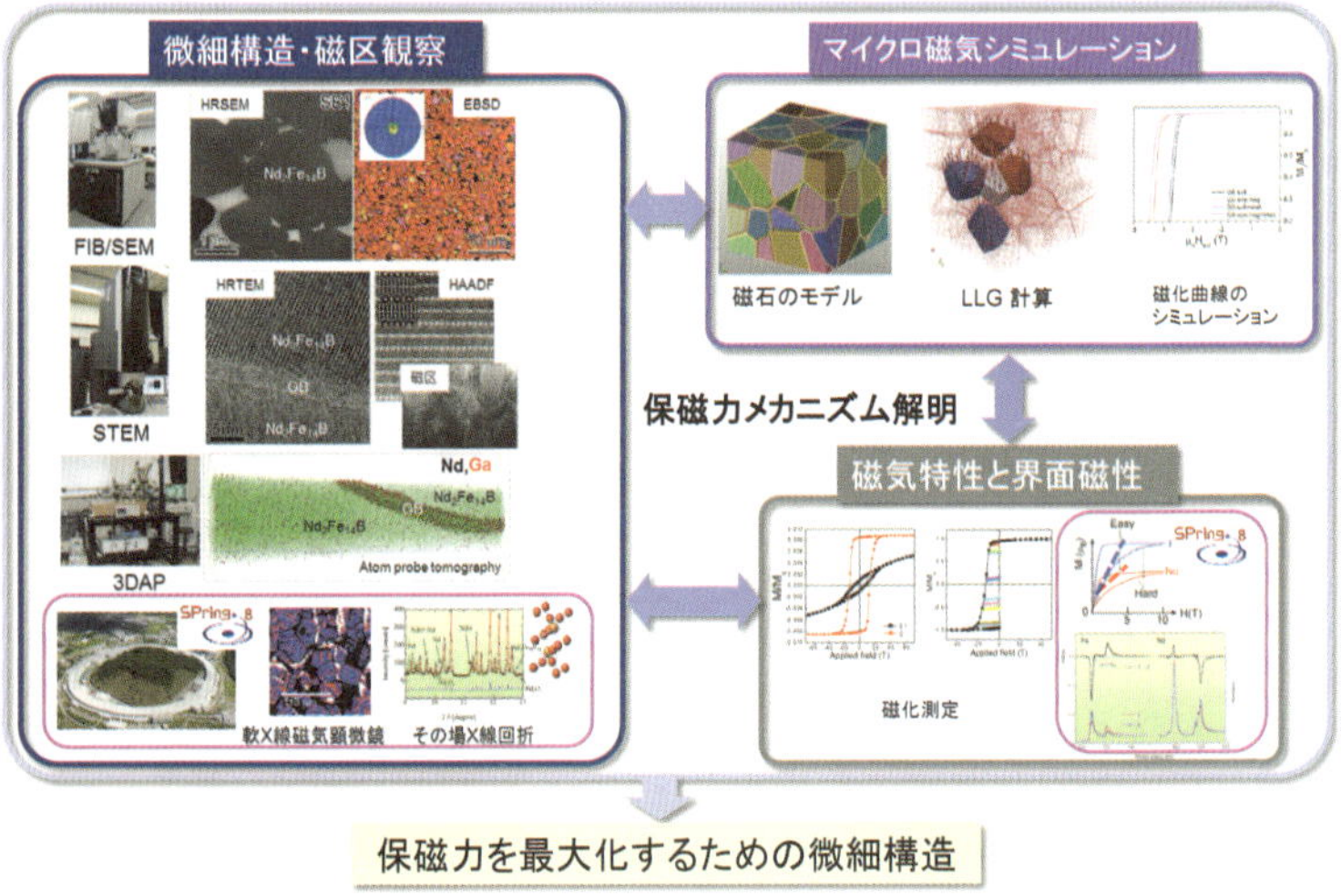

よって、「ヨコ方向を分断すれば保磁力は上がるのではないか？」という仮説を裏づけることができたわけで、これによって今後の研究方向もはっきりします。

「実験」と「シミュレーション」とは、それぞれの利点を活用して使っていく必要があります。磁気特性と微細構造をいくら見比べても、どのようにして磁化反転が起こっているのかを実験で判断するのはむずかしいからです。

磁性体の内部の磁化反転を観察する方法がないためです。磁区を観察できる顕微鏡はいろい

ろありますが、いずれも磁石の表面の磁区パターンが見えるだけで、バルク内部での磁区の様子を観察することができません。それを補間できるのが、実際の微細構造に近いモデルを使ったマイクロ磁気シミュレーションです。

図5-6-3は、私たちの磁石研究のアプローチです。微細構造を顕微鏡法とSPring-8の放射光を使って徹底的に解析します。そこから得られた構造情報と磁気特性を比較して、どのような構造で保磁力が高くなったり低くなったりするのかを理解します。実験で観察した構造の磁石がどのように磁化反転するのかは、マイクロ磁気シミュレーションで予測します。これらの情報を総合して、保磁力を最大化するための微細構造を決定しています。

学会では、いつも佐川氏に「いまのマイクロ磁気でも、0・5ミクロンの粒径しか計算できない。実際の焼結磁石の粒径は5ミクロンだから、まだまだだ」とコメントされています。5ミクロンの結晶を2・5ナノメートルの単位で計算するには膨大な計算量が必要です。私たちの試算では、それを実現するには次世代の「ポスト京」コンピューターが必要となっています。

——まだ研究段階ということでしょうが、この「ジスプロシウムなしのネオジム磁石」は、ふつうの磁石工場でもすぐに生産できる状態なのですか？

5-6-4
テリビウムにより粒界拡散処理した焼結磁石

ジスプロシウム問題は日本の焼結磁石メーカーにとっても非常に重要な問題ですから、当然、磁石メーカーでもその解決をめざした研究が精力的に行なわれてきました。その一つが、焼結磁石の表面からジスプロシウムやテリビウムを結晶粒界に沿って拡散させて、ネオジム磁石（$Nd_2Fe_{14}B$）の結晶の表層にこれらの元素の濃度の高い層を形成させるという方法です。

技術の細部は各社で少しずつ異なっていますが、基本的には磁化反転の起点となる結晶粒界部分の異方性磁界を上げるという技術です。

図5－6－4に示すように、この方法で保磁力が増強されたネオジム磁石では、ネオジム磁石（$Nd_2Fe_{14}B$）結晶の結晶粒界の内側でネオジム濃度が高くなっています。磁石全体にジスプロシウムやテリビウムを均一に合金化するのではなく、結晶粒界に接する部分だけにこれらの元素を局在化させ、全体としての重希土類元素量を削減するので、残留磁化がほとんど低下しないというメリットがあります。適応できる磁石のサイズに制約があるものの、すでに省ジスプロシウムタイプの高保

磁力磁石として市場に出ています。

このように、企業の研究者の努力により、ジスプロシウム問題にもいろいろな解決法が出てきています。

今回紹介した熱間加工磁石に低温の共晶合金を拡散させる方法は、既存の焼結磁石の製造設備では使えません。ですから、既存のメーカー以外が参入するときに使われていく方法かもしれません。

幸いなことに、需要が今後大きく伸びていくハイブリッド車・電気自動車用のモーターは「平板磁石（173ページの図3-5-2）」というタイプの磁石です。平板磁石をつくるときは、磁石を並べておいて、上からプレスをかけて拡散処理するという方法を採ることができますので、この「液体急冷～熱間加工」の方法を導入するのは、それほど無理がないかなと思っています。

大量生産のプロセスを第4のメーカーが確立すれば、磁石業界に新規参入できるチャンスがあるかもしれませんね。

6時間目

精緻に見ることで「なぜ？」を解明し、
それが研究開発の近道になる！

SEMとTEMの違いと使い分け

ミクロからナノ、ナノから原子レベルへ「照準」を変える

――ネオジム磁石の開発については多くの話をお聞きすることができましたので、研究に使うさまざまな装置について、その使い分けなどを教えてください。たとえばSEMとTEMの使い分けとか。

最強の磁石化合物としては、現在も「ネオジム2・鉄14・ボロン」（$Nd_2Fe_{14}B$）が最も有望で、資源量、生産コストという観点からこれを超える磁石はむずかしいと考えられています。

しかし、「ネオジム2・鉄14・ボロン」では保磁力が足りない。保磁力を改善するには、強磁性の磁石化合物と磁性を持たない物質を混ぜ合わせて、その微細構造を制御していく必要があります。

現在使われているネオジム磁石の保磁力が、なぜ化合物の物性から期待される保磁力の13～14％にしかならないのか、またそれを飛躍的に改善するには何をすればよいかということを考えるとき、磁石の微細構造を広いスケールで見る必要があります。

広いスケールとはバルク（塊）の磁石の内部をまずミクロスケールで観察して、ネオジム磁石（$Nd_2Fe_{14}B$）の結晶サイズの分布がどうなっているか。さらに粒界の3重点でどのような物質（相）があるか、これらを解析する必要があります。

次に、結晶と結晶の境界、つまり結晶粒界がナノスケールでどのような構造を持っているのか。

最後には、この境界部分で原子の分布がどうなっているのか。

このように、ミクロからナノ、ナノから原子レベルというふうに微細構造をマルチなスケールで見ていく必要があるのです。

6-1-1 SEM／TEM／3DAPによるマルチスケール解析が重要

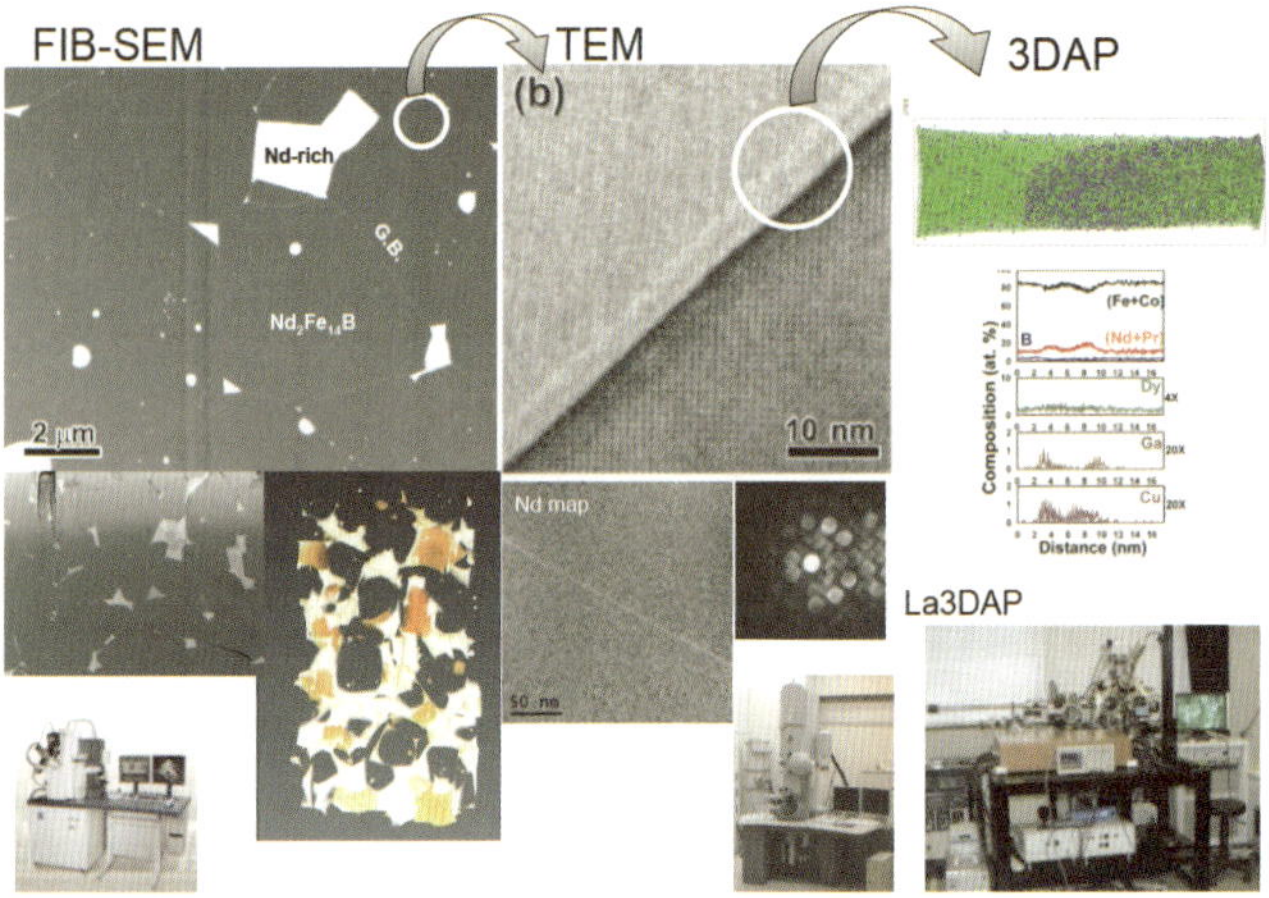

一見、当たり前のように思えますが、原子レベルで構造を見ることを専門としている人たちは、その手法しか使わない。つまり、**木を見て森を見ず**という研究です。原子レベルで材料の解析を行なっているグループはたくさんありますが、限定された視野からの情報だけでバルク材料の特性を説明するには無理があります。専門家の間で壁があって、本当にマルチスケールで材料の解析を行なっているチームは世界的にも限られています。

しかし、磁石開発では磁石の微細構造を原子レベルだけでなく、ナノ、ミクロとマルチスケールで観察することが重要で、そのためにはさまざまな解析手法を併用していきます。

――実際には、どのように併用するのですか？

ミクロスケールは走査型電子顕微鏡（SEM）、ナノスケールは透過型電子顕微鏡（TEM）、原子レベルは透過型走査電子顕微鏡（STEM）や3次元アトムプローブ（3DAP）という手法を使い分けます。また、磁区の観察にはカー顕微鏡やローレンツTEM、STEMを使います。

広い視野を持つSEMで「おおよその相」を判別

まず、走査型の電子顕微鏡、通称SEM（Scanning Electron Microscope）と呼ばれているものですが、この電子顕微鏡のよいところは、視野が広いこと、また検出器でさまざまな信号を検出して、それから像を構成できることが大きな特徴です。

虫メガネで太陽の光を1点に集め、黒い紙を焼いた経験があると思います。走査型電子顕微鏡もそれに似ていて、電子レンズを使って電子線をナノスケールに収束させて試料表面に照射し、スキャナーのように試料表面をスキャン（走査）します。像倍率はディスプレイに表示される面積を電子線が走査した面積で割ったもので、原理的にはとても簡単で

6-1-2 最新のSEMのしくみ

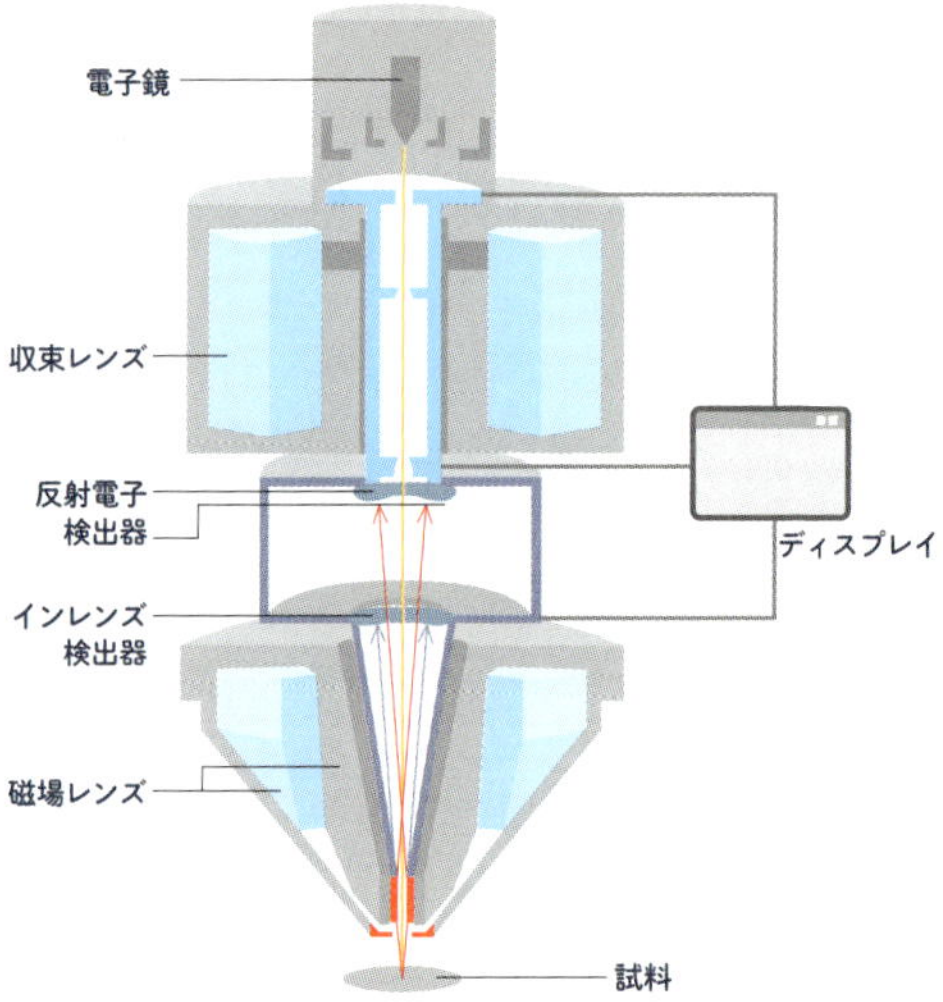

材料解析の分野で長年使われています。

最近の走査型電子顕微鏡（SEM）では、電子線をサブナノメートル（ナノメートルの10分の1）に収束することができるようになっており、そのため像の分解能も0・7ナノメートルと飛躍的に向上しています。これまでSEMでは電子線を照射して表面から放出される2次電子を検出して、おもに表面形状の様子を観察していましたが、その他にも、表面から反射される電子を検出することによって原子番号に敏感な、つまり表面における濃度を反映した像を得ることもできます。

低加速電圧のSEMで電子状態を把握

最近では、低加速電圧によって電子状態を反映したような像もSEMで見ることができ

6-1-3 左が背面反射電子像（BSE-SEM）、右がインレンズSEMの画像

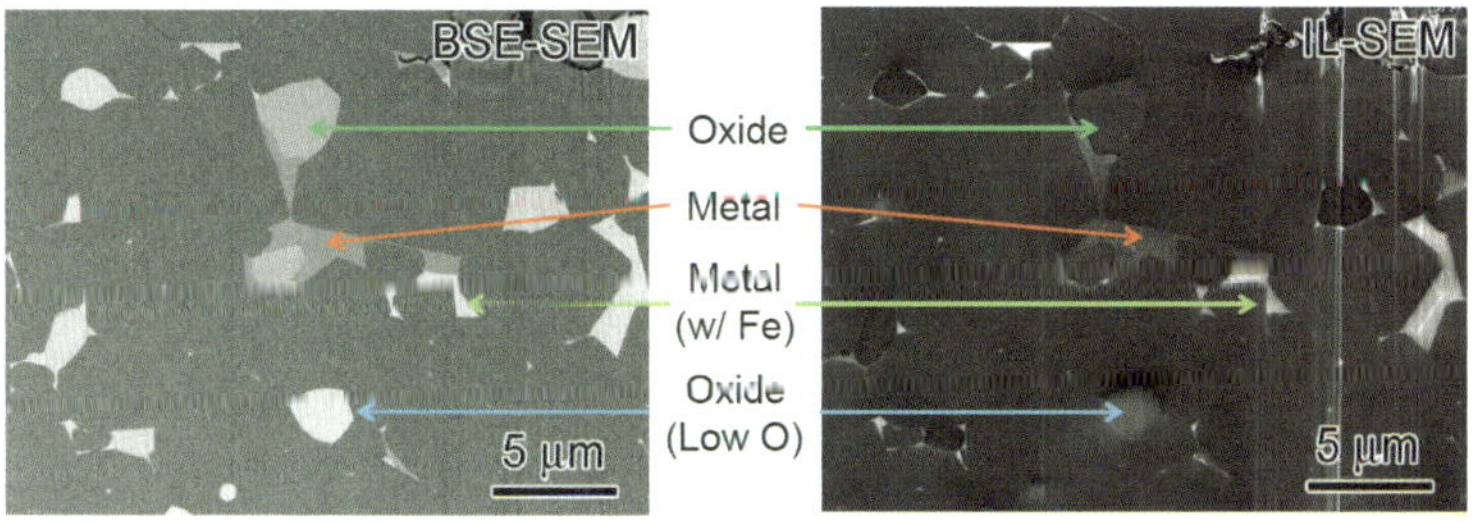

白黒の色の違いは「原子の重さ」による。このため、黒い部分ほど軽い原子が、白っぽい部分（たとえば鉄Fe）ほど重い原子が存在することがわかる。原理の異なる二つの画像を比較することで、さまざまな相の分離に役立つ

るようになってきました。

――その「電子状態を反映した像」とはどういうものですか。できれば実例を見せていただけるとイメージが湧くのですが。

では、実例を見ながら説明しましょう。たとえば、図6－1－3の左の画像は表面を平坦に研磨した焼結磁石の「反射電子像」（BSE－SEM）と呼ばれるものです。電子線が試料（ここでは磁石）にあたることで、試料表面から散乱される反射電子を検出して作成した像です。

そのしくみはともかく、得られる情報についていうと、左画像に見られるコントラストは「原子の重さ」に比例して明るくなります。つまり、暗い部分には軽い原子が存在し、白っぽい部分ほど重い原子が存在する、ということです。それぞれ

がどのような構造を持った化合物かは後ほどお話しする透過型電子顕微鏡（TEM）を使って決めます。

右の画像はSEMの中でも新しいタイプのもの（インレンズSEM）で、低加速度の電子線から発生した2次電子線をレンズの中に仕込んだ検出機で検出しています。この信号は表面状態に非常に敏感で、左の反射電子像とはまた異なるコントラストが見えます。これら二つの像を比較することでおおよその相が推測でき、ネオジム磁石に含まれているさまざまな相を簡便に分離するのに使おうというわけです。

特性X線で元素比率を予想する

物質に電子線をあてると、それぞれの元素に特有な波長（エネルギー）を持った特性X線がそこから発生します。X線、つまりレントゲンを発生させるには、銅などの金属に電子線を照射しますが、その原理をご存知ですか。

――いえ、知りませんが、その特性X線によって新しいことがわかるのですか？

もちろんです。数ナノメートルに絞った電子線を試料に照射すると、その物質特有の波

6-1-4 特性X線による元素分析の画像

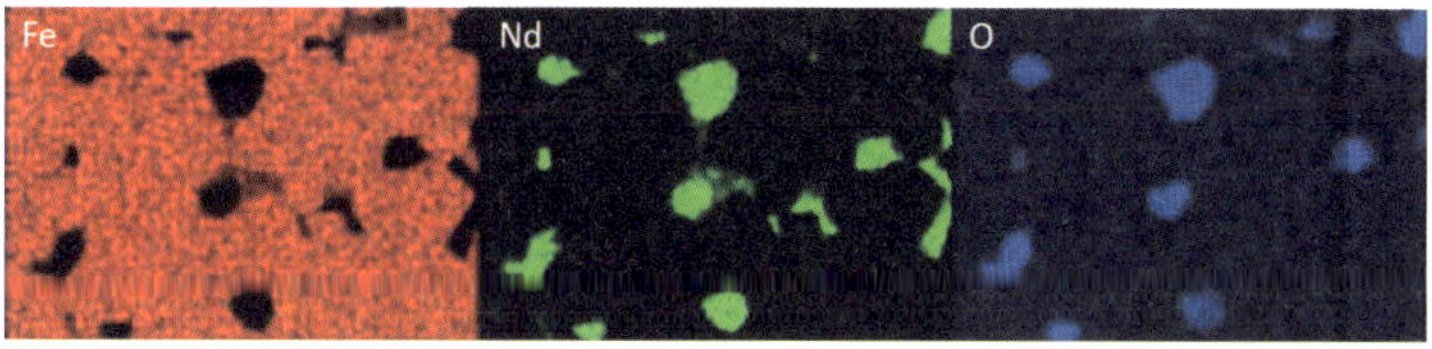

ネオジム、鉄、酸素の比率などの見当をつけることができる

6-1-5 ネオジム磁石から得られた特性X線のエネルギー分散スペクトラム

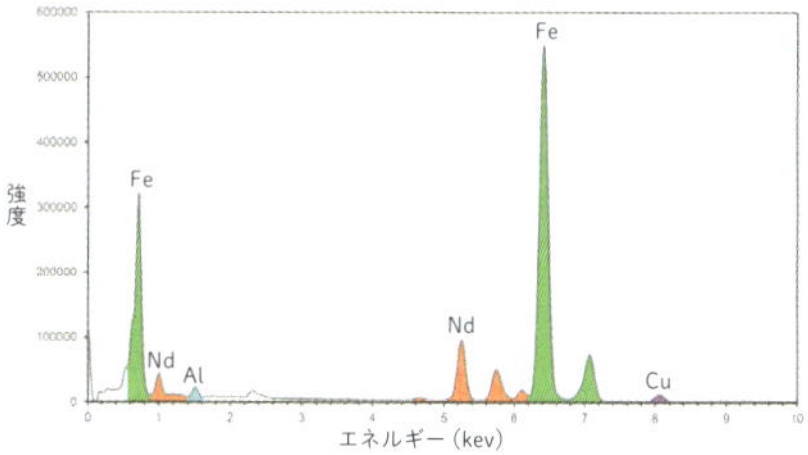

長を持った特性X線が発生します。そのエネルギーを測定することによって、電子線があたった部分にどういう元素が含まれていたかを知ることができます。

図6-1-3に示したSEM像と同じ領域から採った特性X線の強度が、図6-1-4に示されています。このX線マップとSEM像を比べることにより、どの部分にどの程度のネオジムや酸素が入っていたかがわかり、化合物の見当をつけることができます。たとえば、酸素の入っているところは酸化物の化合物ですし、酸素が入っていないところは金属（合金）化合物だろうと見当をつけるわけです。元素の比、たとえば「ネオジム：酸素」の比率がどの程度かもだいたいわかります。

ただし、その部分の結晶構造が何かというところまでは、この図6－1－4の画像だけではわかりません。

「TEM＋SEM」で相を同定

さて、SEMでおおよその相は予想できても、各相の結晶構造を決定するまでには至らない、と述べました。そこでこの試料を50ナノメートル程度に薄くスライスして、電子線が透過するようにしてみます。すると、さらにおもしろいことができます。

図6－1－6の真ん中にある大きな画像はSEMで見た像です。

これは薄膜にしたものですから、透過型電子顕微鏡（TEM＝Transmission Electron Microscope）に入れて電子線回折を撮ることができます。それが図6－1－6の上に配置された6枚、そして下の3枚です。

TEMでそれぞれの場所の電子線回折を見ることによって、それぞれの相の結晶構造を同定することができます。さらに先ほどのSEMの反射像（図6－1－3の左画像）、インレンズ2次電子像（右画像）の二つのコントラストの組合せから、「ここはネオジム1・鉄4・ボロン4の化合物（$NdFe_4B_4$）だ」「ネオジム2・酸素3の化合物（Nd_2O_3）だ」「ここではネオジム1・銅1（NdCu）だ」と決めることができるようになります。

このように、SEMとTEMを使って、ネオジム磁石の中に含まれるすべての相を同定

6-1-6 SEM（中央）で観察を行なった試料から電子線が透過する薄い試料を作製し、各相から電子線回折を撮ることにより、SEMで見た相の結晶構造を決めることができる

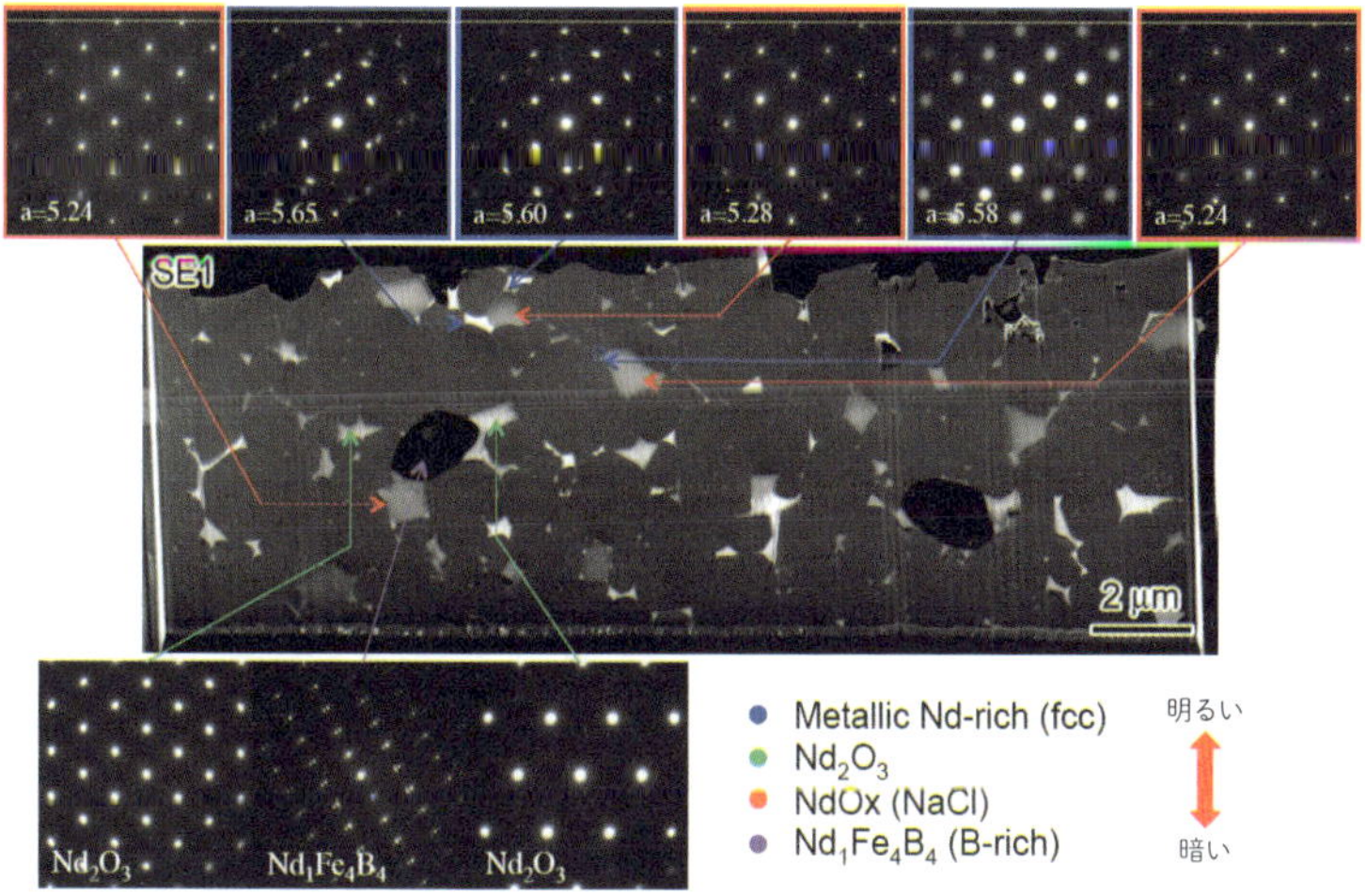

することができました。

実際、ネオジム酸化物などの副相は、磁石組成や製法によって大きく変わってきます。開発現場では新しい磁石を試作したときに、その微細構造と相の同定を迅速に行なう必要がありますが、そんなとき、ここで示した方法を使えばSEM観察だけで相の同定を迅速・簡便にできます。

SEMであれば磁石メーカーでも簡単に導入できますし、電子顕微鏡に関する高い専門知識がなくても現場で使っていけますので、磁石開発上、大きなメリットがあります。この一連の解析手法は2006年頃に私たちのグループ

で確立した方法ですが、現在は磁石メーカーの解析部門にも導入され、磁石組織の簡便な評価法として活用されています。

精緻な分析・計算手法が一段高い研究を保証する

TEMはSEMと比較して、より高倍率の観察が可能です。また試料を薄くして透過電子を走査するため、試料の垂直方向の原子の列を直接観察することができます。原子番号により明暗のコントラストが出ますので、うまく使うと、どの原子がどこにあるかまで判別できることもあります。また、サブナノメートルに絞り込んだ電子線から発生する特性X線を検出することで、どの元素が原子列を構成しているかまでわかります。

ネオジム磁石は1982年に発明され、その特性を向上させるために盛んに研究されてきましたが、当時はこのような原子レベルで磁石の構造・組織を見る方法はありませんでした。発明から30年経って、再びネオジム磁石研究が活性化されてきましたが、いまはこのような精緻な構造解析手法と計算手法が飛躍的に発展しています。

その意味では、30年前とはまったくレベルの違う研究が行なわれるべきでしょう。それによって、一見、特性向上が飽和しつつあると思われていた分野でも、ブレークスルーが起きることを期待しています。

2 磁壁移動の様子をTEMで観察する

磁壁の移動を見てみよう！

電子顕微鏡やアトムプローブの一般的な説明を続けていっても、あまりおもしろくないでしょうから、透過型電子顕微鏡（TEM）を使って、磁区や磁壁の観察をしてみましょうか。たとえば、ローレンツTEM観察という方法で、磁区を観察してみましょう。

6-2-1 まるでX線を見ているような現実の磁壁移動

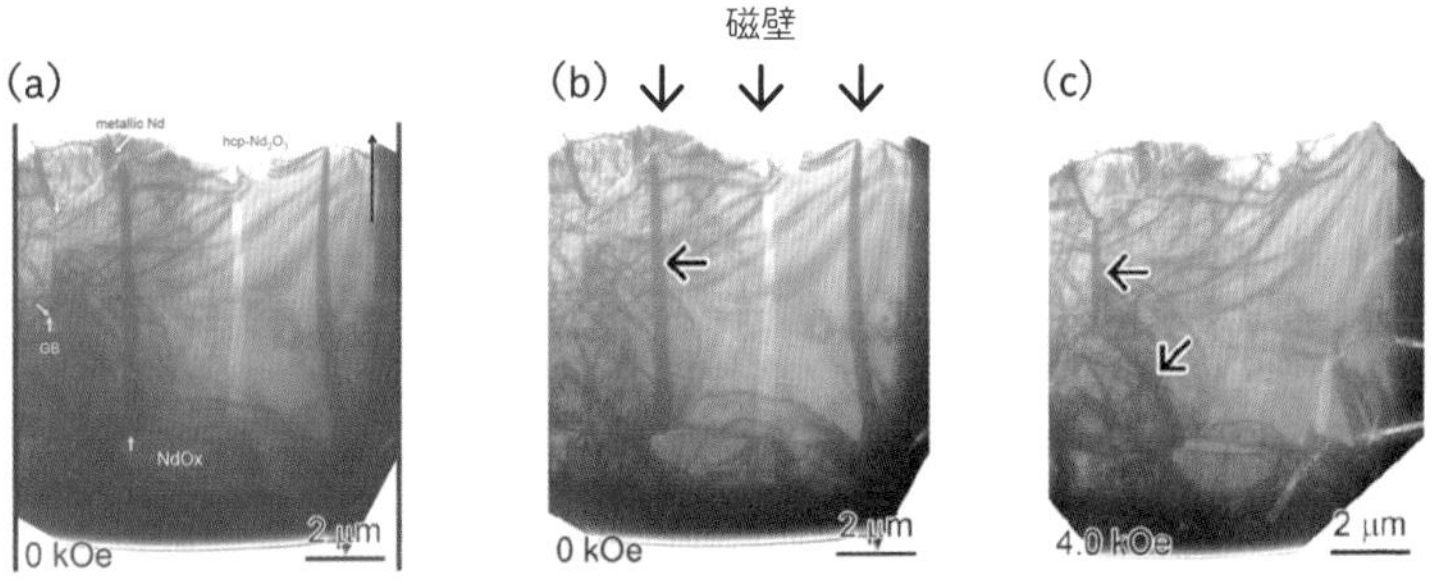

――えっ？　磁区や磁壁が見える？　磁壁というのは概念上のものではないんですか？

いえ、もちろん存在しますし、実際に見えますよ。TEMを使って磁石を見れば、現物の磁壁が磁界をかけられ動いていく様子、さらには磁界に対して踏ん張っている様子なども見ることができます。実物を観察しているので、おもしろいですね。それだけでなく、マイクロ磁気シミレーションを使うと、シミュレーションした姿を見ることができます。

TEMで磁区を見るには「**ローレンツ法**」というのを使います。「フレミングの左手の法則」というのを聞いたことがあると思うのですが、磁場中に電流が流れると電線に力が加わります。これを利用したのがモーターですが、電流を電子、電線を電子線に置き換えると、磁化を持つ強磁性体に電子が通り抜けると、電子線がローレンツ力を受けて曲がりますね。この電

6-2-2 マイクロ磁気シミュレーションによる画像

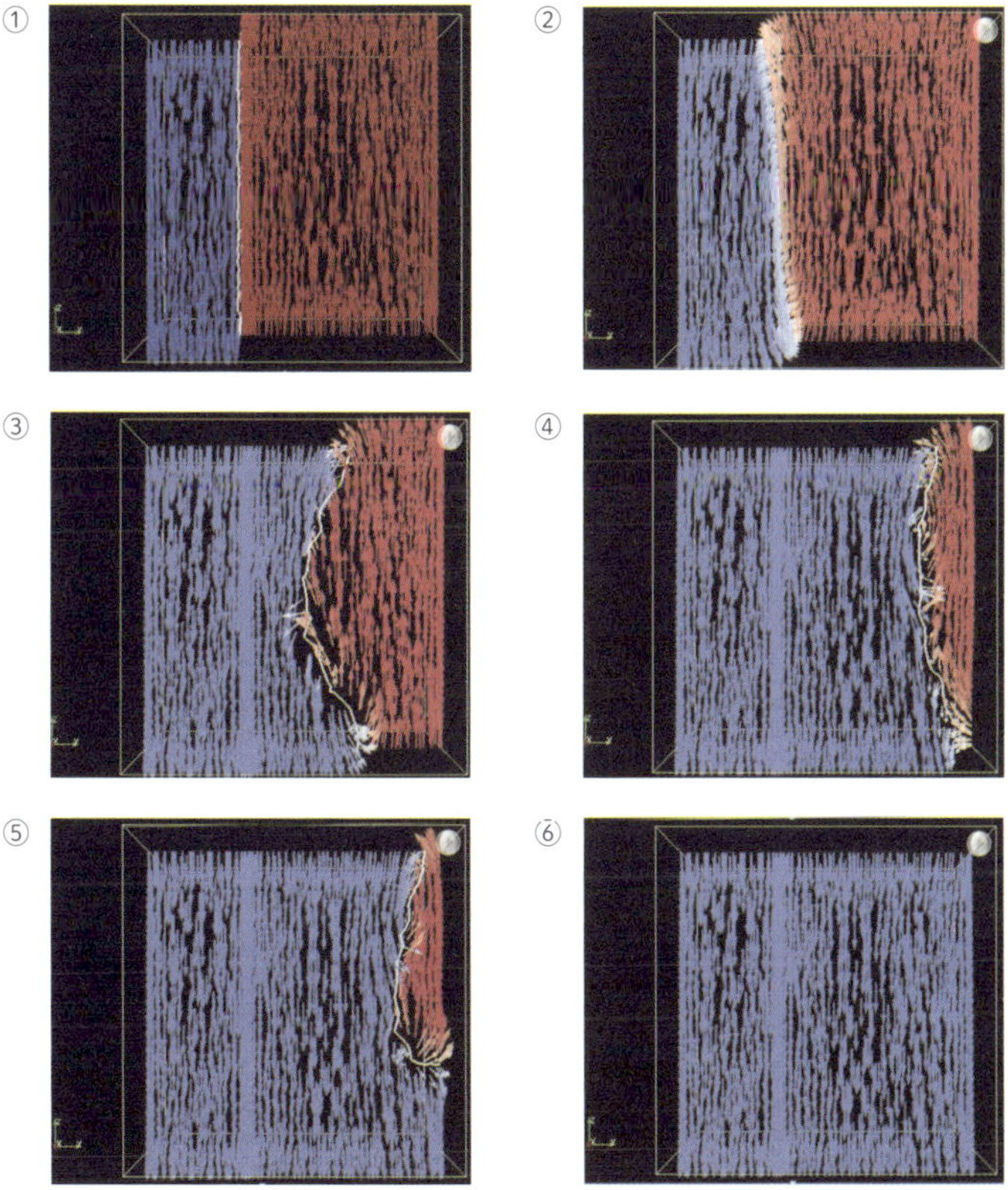

①の左側では磁化が下向き、右側では上向きです。これに下向きに磁界を加えると、下向きに磁化が持つ磁壁が②のように結晶粒界のところでピン留めされます。磁界を高くしてもなかなか磁壁は動きませんが、さらに磁界を高くすると③のように磁壁が右に侵入して、最後、磁壁が完全にはけて磁化反転が完了します。6-2-1で観察した磁壁の動きがシミュレーションで再現されています

子線の曲がりは磁化の方向で左右にふれますから、焦点をぼかした電子顕微鏡像で電子線が重なった部分が明るくなり、電子線が当たらなくなった部分が暗く見えるという原理です。ですから、図6－2－1の画像のように磁壁は暗い、明るい、暗いと交互にコントラストを持って見えてきます。

ちょっと見ると、まるで病院で撮ったX線写真のようですが、タテに黒や白の太い筋が何本か走っていますね、これが磁壁です。またGBと示してある場所が結晶粒界です。

このaの状態に外部から磁界を加えていくと、磁壁が次々に動いていきます。左のほうへ磁壁が動いて（b）、結晶粒界にピン止めされていく様子が見えます。図6－2－1の画像はシミュレーションではなく、現実のものです。

同じ磁壁移動を、今度はマイクロ磁気シミュレーションで見たのが図6－2－2の画像です。結晶粒界のところでピン止めが起こっています。磁壁が粒界に入るとそこで安定になり、一度安定すると、そこから抜けるには高い磁界が必要です。

ローレンツTEMで保磁力の違う熱間加工磁石を見る

今度は熱間加工磁石の磁壁を見てみましょう（図6－2－3）。ネオジム濃度が$Nd_2Fe_{14}B$の化学量論組成に近い合金とネオジム濃度が高く、そのために保磁力の高い2種類の磁石

6-2-3 ローレンツTEM観察で磁壁移動を見る

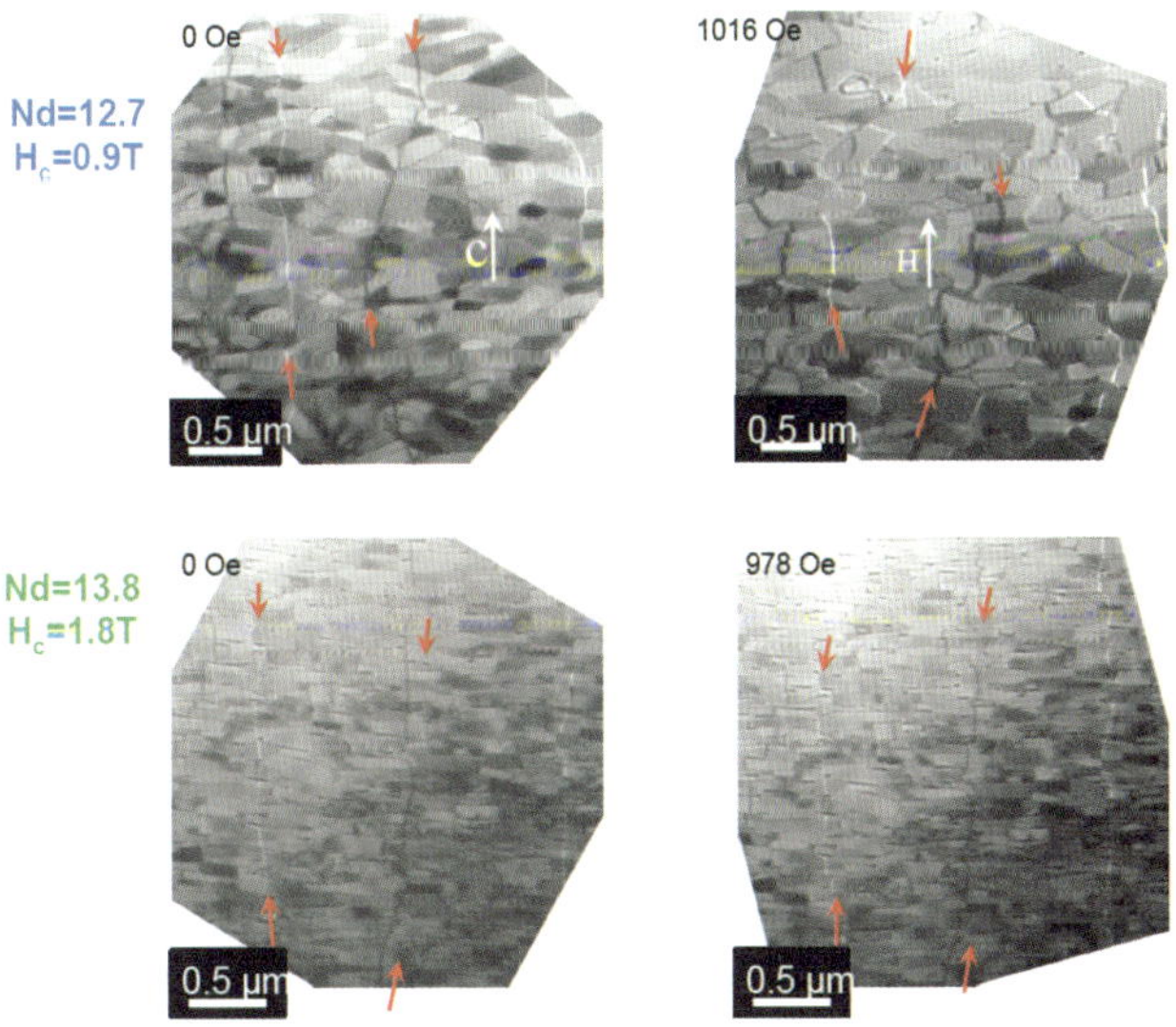

磁区を観察してみます。先ほど説明したように、磁壁は白と黒のコントラストで交互に出てきます。この磁壁を境界として、磁化が上と下に交互に向いています。小さく見える粒子は「ネオジム2・鉄14・ボロン」（$Nd_2Fe_{14}B$）の結晶で、一つの磁区は無数の$Nd_2Fe_{14}B$を含んでいます。

　消磁状態では磁壁は多くの結晶粒の内部を分断するように観察され、お互いの磁区の体積はバランスがとられていて、外部に磁界は発生しません（左画像）。

　これに0・1テスラほどの

磁界を外部から加えると、磁壁移動が起こります（右画像）。

磁壁はまっすぐに伸びていれば（左画像）、体積が最小になって磁壁エネルギーも最小になります。ところが、磁界を加えたあとでは磁壁は、赤い矢印で示されるように、結晶粒界にピン止めされてジグザグになります。結晶粒界があって、ここに磁壁が動かないようにピン止めされています。このように、磁壁は本当に結晶粒界でピン止めされるんですね。

一方、保磁力の高い熱間加工磁石を見てみましょう。先ほどと同じように磁界をかけても磁壁はビクともしません。磁界をかける前とかけたあとで磁壁の変化が見えません。これはネオジム濃度の高い熱間加工磁石では結晶粒界のネオジム濃度が高くなっていて、このため結晶粒界部分の磁化が下がり、これが大きなピニング力の原因になっているからです。ここに見られるように、保磁力の高い磁石では容易に磁壁は動きません。

カー顕微鏡、SPring-8、ホログラフィーで立証

——すごいですね、電子顕微鏡以外にも磁石の観察で使う装置はあるのでしょうか？

いろいろ使いますよ。走査型電子顕微鏡（SEM）、透過型電子顕微鏡（TEM）、アト

ムプローブの他にも、カー顕微鏡などがあります。

カー顕微鏡を使うと、磁石のバルク（塊）表面の磁区観察ができます。カーとは19世紀のスコットランドの物理学者ジョン・カーの名前からきていて、見ようとする試料に偏光をあてると、磁化の方向によって反射される偏光の角度が変わります。それによって、偏光角によるコントラスト差を観察できることを利用した顕微鏡のことです。いわば「偏光顕微鏡」といったところです。次の画像がカー顕微鏡によるものです。

6-2-4 カー顕微鏡による磁壁の観察

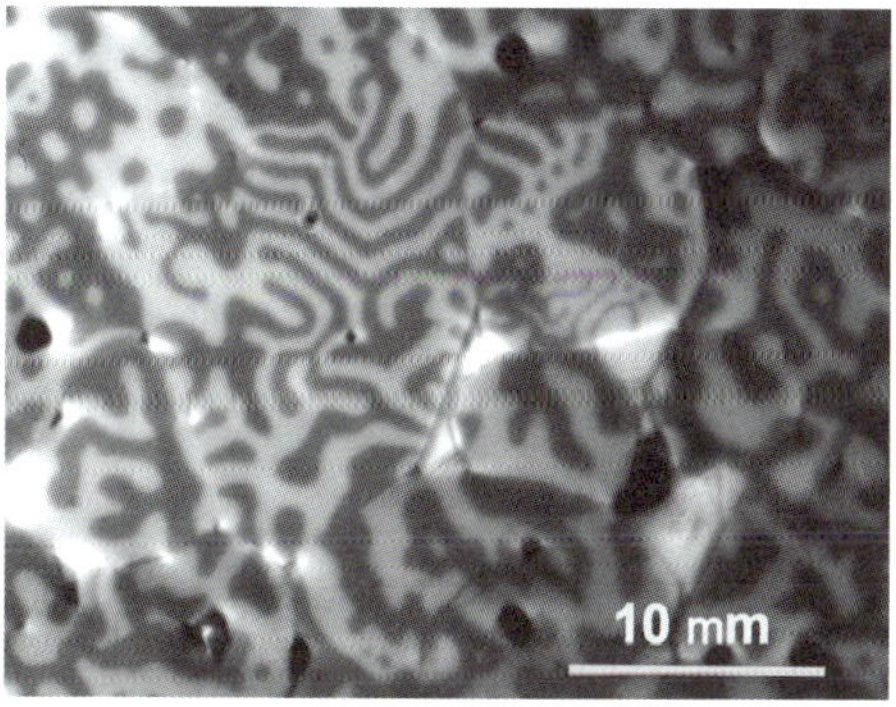

他にも、放射光ＳＰｒｉｎｇ－８（スプリングエイト）の専門家にお願いして、Ｘ－ＭＣＤ装置（X-ray Magnetic Circular Dchroism：軟Ｘ線磁気円二色性）を使って、粒界相が強磁性か、あるいは非磁性層かを解析したり、磁区のイメージングを行なってもらったりもしています。

従来、「結晶粒界とは非磁性層である」と考えられていました。その学会の常識に対して、私たちは研究をしていく過程で、「結晶粒界は強磁性ではないか？」と主張しました。そのことはすでに述べてきた通りです。結局、さまざまな観測装置を使い、多くの研究者が異なるアプローチで調査に協力してくれました。SPring-8もその際、立証に貢献してくれた一つです。

――どうやって「強磁性」であることを証明されたのですか？

まず、私たちがアトムプローブで濃度を測定し、それと同じ合金膜をつくりました。そこで、その磁化を測定したところ予想通り「強磁性である」ことがわかり、「焼結磁石の結晶粒界は強磁性である可能性が高い」という報告をしたわけです。

反論が相次ぎましたが、これを直接検証するために、SPring-8の中村哲也博士が、破断面にX線をあて、X線から出てくるX-MCD信号と呼ばれる情報から、「粒界相は強磁性である」ことを検証してくれました。

さらに東北大学多元物質科学研究所の村上恭和先生が電子線ホログラフィーを利用して粒界相の磁化の直接測定も行なってくれました。電子線ホログラフィーというのは、ノーベル賞候補に何度も名前があげられていた外村《とのむら》彰先生（1942～2012年）が開発された手法です。

図6-2-5は埼玉県鳩山町の日立中央研究所の敷地内にある、理化学研究所のホログラフィー電子顕微鏡を使って観察した磁区像です。その解析結果からも粒界相は強磁性で、

6-2-5 電子線ホログラフィーによる立証

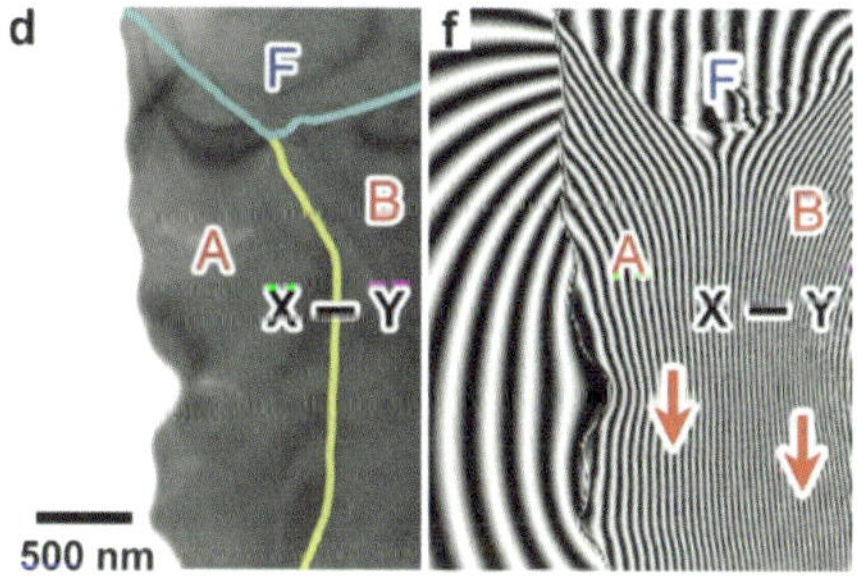

その磁化が1テスラであることも調べられています。

　このように、さまざまな装置を駆使して、30年前の研究ではまったく知ることのできなかったネオジム磁石のサイエンスの深化を行なっています。装置の性能や実験研究者の習熟度によっても得られる情報が異なりますから、研究室内でそのようなスタッフをどう育てていくか、あるいはその手法を専門とする他の研究室と共同で研究するなどの協力関係が必要ですね。

　そのために、元素戦略磁性材料研究拠点（ＥＳＩＣＭＭ）で、さまざまな専門を持った研究者が同じ目的に向かって共同研究していく体制ができたことは大きいです。

3

FIBで最初の試料づくり

――せっかくですから、アトムプローブ分析をするための「試料」づくりの方法だけでも教えていただけませんか。

そうですね。アトムプローブの原理はこのあとの実験室見学で説明しますが、試料作製法についてだけ、いま説明しておきましょう。

アトムプローブ分析を行なうためには、試料を針状にしておく必要があります。針の直径は100ナノメートル程度の細いものです。

6-3-1 針状の試料をアトムプローブ用につくるのが最初の仕事

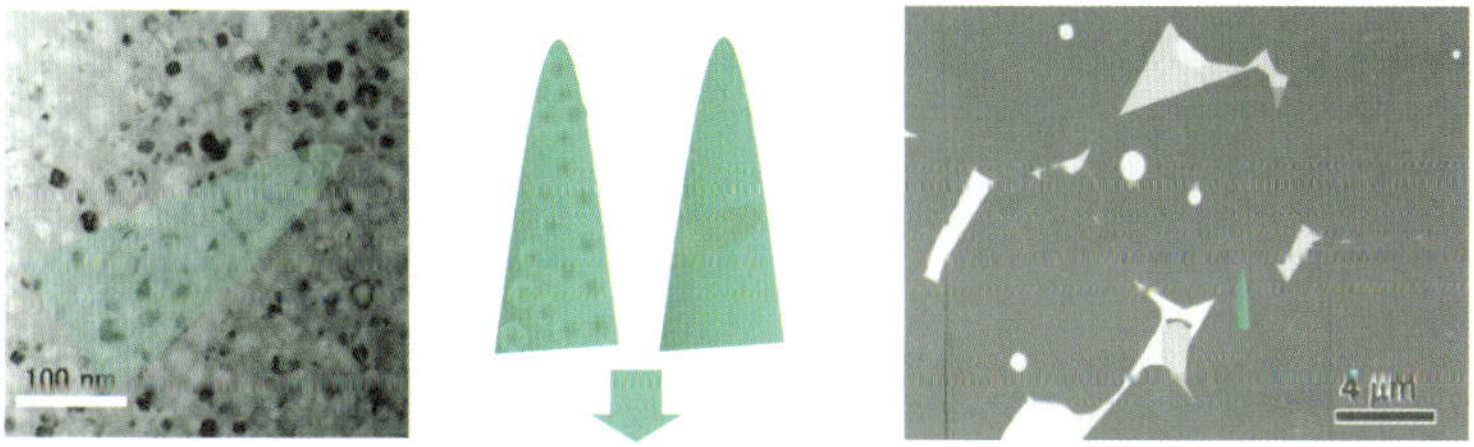

ただ、アトムプローブで焼結磁石の中の結晶粒界を見ようとすると、少々面倒なことがありました。それは、焼結磁石の結晶粒径は5ミクロン程度もあって大きく、その大きな領域から結晶粒界だけをピンポイントで取り出して試料をつくらないといけません。当時はそのような手法は確立されていなかったのです。

東北大学の田中通義先生が領域長を担当されたＪＳＴ（科学技術振興機構）のＣＲＥＳＴ「物質現象の解明と応用に資する新しい計測・分析基盤技術」の研究領域という研究戦略プロジェクトの一つに応募し、２００６年に幸運にも「レーザー補助広角３次元アトムプローブの開発とデバイス解析への応用」というテーマが採択されました。

この研究は「①あらゆる材料の解析を可能とする３次元アトムプローブを開発する、②あらゆる試料からアトムプローブの試料を作製する技術を開拓する、③専門性の必要だったアトムプローブ法を汎用的な解析手法として普及させる」という謳い文句で始めたのです。

ガリウムレーザーでガリガリ削る

電子顕微鏡の観察でも同じですが、解析研究の成否の8割は「試料づくり」で決まります。アトムプローブ法でもそれは同じです。

どのような試料のどの情報を得たいのか、その情報はアトムプローブでしか得られないものか、それがわかったときに材料開発につながるインパクトとなるのか、といったことを考えます。そして、何よりも試料作成です（図6－3－2）。

たとえば、①のような試料から針をつくってみます。もし、「膜の界面を見たい」とすると、まず金属を保護膜として堆積させてガリウムイオンで側溝を掘り、それをタングステンのプローブで引き上げます（③）。プローブと試料は金属を堆積して接合します。

次に、別に用意していたタングステンの針を削って、その上にいまの微細加工した試料片をつけ（④〜⑤）、余分な部分を再度、ガリウムイオンで削り、円環状のガリウムイオンビームでシャープにして仕上げていく（⑥〜⑧）という手法です。

この手法は私たちだけが開発したのではなく、もともと、FIB（Focused Ion Beam＝収束イオンビーム）装置を使って電子顕微鏡の試料をつくる方法があり、それをアトムプローブ用の試料づくりに応用したものです。

6-3-2 針状の試料ができるまでの工程

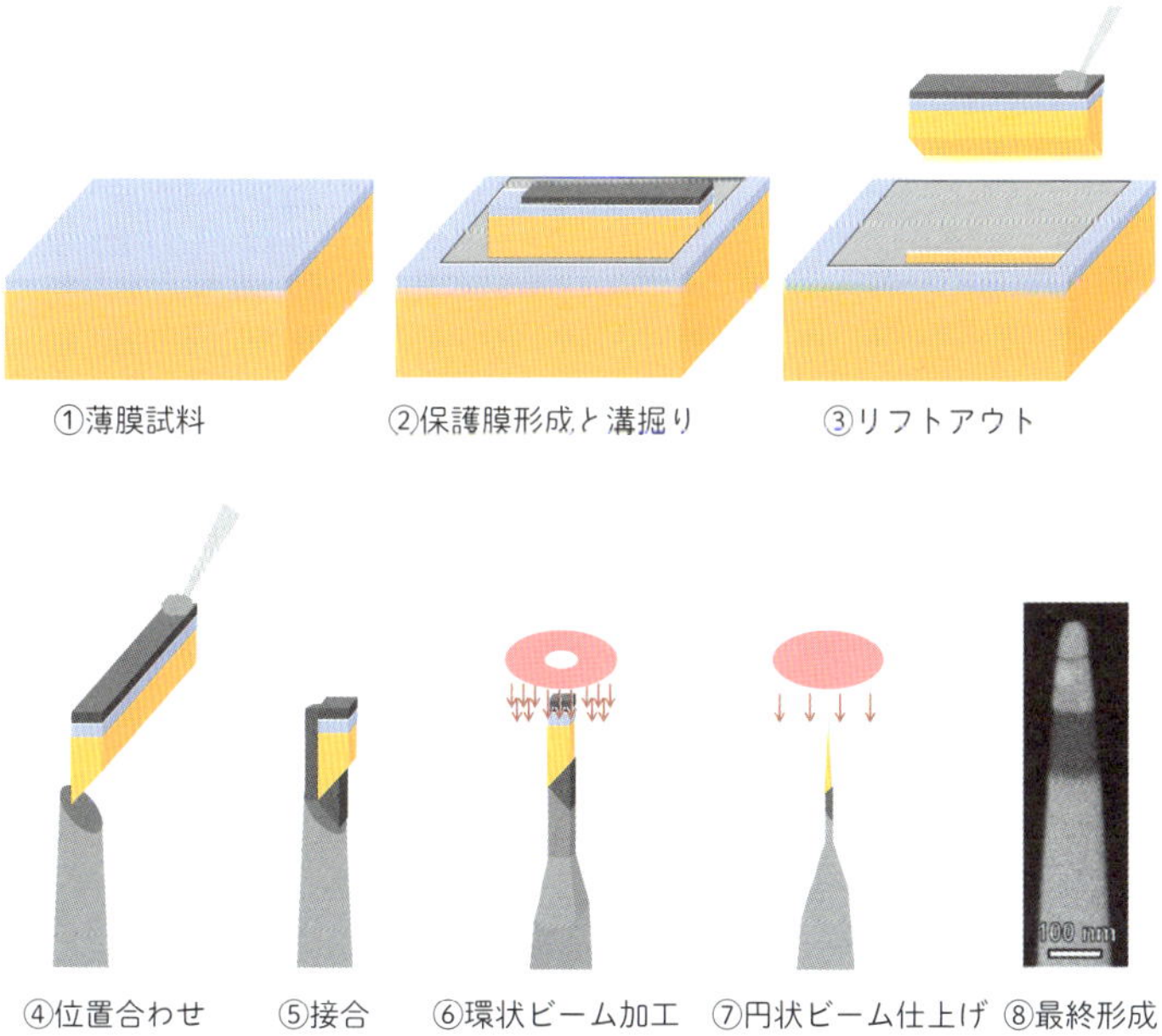

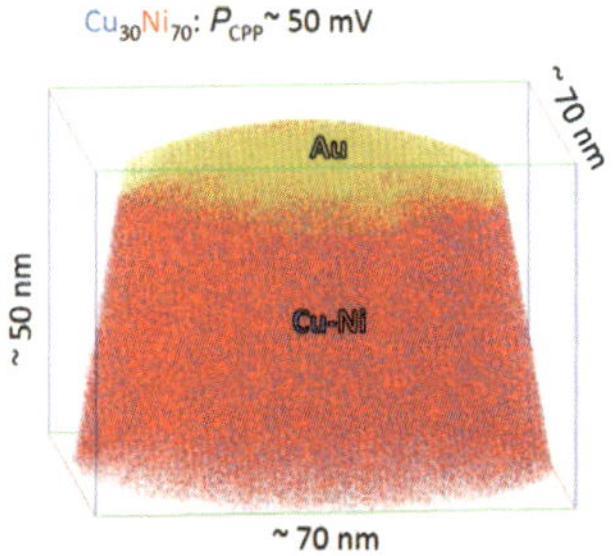

シリコン基板上に成膜された銅ニッケル合金と金の２層薄膜の３次元アトムプローブによる原子マップ

先のCRESTプロジェクトの中でいちばん大きな買い物が「集束イオンビーム装置付きの走査型電子顕微鏡（FIB-SEM）」というもので、これがなければレーザー補助3次元アトムプローブを完成させることができても、それに使う試料ができないわけですから、このFIB-SEM装置はプロジェクト全体の推進にはきわめて重要でした。ただし、プロジェクトのお目付役の先生方からは、「この装置が買いたかっただけだろう」とか、ずいぶん嫌みなこともいわれましたが、この装置は後のCREST課題「元素戦略」による磁石研究でも大活躍しました。実に絶妙なタイミングで必要な装置を導入できたのは幸運でした。

見る前に表面研磨、ところが思わぬ事態に……

焼結磁石の結晶粒径は5ミクロン程度と比較的大きいので、走査型電子顕微鏡（SEM）がそれを見るのにいちばん適しています。走査型電子顕微鏡では試料の表面を機械的に研磨し、そこに電子線をあてて観察していきます。

ところが、ちょっと困ったことが起こりました。ネオジム-リッチ相のネオジムは酸化されやすいために、機械研磨したとたん、どんどん酸化していきます。酸化スピードが異常に速く、表面を研磨し終え、試料を走査型電子顕微鏡に入れる前に、すでにネオジム-

6-3-3 タケノコのように異常なスピードで酸化が成長する

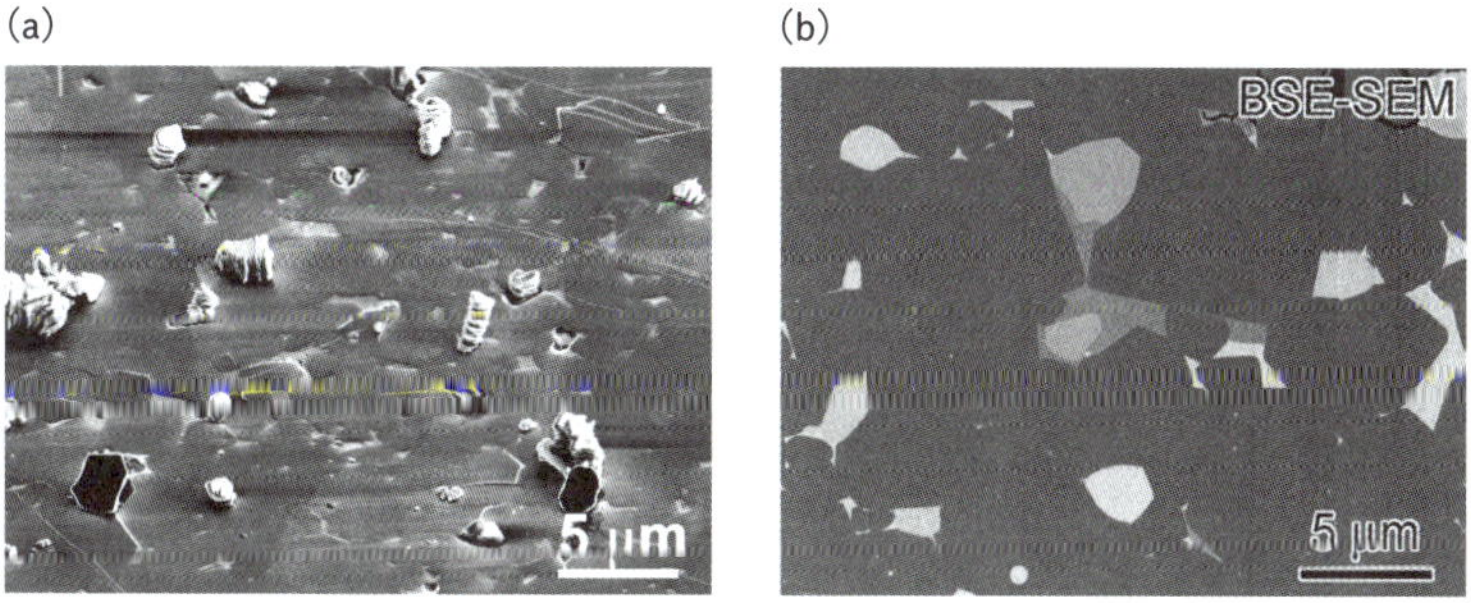

(a)ネオジム磁石を表面研磨後大気にさらされた状態で観察した2次電子によるSEM像と (b)FIBで表面酸化物層を除去した清浄な表面からの反射電子によるSEM像。(a)で突き出ているのはネオジム-リッチ相が空気により酸化されたネオジム酸化物で、従来の観察ではこのような酸化の影響でいくつかあるネオジム-リッチ相の識別ができなかった。FIBを搭載した高分解能SEMにより、初めて複数のネオジム-リッチ相を識別できるようになった

リッチ相に酸化物がタケノコのようにニョキニョキと伸びてくるわけです（図6-3-3の(a)）。

試料を作製して、1時間もすれば酸化物でネオジム-リッチ相が覆われてしまいます。このため、これ以前の研究ではネオジム磁石のネオジム-リッチ相をSEMで明瞭に観察した例がありませんでした。

こうなると、「試料の研磨→走査型電子顕微鏡に試料を入れる」という従来の作業手順では必要な観察ができません。それが現在では図6-3-3の(b)のように、非常にきれいな像が撮れるのは、走査型電子顕微鏡に試料を入れたあとに、FIBで表面を削りながら画像を見ていくことが可能になったからです。

——せっかくなので、もう少し知りたいところですね。

このあと、実験室に行ってこれらの装置と磁石づくりの装置をお見せしますよ。

7時間目

実験室を覗いてみよう！

1 アトムプローブを見学

見えたネオジム磁石の同心円

では、今回の研修も終わりに近づいたので、皆さんを実験室のほうへご案内しましょう。これまで得た知識の整理にもなると思いますので。

――わぁ、きれい！

いま、ご覧いただいているのは（図7－1－1の左）、電界イオン顕微鏡（FIM）で見たネオジム磁石の表面の原子の姿です。電界イオン顕微鏡やアトムプローブでは、試料表面で原子のイオン化を起こすために非常に高い電界が必要です。1ナノメートルあたりで1ボルトですから、1メートルあたりでは100億ボルトもの高い電界が必要です。

7-1-1 ネオジム磁石の試料表面から各元素が飛んできている様子

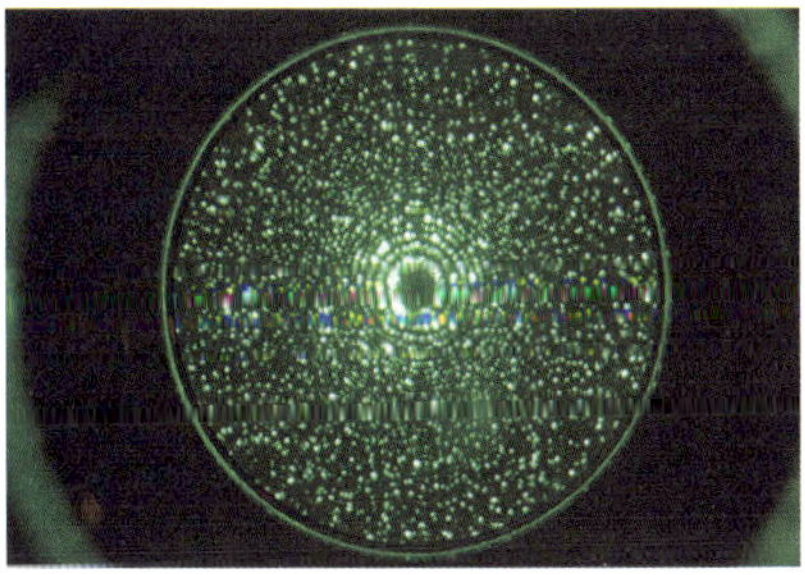

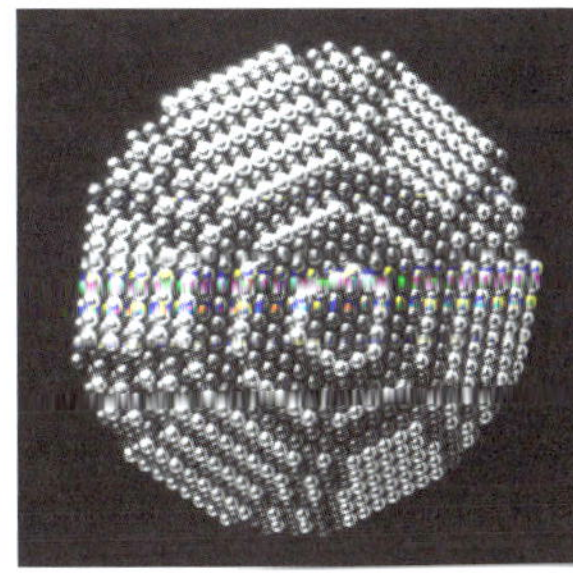

右はその様子を数百個のネオジム磁石を用いて研究室で再現したオブジェ

7-1-2 パルスレーザーからネオジムイオンを追い出し、検出したあと、3次元アトムプローブで画像を解析する

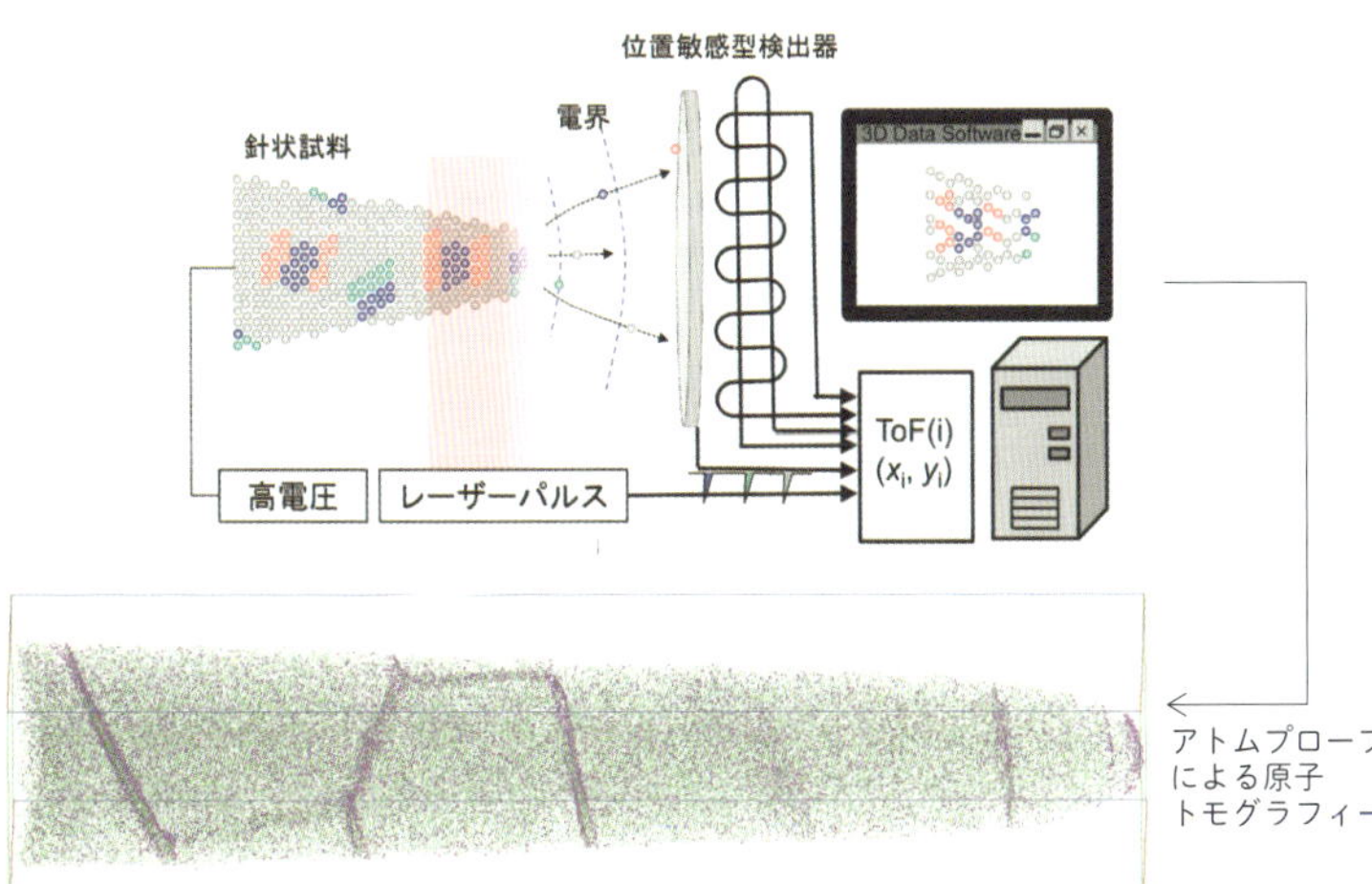

試料を針にすればその先端で電界が高くなりますから、電界イオン顕微鏡やアトムプローブに使う針は、先端半径が５００ナノメートル程度の本当に先鋭なものになります。

この針に数キロボルトの電圧をかけると、高い電界が針の先端に発生するわけです。このような高い電圧に置かれた表面では電気的に中性だった原子が電子を失ってイオン化します。これを**電界イオン化**とか**電界蒸発**とか呼んでいます。

ここではネオジム磁石を針状に加工して、そこに電圧を加えています。ＦＩＢのステンレス容器の中は真空に引かれていて、そこにほんの少しのネオンガスを導入します。すると針は半球上で原子の凹凸がありますから、原子の突き出しているところで優先的にネオンガス原子の電界イオン化が起こって、それが試料の対抗方向に置かれた検出器を光らせてこのような美しいパターンを形成します。

この像では表面上にある個々の原子を観察することができますが、それがどの原子かまではわかりません。

この高電界下にある試料の表面にパルスレーザーをあてると、レーザーに励起《れいき》されて、原子の電界蒸発が起こります。針の先端から検出器までは放射状に電界が広がっていますから、その等電位面の法線方向にイオンは加速されて、検出器に到達します。

こうして、レーザーを照射した時間から原子イオンが検出器に到達するまでの時間を測定することで質量（重さ）を測定します。質量がわかれば元素の種類を特定できるわけです。

7-1-3 アトムプローブ装置の全景と内部写真

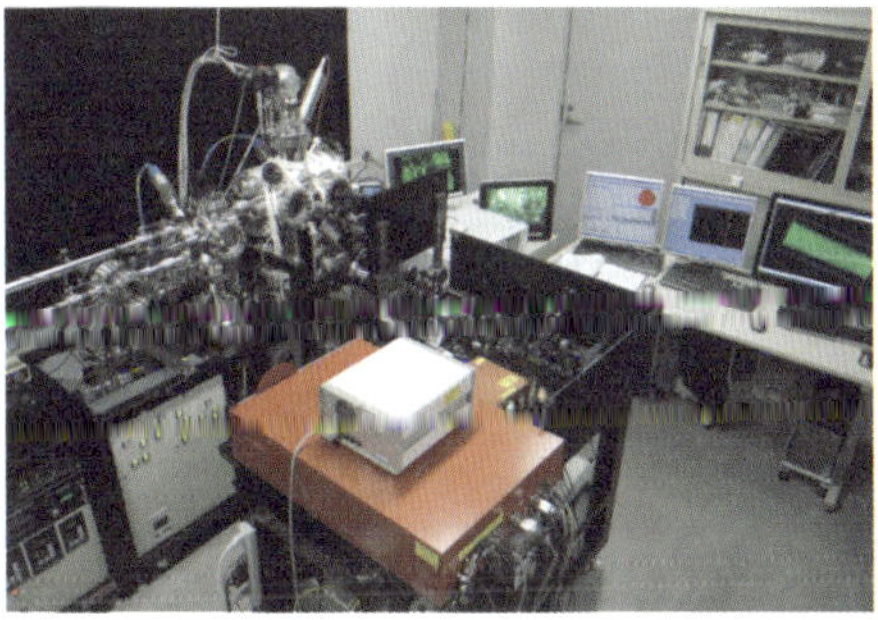

この検出器には位置を測定する機能がありますから、イオンが到達した検出器上の場所を決定することができます。それを3次元的にコンピューターで処理すると、試料中の元素の分布を3次元的に再現できます。これを「**3次元アトムプローブ**」、最近では「**アトムプローブトモグラフィー**」と呼んでいます。

トモグラフィーという言葉はX線CTでも使われていますが、断層映像法という意味です。最近はX線トモグラフィーや電子線トモグラフィーという方法が普及してきていますが、これらの方法では個々の原子を表示することができません。3次元アトムプローブでは原子のトモグラフィーを得ることができるという点が特徴になります。

――世界にアトムプローブは現在、何台くらいあるのですか？　かつては世界に数台だったそうですが。

いま、優れた市販の装置を購入することができるようになったために、この10年あまりで急速に台数が増えました。世界でアトムプローブと呼ばれるのは、30台から40台ぐらいでしょうか。日本には世界的に見ても、けっこうたくさんあります。10台ぐらいはあると思いますが、そのうちこの研究室には2台あります。

この研究室のアトムプローブの装置は、すべて私たちがデザインして図面をつくり、町工場でつくった装置です。レーザーや検出器は単体で別に買ってきて、研究室で組み立て、アトムプローブと組み合わせて動くようにしました。それによって市販装置に比べると3分の1くらいのコストでできます。

——買ってきたというのは、ふつうに売られているレーザーですか？

そうです。ふつうのレーザー。ただし通常の可視光よりも波長の短い紫外光を使っていますので、肉眼では見えません。また、パルス幅が数百フェムト秒のフェムト秒レーザーを使っていますので、たいへん高価です（家が一軒建つくらい）。

2 FIB装置を見学する

――このFIBという装置で試料をつくって、アトムプローブに持っていくんですね。

そうです。ガリウムイオンで試料を削っていきます。削って、削って、最終的に針状に仕上げます。そのことは6時間目でもご紹介しましたが、ここでは実際のプロセスを見て確認していきましょう。

この画面（図7-2-2）に出ているのが、アトムプローブ用の試料をつくっている途中画像です。針を正面から見たり、ガリウムの方からも撮影できます。走査電子顕微鏡（SEM）で試料を観察しながら、加工したい部分に細く絞ったガリウムイオンをあてて、その部分を加工していきます。針を仕上げるときはガリウムイオンを針の真上から円環状に走査して、針を先鋭にしていきます。

――どのぐらいの大きさですか？

7-2-1 アトムプローブ装置に入れた針状の試料をモニターで確認をする

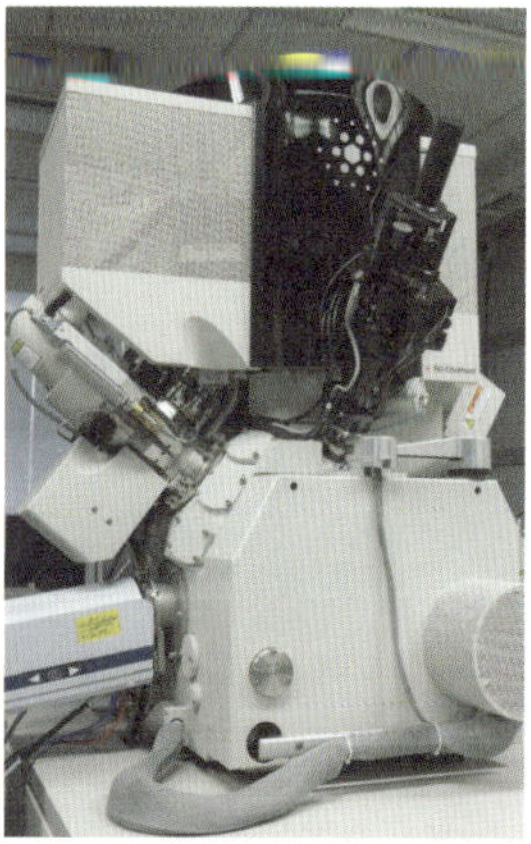

7-2-2 試料をFIBで削り、針をつくり出す

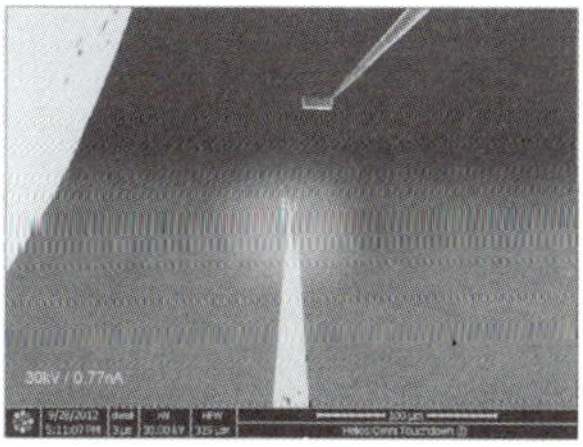

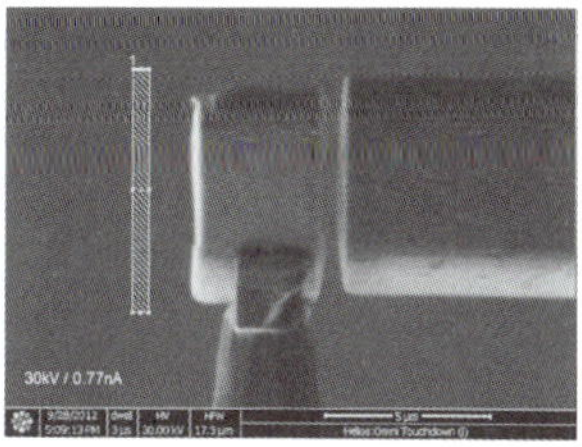

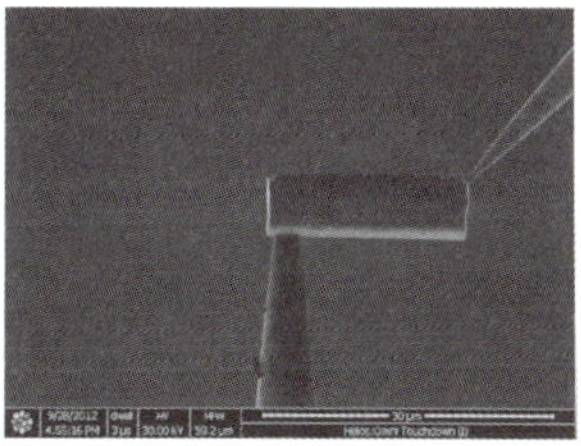

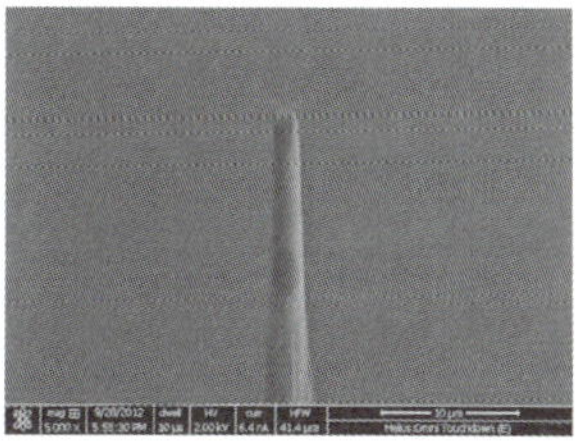

先端の直径が100ナノメートルぐらい、つまり、10^{-7}メートルとなるので、0・0001ミリぐらいでしょうか。この画像は削りはじめる前ですね。まだ、全然尖っていません。ここでガリウムをあてて、どんどん細くしていきます。この状態にくるまでに1時間以上、そしてここから1時間かけて削りますので、全部で2時間くらいかかります。

——2時間ですか。自動化して試料をつくるのですか?

いいえ、同じ形状のものを大量につくるなら、マスクをつくったり、削ったり、貼ったりと、自在に操作できますが、アトムプローブ用試料の作製はあまり自動化のできる操作ではないですね。SEMで試料を観察しながらの人間の手作業になってしまいます。

光学顕微鏡は光を使ってものを見ますが、走査型電子顕微鏡(SEM)は光の代わりに電子線を使ってものを見る装置です。試料に電子線をあて、反射する電子を検出します。電子線を絞って試料の表面をスキャン(走査)していくタイプですから、試料表面の凹凸によって電子線がさまざまな方向に散乱します。その電子線の返ってくる強さを検出器がキャッチして、XY座標にプロットしながらコントラストのある画像を描きます。

SEMのいちばん大きな特徴は、被写界深度が深いことです。つまり、ピントが深くまで合います。スキャンするとき多少の高さの変化があっても、電子線がそのまま潜っていって、そこから反射する電子線の強度を測っているため、ピンぼけの少ない、明瞭なコントラストの画像を得ることができます。

——SEMは他に、どんなことができるのですか？

そうですね、電子線を試料にあてるとX線を発生します。このX線の波長を見ていくと、どの元素がどこにあるかもわかってきます。そんな情報が得られることも、光学顕微鏡にはない走査型電子顕微鏡（SEM）の特徴です。

最近のSEMには、ガリウムイオンビームが附属しているタイプが開発されていることから、SEMを使ってもトモグラフィー像を得ることができます。分解能は3次元アトムプローブとは比較にならないほど落ちますが、ミクロサイズの微細組織のトモグラフィーを撮るのに適しています。焼結磁石の結晶粒径は1～5ミクロンでしたから、SEMによるトモグラフィーで$Nd_2Fe_{14}B$の形態をうまく観察することができます。

このFIB付きのSEMを使うと、先ほど話をしたようにSEMで試料を観察しながら、任意の場所にガリウムイオンを照射させ、試料を随意に加工していくことができます。また試料作製時にできてしまった機械加工による歪んだ部分や、試料表面に大気中で形成されてしまう酸化物層を真空に引かれたＳＥＭの試料室内で取り除き、試料本来の像を観察することができます。

さらに試料の表面を削りながら連続的に像を記録することができますので、それらを連続的に再生すれば、３次元トモグラフィーを得ることができます。

図７－２－３の３枚の画像は試料表面をガリウムイオンで削りながら観察した一連の像です。２次元画像を解析することで、それぞれの深さにおけるネオジム、鉄、銅などの分布を知ることができます。そして２次元画像を３次元的な画像（図７－２－４）にすることもでき、各部の様子を立体的に見ることができます。まるでＣＴスキャナーで人体を輪切りにしていくようなものです。このような画像から、私たちは「強磁性相が、非磁性相で囲まれている」といった情報を読み解くことができるわけです。

このように、ＳＥＭを使うことで数多くの情報を入手することができます。

病気になったとき、病院ではＣＴ検査やＭＲＩ検査をして体の内部で何が起こっているかを調べ、それにより治療方法を決めますね。材料研究でも同じです。まず材料の微細構造を徹底的に見て、保磁力が低い原因を探ります。そうすると、それを改善する方法が見つかるのです。**材料の微細構造を見ることは、もはや材料開発そのものといってもいい**ほど、重要なのです。

7-2-3 ネオジム磁石の試料を削りながら観察した画像

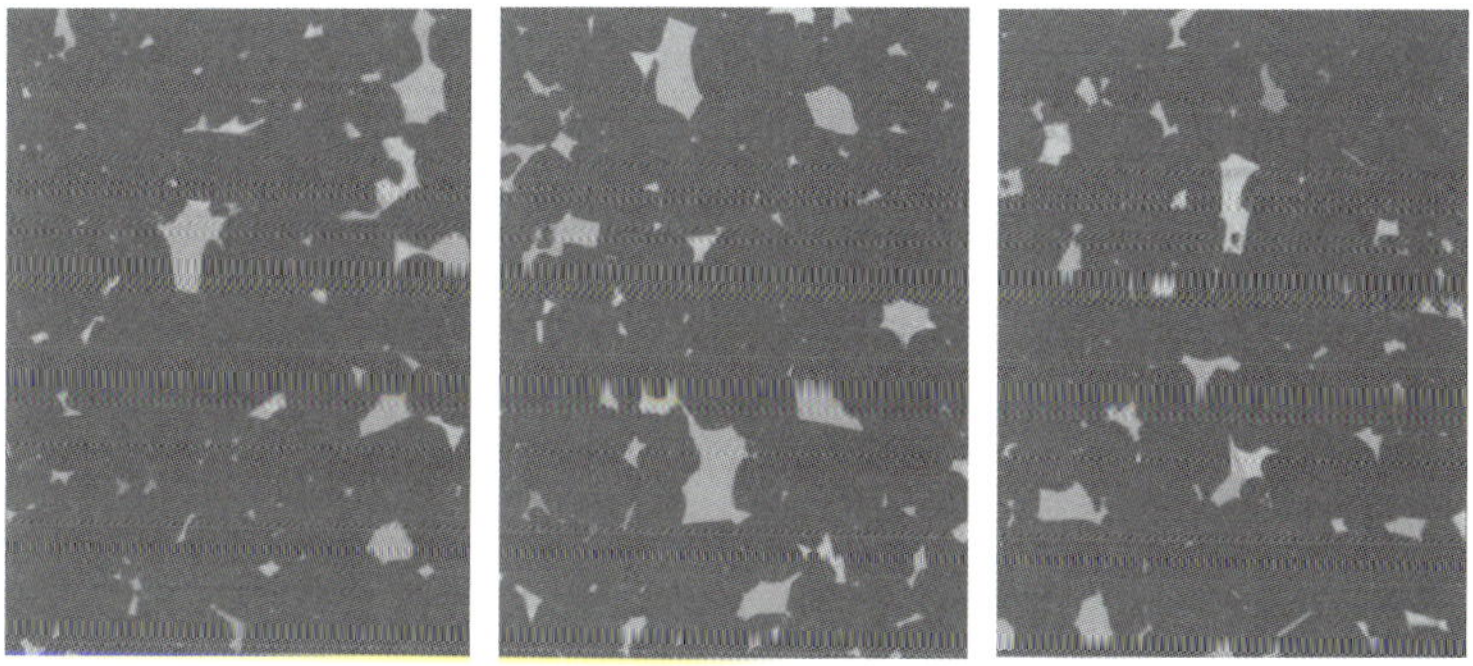

ネオジム、鉄、銅などの分布を知ることができる

7-2-4 2次元画像を3次元画像にし、回転させて見ることもできる

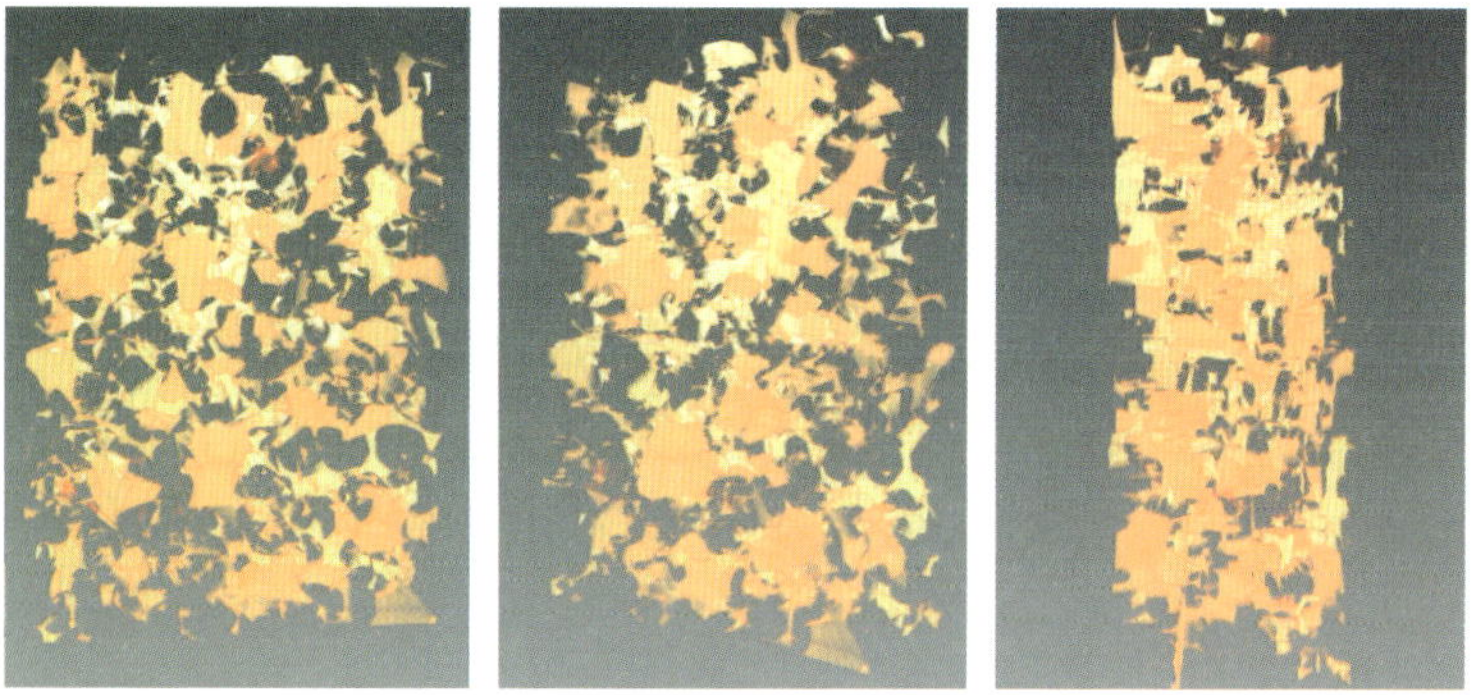

3 タイタン、最強のＴＥＭで原子を見る

——透過型電子顕微鏡（ＴＥＭ）の特徴は何ですか？

すでに説明してきたように、透過型電子顕微鏡（ＴＥＭ）は文字通り、モノを透過して見る装置です。たとえば、試料を薄く切り（１０００Å＝10^{-5}㎝程度、Åはオングストローム）、その薄い試料に電子線をあてると、電子線が試料を透過して下に出てきます。要するにレントゲン写真を撮っているような感覚です。

光学顕微鏡でも透過することはできますが、波長の長い可視光を使いますので、数百ナノメートルより小さなものを分解することはできません。透過型電子顕微鏡（ＴＥＭ）では、走査型と同様、電子線を使っています。２００キロボルトの加速電圧を持つ電子線の波長は０・００３ナノメートルですから、レンズに収差のない完璧な電子顕微鏡ができたとすれば、その分解能は原子径以下となります。つまり、収差がなければ電子顕微鏡は原子を分解する力を持っている、ということです。

7-3-1
透過型電子顕微鏡による電子回折画像（右）と原子コラム（左）

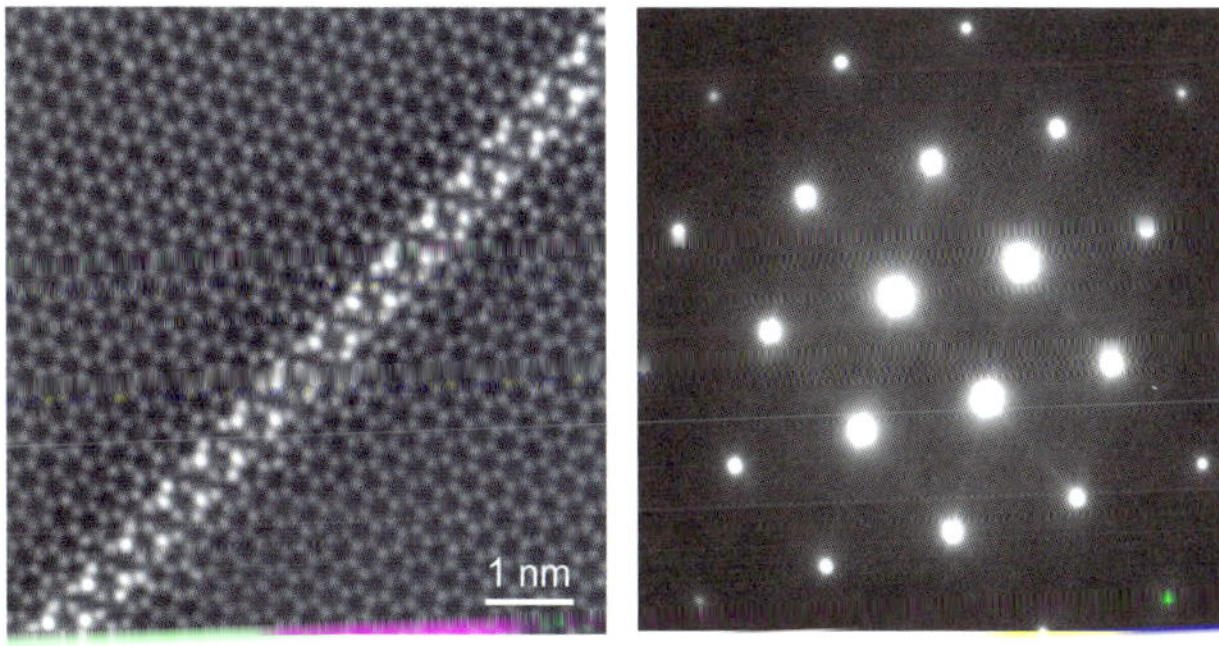

ところで、収差というのは何かわかりますか？

太陽光をレンズで集めると、光が小さく集まりますが、決して点にはなりません。有限のサイズにしか集まりません。これが収差です。レンズに収差がなければ、光は無限に小さい点に集まるはずです。そういった補正をした電子顕微鏡を収差補正電子顕微鏡といいます。

また、電子線をあてることでX線回折と同じように電子回折パターンも得ることができますから、この回折画像から結晶構造を決めることもできます。いろいろな情報を得ることができるのです。

透過型ならではの見え方としては、図7－3－1の左画像のように原子が並んでいる列（原子コラム）まで見ることができます。

――原子が並んでいる姿？　それはすごいですね。

図7－3－2の画像が「ネオジム2・鉄14・ボロン」の格子です。希土類リッチな相、そして鉄が3行続いている相など、原子の構造を投影した画像です。原子を貫通して見たものです。

画像の左上にある図は、実際の構造から見た投影像です。驚くほど、透過画像と一致しています。明るく見えているのがネオジム濃度の高い面で、その間に位置は少しずつずれていますが、ほぼ3層の鉄の層がはさまれています。

――これが透過型（TEM）の電子顕微鏡タイタンですね。

透過型電子顕微鏡（TEM）で便利なのは、さまざまな分析ツールがついていることです。図7－3－4は電子線を走査して取得した特性X線によるマップを光分解能電子顕微鏡の像に重ねています。赤はネオジム、緑は鉄です。どうです、ほぼ原子層の分解能で元素分析までできてしまうのです。右のグラフは特性X線の強度から見積もった鉄、ネオジム、銅の濃度を立て方向の距離に対してプロットしたものです。周期的にネオジム濃度の高い面があることがわかりますね。TEMの分析能力はここまで高くなっています。

これまで、このようなマッピング画像を撮ろうとすると、2時間～3時間かかっていまし

7-3-2 原子の構造を投影したTEM画像

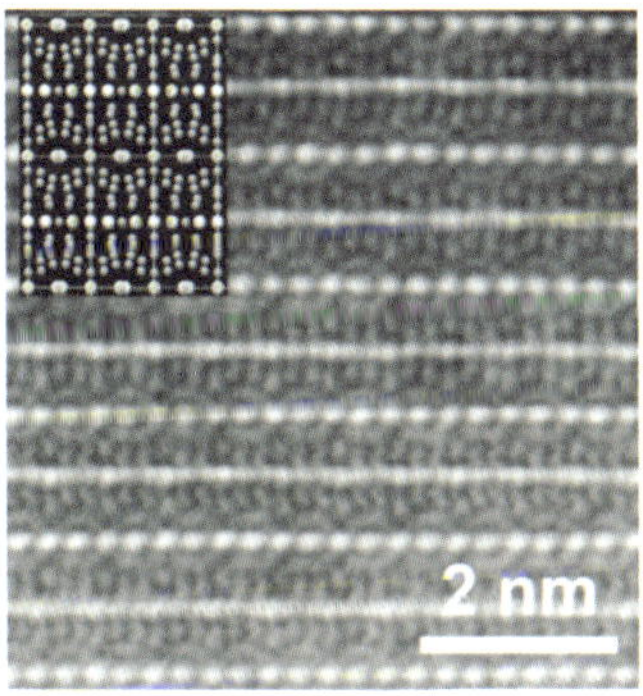

いちばん上の白い行が希土類リッチな相、そのあとに3行ほど鉄が入っている。左上の投影像と実際の透過画像とが驚くほど一致している

7-3-3 透過型電子顕微鏡（TEM）のタイタン

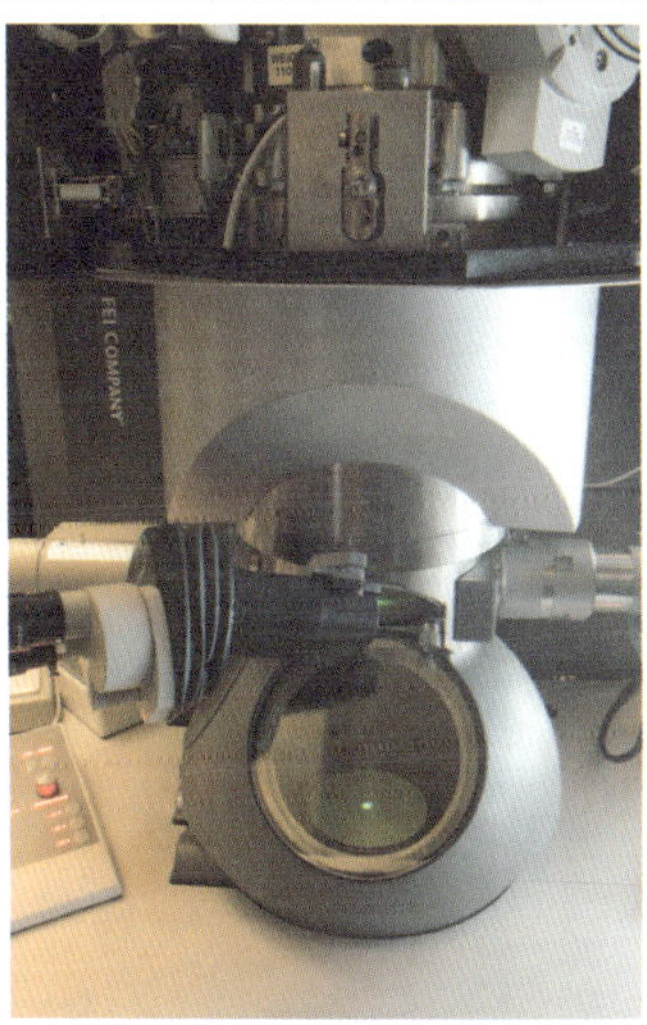

7-3-4 X線分光装置（TEM-EDS）による解析
——ネオジム、鉄などの組成分析ができる

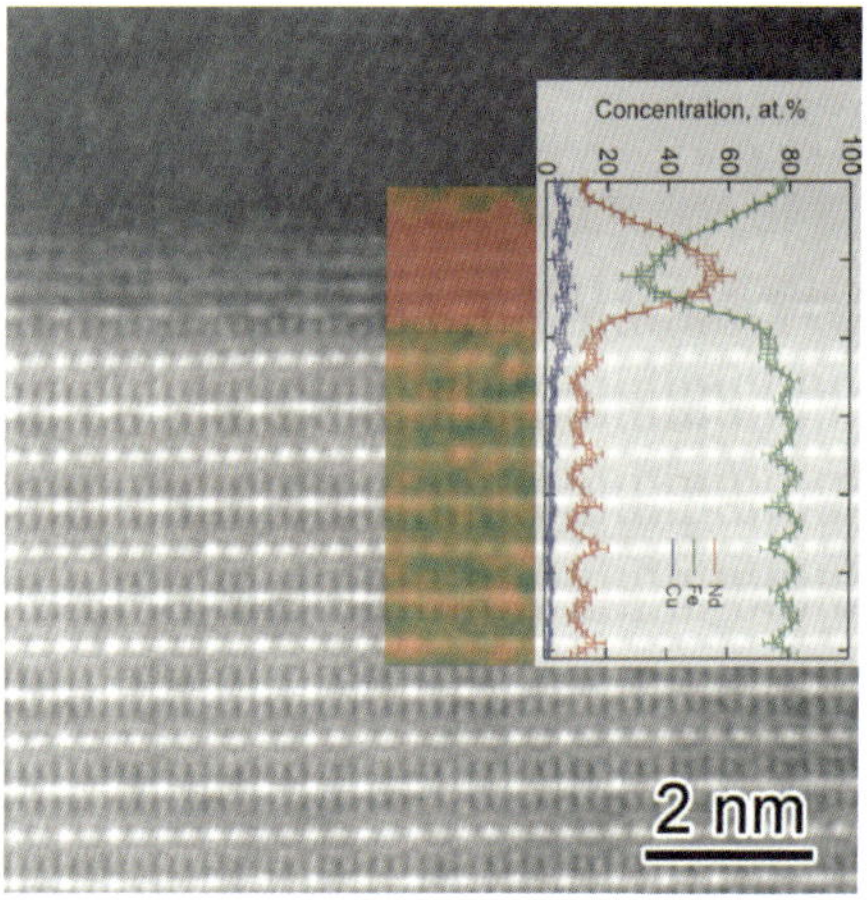

たが、それがいまや5分～10分でできるようになったのだからたいへんな進歩です。3次元アトムプローブもうかうかしていられませんね。

——このTEMは筐体《きょうたい》が大きいと思いますが、筒の長さの違いによっても、顕微鏡としての性能が変わってくるのですか？

加速電圧といって、電子を加速する電圧が大きいと、電子顕微鏡の筒の部分は少し大きくなります。使用電圧が大きくなることで、厚い試料であっても透過でき、電子線の波長も短くなりますので、原理的には分解能も高くすることができます。

ただ、最近の高分解能仕様のTEMには球面収差補正装置という機能がついていますので、ビームを非常に細く絞ることができます。このため、たとえ電圧が低くても精度を高くできます。どのくらいの分解能かというと、空間分解能で0・08ナノメートル（1ミリの約1000万分の1、これは0・8オングストロームです。1オングストロームで原子1個分なので、原子よりも小さい分解能を持っていることになり、原子列を見ることができるわけです。

ですから、このTEMの場合、それほど加速電圧を上げなくても、分解能を高くできます。逆に、加速電圧を上げすぎると試料に電子線照射により欠陥が入りますので、低加速電圧の電子線で高分解能を得ることのメリットのほうが大きくなります。

4 液体急冷を実習する

この部屋は磁石をつくる実験室です。メーカーのような大規模な施設ではありませんし、焼結法ではなく、液体急冷法で粉をつくり、それを固める設備が中心です。

――できれば、プロセスに沿って順番に説明していただきたいのですが。

わかりました。液体急冷法についてはすでに説明しましたが、現物を見るのは初めてですね。これが元の材料です（図7－4－1）。たとえば、ネオジムとボロンを混ぜたような材料をガラス管の中に入れます（図7－4－2）。使う前にガラス管の先端に小さな穴を開けます。ネオジムもボロンも材料は粒状だったり、板状だったりします。小さな粉を使うわけではありませんから（図7－4－1）、穴を開けても材料が落ちることはありません。

これは板状のネオジムと粒状の銅ですね。

この状態で液体急冷の装置に材料をセットし、高周波誘導加熱コイルによって試料を

7-4-1 原料を用意
―― ネオジム鉄ボロン合金

7-4-2 ガラス管に
ネオジム鉄ボロン合金を入れる

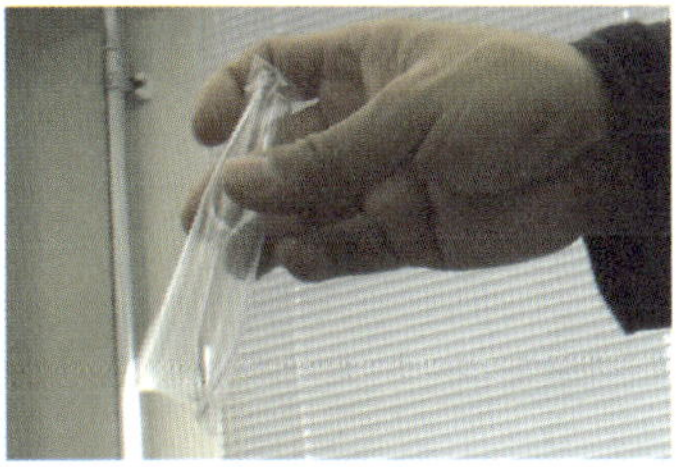

材料を入れるガラス管

7-4-3
テープ状になった
ネオジム鉄ボロン合金

1000℃程度に加熱して中の材料を溶かします。

こうして溶けて液体になった材料に対して上からアルゴンガスをシュッと入れてやると、溶けたものが下から出てきます。その下では高速回転する銅のロール表面が待ち受け、高温で溶けたものがロール表面にあたった瞬間に急冷され、固まってリボン状になって回収されます（図7−4−3）。これが液体急冷装置のしくみです。

——理屈はすでに教えていただきましたが、あらためて実物を見るとすごいですね。銅にあたるだけで、ホントに急冷されるんですね。不思議です。

銅は電気伝導度が非常に高いため、回転する銅ロールによって高速で冷やすことができます。冷やされたあと、装置の右のほうへ回収されていきます。企業にある製造装置でうまくつくると、リボン状、テープ状のものができます。銅ロールの回転スピードはだいたい、1秒間に40メートルのスピードです。

5 磁界をかけるプレス機

液体急冷やその他の方法でできたネオジム磁石の粉を磁界にかけ、結晶方向を揃えることもできます。

7-5-1 HDDRの装置

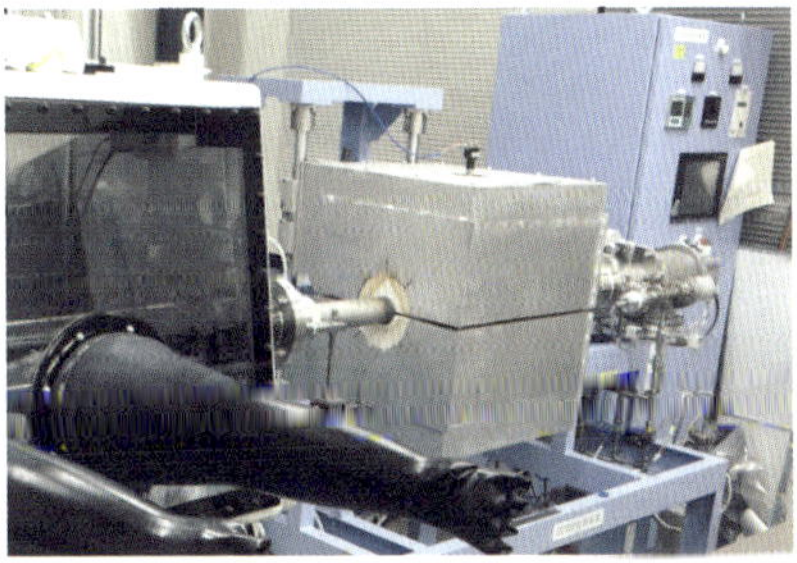

HDDR法という磁石の製法もあるが、この研究室では主に、粉を小さくする、電気炉に使うなどの使い方をしている。アルゴン雰囲気中で粉を扱い、それを雰囲気中で加熱できる

先ほどの液体急冷でつくった粉の中には数十ナノメートルの結晶がギッチリ詰まっていましたが、それではナノ結晶の方位がバラバラになってしまって、等方性の磁石にしかなりません。同じように粉の中にナノ結晶をつくる方法に**HDDR法**というのがあります。

図7－5－1がHDDRの装置です。この装置はグローブボックスとつながれていて、酸化しやすい粉をアルゴン雰囲気中で扱えます。液体急冷でつくった合金粉をこの装置の

7-5-2 粉を金型＝右側に入れて固める

試料室に入れてから、それを水素中で加熱することができるようになっています。粉にいったん水素を吸わせて、ネオジムの水素化物をつくってから、それをまた真空中で加熱して水素を取り除くと、粉の中に数百ナノメートルの結晶粒がビッチリ詰まった組織をつくることができます。

液体急冷法でつくった粉のナノ結晶の方位はバラバラでしたが、HDDR法を使うとその結晶粒の方位を一方向に揃えることができて、異方性磁石の原料ができます。ここにあるのは小規模の実験装置ですが、愛知製鋼は独自に開発したd-HDDR法というのを使って、マグファインという商標の磁石粉を異方性ボンド磁石用原料として製造しています。

これまでHDDR磁粉はボンド磁石用原料として使われてきて、焼結磁石のように合金粉がギッチリ詰まった高密度の磁石の製造は行なわれてきませんでした。私たちはいま、このHDDRで作製された異方性のナノ結晶磁粉を高温で押し固めて、焼結磁石のような稠密な異方性磁石をつくろうとしています。粒子の粒径は50ミクロンくらいですが、内部の結晶粒の組織は200〜300ナノメートルくらいです。

この超微細な結晶粒径を維持したまま、高密度に固めることができれば、焼結磁石よりも保磁力の高い磁石ができるのではないかと期待しています。そのためにはまず、粉の方位を揃えて、固めなければなりません。それらの粉を金型に入れます（図7-5-2）。

7-5-3 金型に入れた粉を、磁場中成形機の中で磁場をかけながらプレスする

図7-5-3が磁《じ》場《ば》中《ちゅう》成形機という名前のプレス機です。その名前通り、磁界（磁場）をかけながらプレスします。すると、粉の磁性が一方向に揃います。磁界をヨコ方向にかけ、圧力は上下方向にかけます。磁石の粉を並べた状態で、磁性の向きを揃えながら固めてしまいます。この段階ではボソボソでもろい状態ですが、すでに磁石にはなっています。

7-5-4 磁場はヨコから、圧力はタテから材料にかけていく

磁場中プレスをセットした様子

液体急冷〜熱間装置の連係プレー

この液体急冷法で固めた塊をそのままオーブンなどで焼くこともできます。それが焼結法でしたが、結晶粒が200μ〜300μの粉を焼結すると、結晶のサイズがあっという間に大きくなって、保磁力も出なくなります。ですから、圧力を加えながら急速に加熱する方法などを使って、結晶粒径を微細に保ったまま焼結しようとしています。

液体急冷法でできた材料は、0・02〜0・05μと非常に小さいサイズにできる有利さがありながら、磁性の向きがバラバラなため、そのまま焼いて磁石にしたのでは残留磁化が焼結磁石の半分程度しか出ません（図5－1－6、211ページ）。ボンド磁石を高密度にして少し特性を上げた程度のモノにしかなりません。けれども、そのあとにこの熱間加工装置を使い、高温にして強い力でぐいぐいと押してやると、変形してしまいます。それと同時に、磁気の結晶方向が一つの方向にきれいに揃います。そういう新しい手法です。

次ページの図7－6－5の写真は熱間加工装置です。右上の写真の右のほうに手袋が出ている大きなガラス張りの容器がありますね。この中には酸素濃度を極力低くしたアルゴンガスが封じ込められています。酸化しやすいネオジム合金の粉が酸化しないようにするためです。この中で、粉を金型に入れる作業をします。それを左側の窓が二つついている

7-5-5 熱間加工装置で結晶方向を揃える

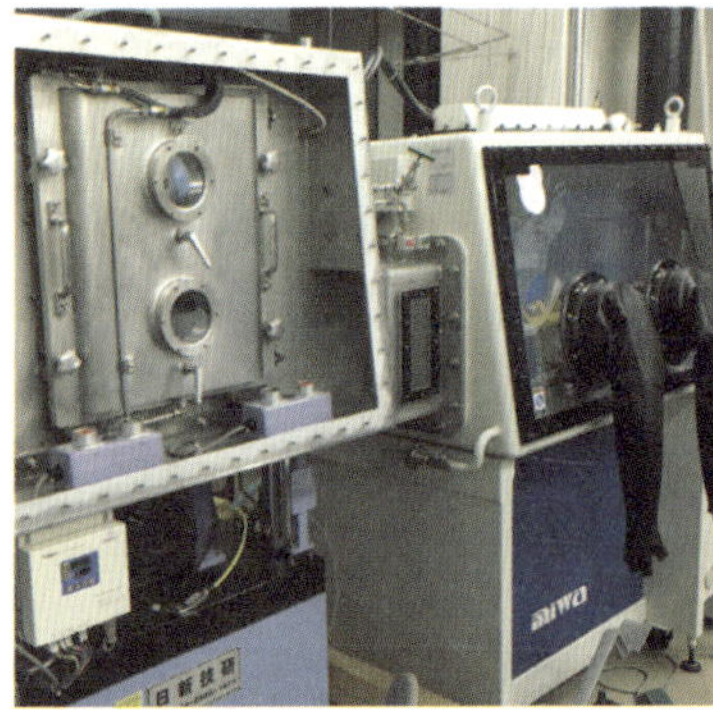

部屋に入れて、ここで圧力を加えながら加熱します。

実際に加熱している様子が図7－5－5の左上の写真で見えますね。これで熱間プレスすると丸棒ができます。下の写真は原料の粉（左）とこれを熱間プレスしてつくった丸棒の磁石です。

この棒をつくってから、別の金型に変えて、加熱しながらグイグイと圧力をかけて丸棒を平たくします。そうしてできたコイン上の試料が図7－5－5の下の右側の写真です。この中には、5時間目でお見せした扁平な200ナノメートルの結晶粒がぎっしり詰まっていて、磁化容易軸がコインの面の垂直方向にピシッと配向しています。このように、異方性熱間加工磁石ができあがるわけです（図5－3－3(b)、223ページ）。

結局、従来の焼結磁石とはまったく別工程の磁石づくりですね。焼結磁石に比較すると結晶粒径が20分の1になりますから、保磁力を高くすることができます。またハイブリッド車への応用で重要となる保磁力の温度依存性も改善することができます。

5時間目でお話ししたように、最近、私たちはこの熱間加工磁石に低い融点の金属を結晶粒界にそって浸透させることによって、ジスプロシウムを使わずに非常に高い保磁力を得る方法を開発しました。

つまり、微細な結晶粒でできている熱間加工磁石の結晶粒界を非磁性にすることによって、個々の粒子の磁気結合を分断し、保磁力を高めるという方法です。

6 着磁装置で一瞬にして磁石に

——この小さな装置は何ですか？

7-6-1 磁化されていない磁石材料を先端に置き、着磁。磁場は穴の方向に発生する

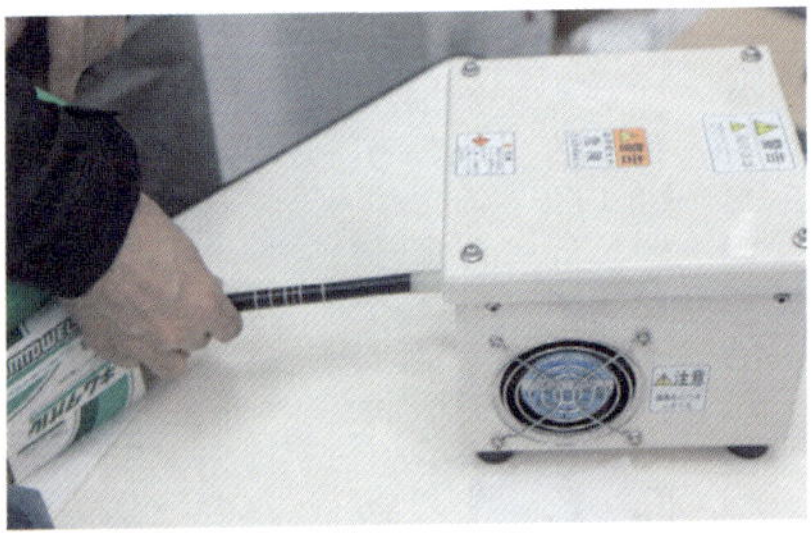

これが着磁装置です。まだ磁化されていない磁石材料、あるいは何らかの理由で磁化をなくした磁石材料であっても、「着磁装置」を使えば一瞬に着磁できます。

研究室にある装置は非常に小さいため、着磁装置の小さな穴にスポッと入る程度のものしか着磁できません。着磁装置の内部にはコイルがグルグル巻きにしてあり、コンデンサーで電気を溜めて一気に大電流を放出し、パルス磁場を発生させます。

磁石メーカーの場合、もちろん着磁の際はもっと

7-6-2 磁化されていない磁石材料（左）。方位磁針は動かない。
そこで磁石材料を着磁すると、方位磁針の針が磁石に引き寄せられる。

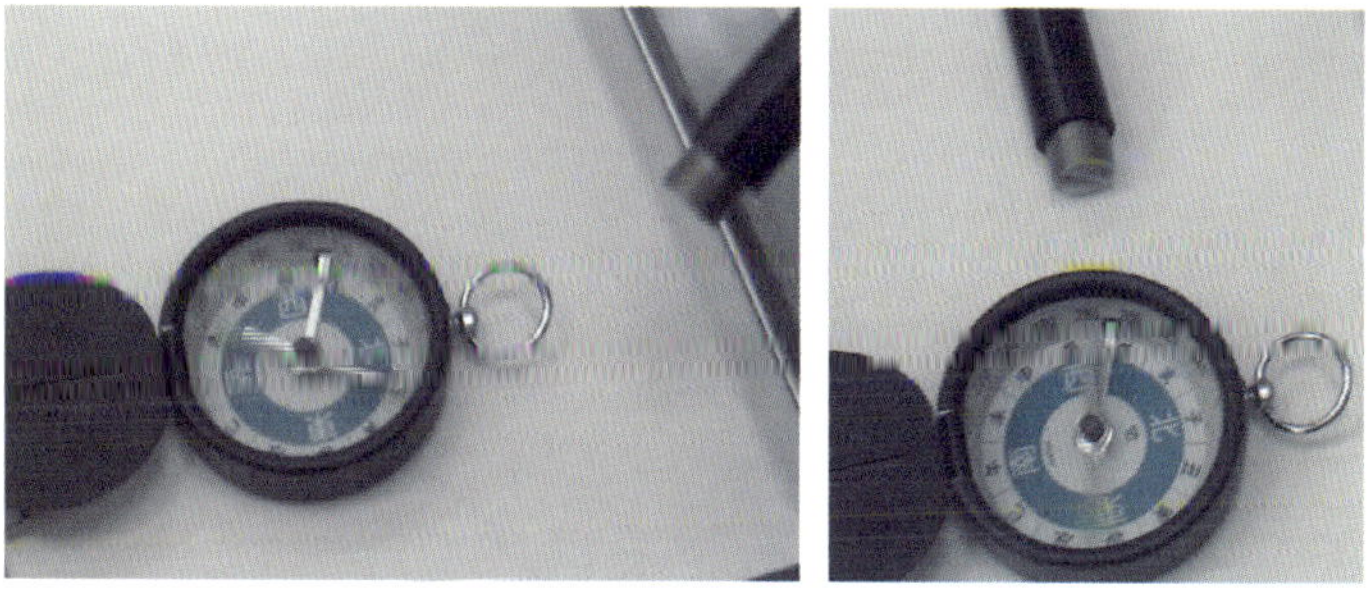

大がかりな装置でつくっています。ただ、高性能磁石を着磁した状態で自動車工場などに持ち込むと、たとえばプリウスに搭載する際、自動車の他の部分に吸着して作業がしにくくなったり、近くに磁石がある場合にはお互いに干渉し合います。

そこで、まだ磁石にしていない状態でモーターに組み込み、そのあとで着磁装置を使って磁場をかける方法が実際には取られています。

では、実際に着磁してみますよ。強力なパルスが一瞬にして流れますので、気をつけてください。はい、もう終わりました。これで方位磁石に近づけてみると、ちゃんと反応しますね。磁石になった証拠です。

これで磁石の研修も終わりましたので、あとは修了証を発行することにしましょう。試験に受かったらの話ですが……（笑）。

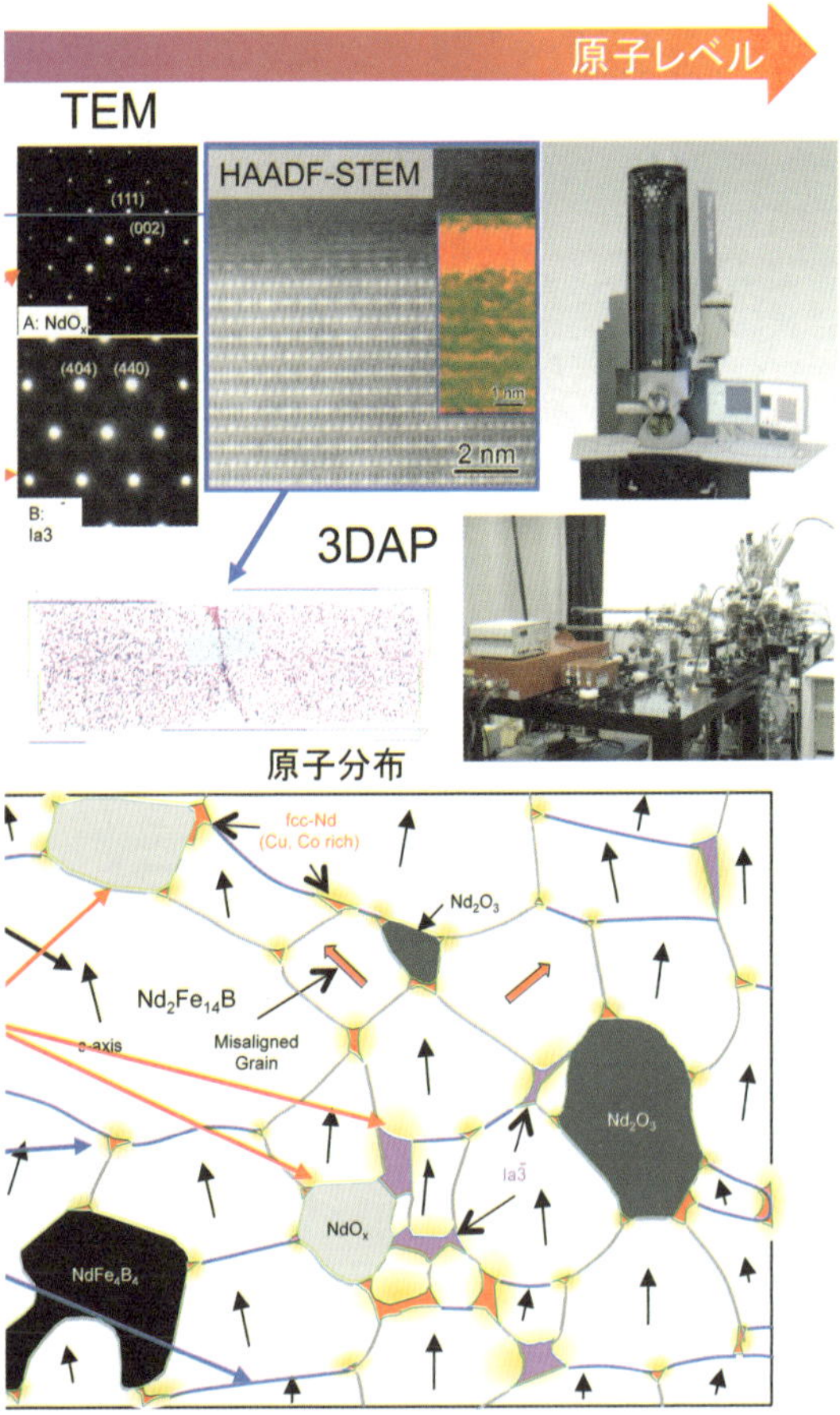

2015年の情報

2005年ころまでの焼結磁石の微細構造は左下の図のようなイメージ。$Nd_2Fe_{14}B$の3重点のところにネオジム濃度の高いネオジム-リッチ相があるといった程度の理解。現在、SEMによる電子線後方散乱回折法（EBSD）によって各結晶の方位解析ができ、SEM散乱電子線とインレンズ2次電子線像の併用により相の同定ができる。その結果に基づいてどの相が全体積の何％を占めるかを決定できる。このSEMによる相の同定には、あらかじめTEMによる電子線回折で各相の結晶構造を決定して、それを標準化しておく必要がある。結晶粒界の構造は収差補正STEMによる原子コラム像の観察で行い、おおよその組成はSTEMに搭載するEDSのマッピングで可能。軽元素を含めた元素の定量解析のため、3次元アトムプローブを用いて原子レベル解析を行う。以上によって、2015年現在では右下の図のように各結晶の方位、ネオジム-リッチ相の同定、結晶粒界相の構造と組成、界面の歪みまでも明らかとなってきた。これにローレンツTEMによる磁区構造を加えて、ネオジム磁石の微細構造と保磁力の関係についての理解が飛躍的に高まり、高保磁力磁石開発に役立てられている。「微細構造をマルチスケールで見ることは、材料開発への近道である！」

マルチスケール解析によるネオジム磁石の微細構造の理解の進歩

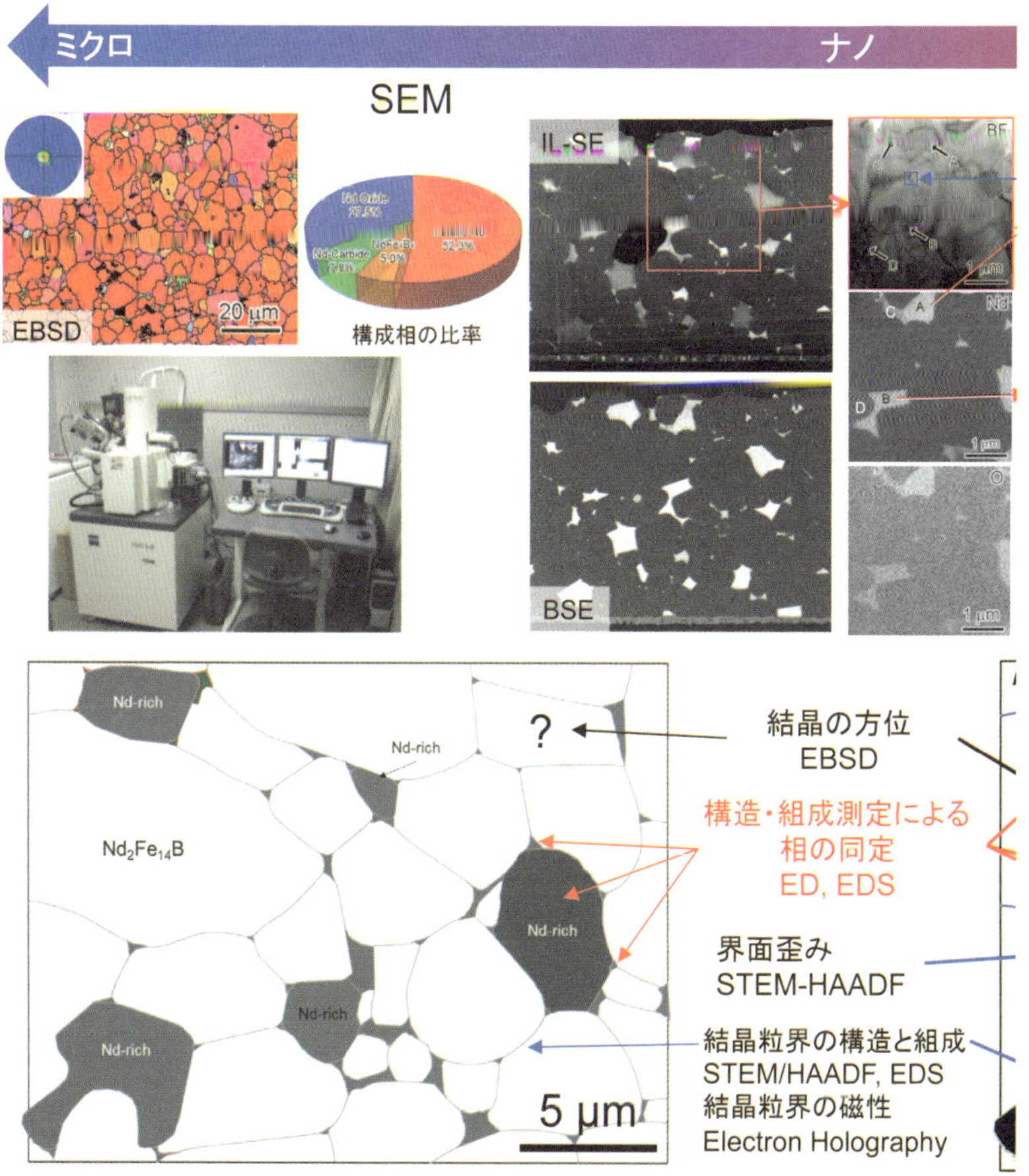

2005年ころまで

おわりに　ネオジム磁石を超える化合物を発見！

これまでは、ネオジム磁石の話ばかりをしてきました。本書で紹介した研究は、ネオジム磁石、つまり$Nd_2Fe_{14}B$という優れた磁石化合物の微細組織を最適化することで、磁石特性、とくに保磁力と残留磁化を改善していこうという工学的な研究でした。

もう一つ、磁石研究者の間でいつも話題になるのが、「$Nd_2Fe_{14}B$というネオジム磁石を超える磁石化合物が、はたして将来、見出されるか？」というテーマです。

工業的に大量に使われる磁石の強磁性元素としては、レアメタルに分類されるコバルトではなく、磁化が高く資源的にも圧倒的に豊富な鉄を使うのがよいに決まっています。結晶磁気異方性を出すには、希土類元素が必要ということはすでに述べた通りです。

では、「鉄と少量の希土類元素を使って、現在のネオジム磁石$Nd_2Fe_{14}B$を超える化合物ができるか？」という疑問が出てきます。さらに、「まったく希土類元素を使わなくても実用的な磁石ができるか？」という疑問も繰り返されています。

この可能性を考えるため、結晶磁気異方性の高い磁性化合物を磁化に対して整理してみ

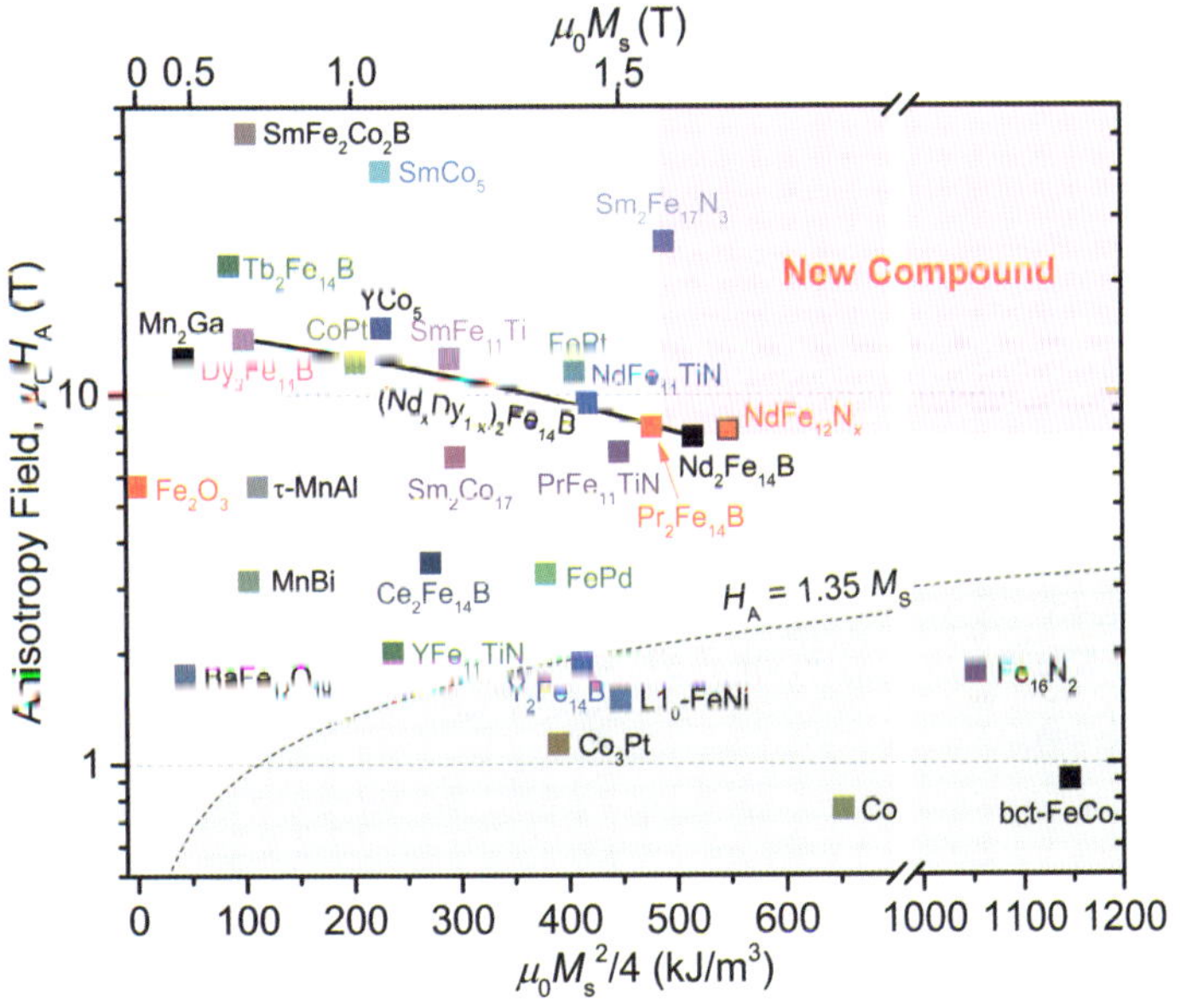

図1　過去の文献で実験的に報告された磁性化合物の異方性磁界（μ_0H_A）と飽和磁化（μ_0M_s），$\mu_0M_s^2/4$。微細構造を最適化したバルク磁石で得られる最大の保磁力は、おおむね~$H_A/3$で、$(BH)_{max}$の上限は$0.8\ \mu_0M_s^2/4$が目安となる

たのが図1です。これまで話してきたように、保磁力は磁性化合物単体では出ません。多結晶にして、結晶粒をミクロサイズに微細化し、さらに結晶粒界に薄い非磁性相を出すことによって高い保磁力が出てきます。その保磁力の上限は「異方性磁界の3分の1」と考えられています。つまり図の縦軸のμ_0H_Aを3で割った値が、実用的な磁石で望める保磁力の最大値になります。

また磁化μ_0M_sは高い

ほうが最大エネルギー積が高くなるので、高性能磁石には必須の条件です。最大エネルギー積の上限は$\mu_0 M_r^2/4$となりますが、バルク磁石で保磁力を得るためには最低10％の非磁性相を必要とすると、実際の$(BH)_{max}$の上限は～$0.8\mu_0 M_s^2/4$程度となります。

これらのことを考慮して図Ⅰを眺めると、磁性化合物の物性値から最終的に得られるバルク磁石の特性の最大値を見積もることができます。とっても便利な図でしょう？　また最大エネルギー積が$\mu_0 M_r^2/4$の上限を得るための条件は「保磁力が残留磁化の2分の1以上なければならない」という条件から、優れた磁石になるためには、化合物の異方性磁界が$H_A>1.35M_s$という条件を満たさなければならないことが導き出せます。この条件を満たさないグレー領域の化合物は高性能永久磁石としては不適合となります（磁化が高くても十分な保磁力が出ない）。

この磁石不適合化合物の中に、現在、「希土類フリーの磁石になるのではないか？」として世界中の多くの研究者が研究している$L1_0$-FeNi, $Fe_{16}N_2$, fct-FeCoが含まれているのは興味深いことです。また、アメリカではMnBiを磁石にする研究が盛んに行なわれていますが、図1から期待される磁石特性は$H \fallingdotseq 1T$, $(BH)_{max} \fallingdotseq 80$ kJ/m^{3}程度で、原料・プロセスコストを考慮すると、フェライトと競合できないと考えます。

私なら、これらの化合物を磁石材料としては研究対象にはしません。もちろん、これらの希土類フリーの磁性化合物がある程度の結晶磁気異方性を示すメカニズムは、物理的には興味ある現象ですが、それらの問題は物理の専門家に任せます。

図1でネオジム磁石$Nd_2Fe_{14}B$にそこそこ迫る化合物としては、$Sm_2Fe_{17}N_3$と$NdFe_{11}TiN$が挙げられます。$Sm_2Fe_{17}N_3$はH_Aが高いので、高温まで保磁力を維持できる魅力的な高温用磁石となるポテンシャルを持っています。保磁力を出すためには、非磁性相が10%程度の複相組織をつくる必要がありますが、この$Sm_2Fe_{17}N_3$という相は600℃で熱分解してしまうため、焼結法による稠密体の製造が現在のところできていません。

もう一つの$NdFe_{11}TiN$も$(Nd_{1-x}Dy_x)_2Fe_{14}B$に匹敵する磁気特性を持っていますが、この相も$Sm_2Fe_{17}N_3$と同様に熱耐性に劣ります。元素戦略磁性材料拠点の三宅氏のグループが、最近、第一原理計算でこの化合物からチタンを抜いた$NdFe_{12}N$化合物で、ネオジム磁石$Nd_2Fe_{14}B$並みのμ_0M_sが出ると理論的に予想しました。

ところが、チタンを抜いた$NdFe_{12}N$という化合物は、残念ながら自然界では安定に存在できません。そこで格子整合のよいタングステンの下地を使って$NdFe_{12}N$を薄膜で合成する実験を行なったところ、なんと、固有物性値としてはネオジム磁石$Nd_2Fe_{14}B$を凌ぐことが実験的にも示されました。またネオジム磁石$Nd_2Fe_{14}B$ではネオジムの質量比が27%であるのに対し、$NdFe_{12}N$ではネオジムの質量比がわずか17%で済むため、ネオジムの使用量も大幅に削減でき、さらに高価なボロン（ホウ素）を必要としないため、資源的・コスト的に有利な化合物といえます。

しかし、いまのところ、薄膜での合成にしか成功しておらず、高温で分解するという性質は$Sm_2Fe_{17}N_3$と同じですので、バルク磁石への展開には、もうひと工夫もふた工夫も必要です。しかし、「ネオジム磁石$Nd_2Fe_{14}B$を超える化合物があった！」ということでは、物質探索を続けていこうという研究者に勇気を与える話題と思います。

新規磁石の開発を考えるとき、どの化合物をベースにして磁石をつくるかを決めれば、微細構造を最適化した場合の最大の磁石特性は、図1を使えば予想できます。そのような特性に適した応用分野があるか、その応用分野では現在どのような市販磁石が使われていて、新しく開発しようとする磁石が原料とプロセスの両面から市販磁石と価格的に競合できるかを判断する必要があります。さらに資源量から想定される生産量で、必要とされる需要をまかなえるかも検討した上で、新規磁石の研究開発を進めなければ、市場に出る磁石開発にはつながりません。

313ページの図1でピンク色（New Compound）で示される磁性化合物こそ、「ネオジム磁石を超える磁石の開発」につながります。いまのところ、そこにはピンク色のシェードがかかっているだけで、実際のデータが書き込まれていません。これまでに多くの実験研究者が網羅的にチャレンジしてきた後ですので、ちょっとした実験でこのピンク色の領域に入る新規物質を探し出せるチャンスはかなり低いでしょう。

ではどうするか？　ぜひ、理論の研究者に新規物質を探し当てる水先案内人になっていただきたいのです。実験屋としては、ある程度の理論による予測がなければ、どこから手をつけてよいかさえ、わかりません。そのためには、第一原理計算による室温以上の物性予測を可能とすること、熱力学を第一原理計算にも導入して、同時に相の安定性についても計算を行なっていただきたいと思っています。そのような研究こそが「元素戦略」と名乗るのにふさわしいと考えています。元素戦略はよく「現代の錬金術」とたとえられますが、実験と勘だけで新規物質を探索するのであれば、「現代の」という冠は不要ですよね。

本書を読んで、「よし、この人類未踏の領域に新規化合物の旗を立てよう！」という若い研究者が名乗りを上げて来てくれることを待っています。

本書は、「はじめに」でも述べましたが、JST（科学技術振興機構）のCREST「元素戦略を基軸とする物質・材料の革新的機能の創出」研究領域（研究総括：玉尾皓平理化学研究所研究顧問）における研究課題「ネオジム磁石の高保磁力化」の一環として行なってきた研究をもとに執筆しました。

この研究課題の長年の共同研究者であるNIMSの大久保忠勝、H. Sepehri-Amin、佐々木泰祐各博士、ポスドクの秋屋貴博博士、大学院生のLiu Jun君には本書で使った図、写真の提供を受けました。ここでお礼申し上げます。

磁石の研究についてはこれまで実に多くの方々と共同で研究をさせていただきました。

とりわけ、このテーマに取り組む最初のきっかけをつくってくださっただけでなく、いつも世界最高の研究材料をご提供いただいた佐川眞人博士、この研究を長年にわたりサポートしてくださっているトヨタ自動車の真鍋明、加藤晃各博士、熱間加工磁石の研究で試料提供をいただいているる大同特殊鋼の服部篤、日置敬子各博士、磁石研究の方向性について忌憚ない有益なご意見をいただいている信越化学工業磁性材料研究所所長の美濃輪武博士、共同研究を後押しいただいたTDK元執行役員の松岡薫氏、豊富な磁石の知識でつねにご薫陶をいただいているNIMS元素戦略研究拠点代表研究者の広沢哲博士ならびに元素戦略磁性材料研究拠点で磁石研究に参加しておられる研究者、ポスドク、大学院生の方々に感謝いたします。

最後に、本書が生まれて出版にこぎつけるまで、原稿の遅れで終始ご苦労をかけつづけた日本実業出版社編集部の村松誉代さんには心からお礼申し上げます。

宝 野 和 博（ほうの　かずひろ）

1982年、東北大学工学部金属材料工学科卒業。1988年、ペンシルベニア州立大学大学院材料科学専攻博士課程修了。カーネギーメロン大学博士研究員、東北大学金属材料研究所助手、科学技術庁金属材料技術研究所主任研究官、室長、独立行政法人物質・材料研究機構材料研究所ディレクターを経て、2004年より物質・材料研究機構フェロー。同磁性材料ユニット長を併任、元素戦略磁性材料研究拠点解析グループリーダー、筑波大学大学院数理物質科学研究科教授（連係）を併任。

本 丸　　諒（ほんまる　りょう）

横浜市立大学卒。出版社勤務を経てサイエンスライターとして独立。出版社時代には多数のサイエンス書のベストセラーを輩出する。難解な概念はひと言でやさしく、複雑に絡み合った内容もシンプルに解き明かす〈理系と文系をつなぐ〉編集技術には定評がある。共著書に『意味がわかる微分・積分』（ベレ出版）、『マンガでわかる幾何』（SBクリエイティブ）などがある。

すごい！　磁石《じしゃく》

2015年 7 月 1 日　初版発行

著　者　宝野和博　　
　　　　本丸　諒　　
発行者　吉田啓二

発行所　株式会社 日本実業出版社　東京都文京区本郷 3－2－12　〒113-0033
　　　　　　　　　　　　　　　　大阪市北区西天満 6－8－1　〒530-0047

編集部　☎03-3814-5651
営業部　☎03-3814-5161　振　替　00170－1－25349
http://www.njg.co.jp/

印 刷・製 本／図書印刷

この本の内容についてのお問合せは、書面かFAX（03－3818－2723）にてお願い致します。
落丁・乱丁本は、送料小社負担にて、お取り替え致します。

ISBN 978-4-534-05276-6　Printed in JAPAN